U0171058

First published in English under the title

Introduction to Advanced System-on-Chip Test Design and Optimization

By Erik Larsson

Copyright © Springer-Verlag US,2005

This edition has been translated and published under licence from

Springer Science+Business Media, LLC, part of Springer Nature.

片上系统测试设计与优化

〔瑞典〕埃里克·拉森　著

孙仁杰　译

科学出版社

北京

图字：01-2023-3888号

内 容 简 介

本书旨在讨论片上系统（SoC）测试的相关问题，包括建模以及片上系统测试解决方案的设计和优化。需要测试的系统越来越复杂，测试数据量不断增加，如何组织测试，即测试调度变得越来越重要。本书主要站在系统级的角度阐明模块化SoC测试领域的诸多问题。

本书由三部分组成，在概述经典测试方法的基础上，介绍测试大型、模块化和异构SoC面临的挑战和困难，并详细介绍作者团队为克服上述困难所做的研究工作。

本书可供电子科学与技术、微电子工程、计算机工程与技术等专业师生阅读，也可作为软件测试领域从业者的参考用书。

图书在版编目（CIP）数据

片上系统测试设计与优化/（瑞典）埃里克·拉森（Erik Larsson）著；孙仁杰译.—北京：科学出版社，2024.1
书名原文：Introduction to Advanced System-on-Chip Test Design and Optimization
ISBN 978-7-03-076918-3

Ⅰ.①片… Ⅱ.①埃… ②孙… Ⅲ.①微型计算机–系统测试
Ⅳ.①TP360.21

中国版本图书馆CIP数据核字（2023）第216684号

责任编辑：孙力维 杨 凯/责任制作：周 密 魏 谨
责任印制：肖 兴/封面设计：张 凌
北京东方科龙图文有限公司 制作

科学出版社 出版
北京东黄城根北街16号
邮政编码：100717
http://www.sciencep.com

天津市新科印刷有限公司 印刷
科学出版社发行 各地新华书店经销
*

2024年1月第 一 版　　　开本：787×1092 1/16
2024年1月第一次印刷　　印张：20 1/2
字数：368 000

定价：88.00元
（如有印装质量问题，我社负责调换）

致　谢

　　如果没有许多人的帮助，这本书是写不出来的。我要感谢 Zebo Peng、Petru Eles，以及瑞典林雪平大学计算机和信息科学系嵌入式系统实验室的其他成员。我要感谢 Julien Pouget、Stina Edbom、Klas Arvidsson 和 Per Beijer 对本书的贡献。我要感谢 Krishendu Chakrabarty、Erik Jan Marinissen 和 Vishwani D. Agrawal 对本书初稿的审阅。我要感谢在日本期间藤原秀夫对我的照顾，感谢 Mark de Jongh 对我的启发和 Cindy Zitter 对我的鼓励，最后还要感谢我的朋友和家人。

埃里克·拉森

林雪平大学

瑞典，林雪平市

前　言

半导体加工技术以及集成电路（integrated circuit，IC）设计技术和设计工具的进步使得我们可以创造出在一个芯片上实现大量复杂功能的微电子产品。以前出现在一块或多块印制电路板上的元件可以被整合到一个 IC 中。传统产品通常被称为"系统"，集成了完整系统的现代 IC 被称为片上系统（system on chip，SoC）。这种持续整合的好处是显而易见的：

（1）更小的外形尺寸，我们希望产品能够装进口袋。

（2）更高的性能，我们总是希望微电子产品能够做得更多、听得更多、看得更多。

（3）更低的功率，因为便携式移动产品的电池容量是有限的。

设计 SoC 是一个挑战。功能以及布局设计需要模块化和层级化，因为对这种"怪物芯片"来说，扁平化设计已不是一个好的选择。逐渐地，片上互连也变得层级化，我们称其为片上网络（network on chip，NoC）。为了缩短上市时间和利用外部专业技术，设计者会导入大型模块并重复使用。这种设计模式将 IC 设计界分为"内核供应商"和"SoC 集成商"。

SoC 测试也面临新的挑战。能够解决 SoC 日益增长的复杂性的唯一可行方案就是应用模块化测试。模块化测试针对包含非逻辑块的异构 SoC，例如，嵌入式存储器、模拟和射频模块、e-FPGA 等，也针对由内核供应商开发，SoC 集成商应用的黑盒测试第三方核心。模块化测试有以下优点：

（1）分而治之，减少生成测试向量的工作量。

（2）多代 SoC 的测试复用。

模块化测试研究面临的挑战如下：

（1）设计工作和测试开发工作由不同组织和公司在不同地理位置和时间

完成，从而产生从内核供应商到 SoC 集成商的"测试知识"转移方面的挑战。

（2）内核和其他模块通常被嵌入 SoC，不能直接访问 SoC 引脚或其他测试资源。因此，我们需要在片上增加一个接入测试的基础设施，以实现对 SoC 的正确测试，这个基础设施在 SoC 不处于测试模式时应尽可能地透明。

（3）事实上，芯片测试已经不是一个单一的、庞大的测试，而是分成了许多较小的测试，这带来了许多优化问题，包括测试覆盖率、测试应用时间、测试期间的功率耗散、片上基础设施使用的硅面积等。设计工程师和测试工程师需要在这些复杂问题上做出正确的选择，这些问题息息相关。

我的研究员埃里克·拉森（Erik Larsson）在本书中试图阐明模块化 SoC 测试领域的诸多问题。编写本书是因为需要有一本可以作为大学教材的书。一方面，目前的教材都是关于经典测试方法的。另一方面，现有的关于模块化 SoC 测试的书籍有太多研究性质，介绍性的材料太少，无法作为教材使用。而拉森的书正好填补了这类书的空白。

本书由三部分组成。第 1 部分，简要概述经典测试方法，为该领域的新人提供必需的入门知识，并为进一步深入介绍模块化 SoC 测试提供许多著名教科书作为参考。第 2 部分，介绍测试大型、模块化和异构 SoC 面临的挑战和困难，建议有经验的读者直接阅读本书的这一部分。第 3 部分，详细介绍拉森和他的团队为克服上述困难所做的研究工作。所有解决方案的核心关键词是"整合"，包括设计和测试的整合，以及多方面优化问题解决方案的整合。整本书的写作风格非常清晰，这也是拉森的论文和演讲的特点。

我坚信，由于集成电路的尺寸和复杂性不断增加，模块化和可扩展是解决集成电路制造、测试挑战的唯一可行方法。因此，我向该领域的研究人员、EDA 公司的测试方法开发者、设计和测试工程师，当然还有大学生推荐这本书。

埃里克·扬·马里尼森
首席科学家
飞利浦研究实验室
荷兰，埃因霍温

目　录

第1部分　经典测试方法

第 2 部分　SoC 的可测性设计

第1部分　经典测试方法

第1章 绪 论

本书旨在讨论片上系统（SoC）测试的相关问题，包括建模及片上系统测试解决方案的设计和优化。重点是测试调度，因为要测试的系统越来越复杂，测试数据量不断增加，所以如何组织测试变得越来越重要，并且器件尺寸小型化使得新的故障类型不断出现。本书主要站在系统的角度进行讨论，日益复杂的 SoC 使得测试解决方案的设计人员很难掌握每个决策对系统测试解决方案的影响，而针对每个测试单元的局部优化几乎不会对全局方案产生影响。

从系统的角度看，需要考虑的一个重要因素是计算成本与建模和优化粒度的关系。与只考虑少量细节的模型相比，一个考虑大量细节的细粒度模型显然是首选。但是，细粒度模型会导致高计算成本，因为 SoC 的规模越来越大，测试解决方案的设计过程本质上是一个迭代过程，计算成本的控制很重要。此外，随着设计参数数量的增加，设计空间变大，最重要的是决定哪些问题需要花费精力计算。

多年来，一块芯片上集成的晶体管数量大幅增加。摩尔预测，一块芯片上集成的晶体管数量大约每 18 个月翻一番[198]。图 1.1 中，展示了英特尔处理器预测晶体管数量（摩尔定律）与实际晶体管数量的对比，预测的精确性令人吃惊。

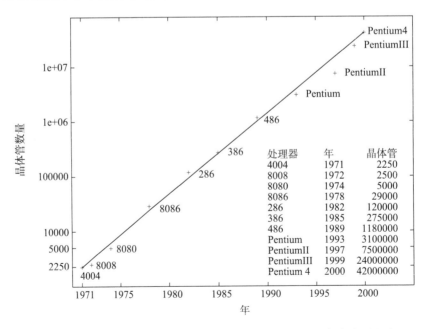

图 1.1　英特尔处理器预测晶体管数量（摩尔定律，直线表示）与
实际晶体管数量（＋表示）的对比[107, 198]

芯片设计是一项由晶体管数量增加、器件尺寸小型化和更短的开发时间驱动的挑战。在更高的抽象层级对系统进行建模可以处理越来越多的晶体管，器件尺寸小型化需要了解晶体管级设计的相关知识。可以通过重复使用以前的设计或设计的一部分（模块或内核）来缩短设计时间。基于内核的设计是一种替代方法，因为它允许将预定义和预验证的逻辑块（即所谓的内核）与胶合逻辑相结合构成完整的系统。可以重复使用以前设计的内核，也可以从内核供应商处购买。

SoC 设计工程师的工作是设计片上系统。设计工作包括决定在片上系统中使用哪些内核，以及如何将内核嵌入到系统中。内核可能源自公司以前的设计，或者从其他公司（内核供应商）购买，也可以重新设计内核。SoC 测试工程师是为片上系统设计测试解决方案的人。图 1.2(b) 显示了简化的 SoC 设计流程。在图 1.2(a) 中，SoC 设计工程师和 SoC 测试工程师的工作是按顺序进行的。SoC 设计工程师完成设计后，SoC 测试工程师开始着手构建测试解决方案。图 1.2(c) 显示了顺序设计流程的替代方案，其中，SoC 测试工程师早在 SoC 的设计阶段就参与其中。后一种方法的优点是 SoC 测试工程师可以对设计决策产生影响，比如内核的选择。在集成设计流程中，SoC 测试工程师需要工具来评估不同的设计决策。例如，如果两个不同的处理器内核可以解决同一个问题，但两个处理器的测试特性不同，那么 SoC 测试工程师需要决定应该选择哪一个内核。

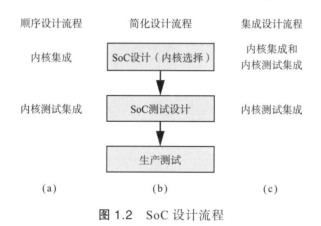

图 1.2 SoC 设计流程

之所以在设计阶段就考虑测试成本，是因为测试成本正在成为 SoC 设计的瓶颈。图 1.3 绘制了一个晶体管的成本和测试成本[106]预测。有趣的是，一块芯片上集成的晶体管数量增加的同时，一个晶体管的成本正在下降，一个晶体管的测试成本则保持不变，从图 1.3 可以清楚地看出，一个晶体管的相对测试成本正在增加。

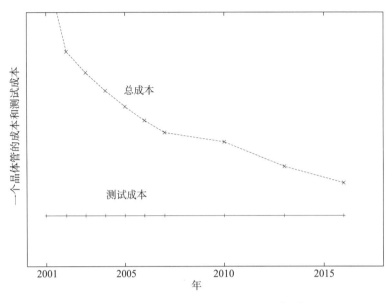

图 1.3　一个晶体管的成本和测试成本[106]预测

　　器件尺寸的小型化和不断提高的性能导致新故障类型的出现，有了新故障类型就需要建立新的故障模型，这也是预期会面临的挑战之一。建立新故障模型将进一步增加 SoC 的测试数据量，测试时间变得更长，这使得测试调度变得更加重要。摩尔[198]指出一块芯片上晶体管数量将急剧增加，但每个晶体管的功率耗散（以下简称功耗）会降低。很可能出现这样的情景，晶体管可以被设计出来，但它的工作能力会被限制。对于想要在系统中不断增加功能的设计人员来说，这可能会令人沮丧。但是，测试人员可以利用这一现象。因为这意味着额外的可测性设计（design for testability，DFT）的成本降低了。这部分逻辑可以仅作为用于测试目的的逻辑引入。而且，还可以利用逻辑冗余来提高良率。测试期间的功耗是另一个重要问题。为了使每个测试向量尽可能检测更多的故障，希望激活尽可能多的故障位置。系统高频活动会导致更高的功耗。系统以及一个节点的功耗都有可能超出允许的范围，并且一个测试单元在测试过程中可能产生导致系统损坏的功耗。

　　本书主要内容分为三个部分。第 1 部分包含以下章节，绪论（第 1 章）、设计流程（第 2 章）、可测试性设计（第 3 章）、边界扫描（第 4 章）。第 2 部分包含 5 个章节，第 5 章介绍系统建模，第 6 章介绍测试冲突，第 7 章介绍测试功耗，第 8 章介绍测试访问机制（TAM）设计方法，第 9 章讨论测试调度。第 3 部分（第 10 ~ 15 章）详细讨论 SoC 测试应用，这部分是一组论文的汇编，涵盖了使用可重构的内核封装器的测试调度、测试调度和 TAM 设计、集成在测试解决方案设计流程中的内核选择，以及基于缺陷的测试调度。

第2章 设计流程

2.1 引 言

本章简要介绍设计流程，以便在接下来的章节中引出对建模粒度的讨论。

技术的发展使得系统集成的晶体管数量急速增加。然而，技术发展所允许进行的设计与考虑成本（时间、金钱、人力）之后可能进行的设计之间存在差距。所谓生产率差距就是指利用现有技术进行设计的可能性与在合理的时间内完成设计的可能性之间的差距，这种差距正在不断扩大。生产率[120]定义为

$$P = \frac{\text{门电路总数}}{\text{设计时间} \times \text{设计师人数}}$$

这意味着如果生产率保持稳定，设计时间将急速增加（保持设计团队规模不变）。另一种选择是扩大设计团队的规模，以保持设计时间不变。但是，这两种方法都不可行。相反，EDA（电子设计自动化）工具的发展可以提高生产率，这意味着必须开发更好的建模和优化技术。

为了使设计者能够更好地处理技术发展导致的设计复杂性，开始的时候可以在较高的抽象层级进行系统建模。在高层级规范上进行的半自动综合和优化（设计者使用计算机辅助设计（CAD）工具）将设计从抽象建模转换为最终电路（图2.1）。与较低抽象层级相比，较高抽象层级的系统建模包含的具体实现细节较少。Gajski等人[64]用Y形图表示设计流程，其中三个方向分别是行为、结构和几何。

图2.1 设计流程

2.2 高层级设计

自上而下的设计流程的优点是，将设计指定为具有较少实现细节的高抽象层级，然后再综合成具有高度实现细节的模型，从而简化对设计方案的探索，

并且在这个过程中我们可以轻松地设计备选方案。高抽象层级的模型包含的细节更少，对设计的处理更容易，可以添加更多的优化步骤，这意味着在设计空间可以进行更彻底的搜索。

在设计流程中，通常会对系统进行建模。建模的目的是了解系统的功能，添加布局、布线细节。到目前为止，已经开发了很多技术。在 VHSIC（超高速集成电路）计划的倡议下，开发了名为 VHDL（VHSIC 硬件描述语言）的数字电路描述语言[120]。VHDL 语言在 1987 年成为 IEEE 标准，最近一次修订是在 1993 年[268]。另外，图形描述有助于人们更容易地理解设计。图形描述的例子有框图、真值表、流程图、状态图（Mealy 和 Moore 状态机）、状态转换图。网表用于枚举所有设备及其连接。SPICE（仿真电路模拟器）就是一个面向器件结构的仿真器[265]。EDIF（电子设计交换格式）可以简化不同 CAD（计算机辅助设计）系统之间的设计传输。另外，为了标注设计中的延迟信息，开发了 SDF（标准延迟格式）[252]。

2.3　基于内核的设计

自上而下的设计流程也有许多缺点。其中一个就是在较高的抽象层级，实现的细节不太明显。这使得在高抽象层级不可能讨论某些详细的设计问题。在超微米技术中，技术的发展使得器件尺寸高度小型化，需要对晶体管级的设计细节有所了解，而在高抽象层级中能够捕捉到的信息较少就成了一个问题。另一个问题是，在自上而下的设计流程中，有一个基本假设，即系统是第一次设计。而在现实中，很少有系统是从头开始设计的。大多数都是更新以前设计的系统。这意味着以前系统的小部分甚至大部分内容都可以在新的系统中重新使用。此外，以前设计中一些已经用于完全不同系统的逻辑块也可以用在新系统中。甚至可以从其他公司购买逻辑块（内核）。例如，CPU 核心就可以从不同的公司购买并用于设计中。

在基于内核的设计环境中，逻辑块，即所谓的内核，会被集成在系统里[84]。这些内核可能源自公司先前开发的设计，也可能是从其他公司购买的，或者是新设计的。内核集成设计工程师的工作是选择在设计中使用哪些内核，内核集成测试工程师的工作是设计测试解决方案，也就是让设计变得可测。内核集成设计工程师从不同的内核供应商手中选择内核。内核供应商可以是一家公司、参与先前设计的设计师或为系统开发新内核的设计师。

基于内核的设计通常首先选择内核，然后设计测试方案，生产测试方案之后测试系统（图 2.2(a)）。在内核选择阶段，内核集成设计工程师选择适当的内核来实现系统的预期功能。对于每个功能，都有许多内核可以选择，每个候选内核都有各自的参数，例如，性能、功耗、面积和测试特性。内核集成设计工程师为了优化 SoC 设计，会对设计空间进行探索（搜索和组合内核）。一旦系统被固定下来（内核被选中），内核集成测试工程师就会设计 TAM，并根据每个内核的测试规范安排测试。在这

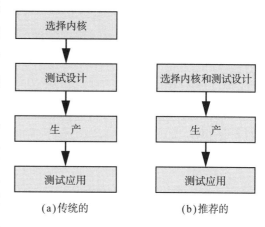

图 2.2 基于内核的设计流程

样的设计流程中（图 2.2(a)），测试方案设计是紧跟在内核选择之后的。在这样的流程中，即使一个内核的测试方案是高度优化的，集成一个系统后，系统的整体测试方案很可能就不是高度优化的了。

另一方面，图 2.2(b) 中的设计流程将内核选择与测试方案设计相结合，这使得在设计整体测试方案的同时能考虑一个内核的影响。这种设计流程的优点是有可能开发出更优化的测试方案。

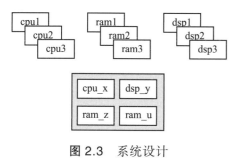

图 2.3 系统设计

图 2.2(b) 的设计流程可以用图 2.3 来表示，先在系统中对内核的类型进行规划，然后再决定选择哪个内核。每个位置都可能同时有几个内核满足需求。例如，对于 cpu_x 内核，在图 2.3 中就有 3 个备选的处理器内核（cpu1、cpu2 和 cpu3）。

通常来说，内核可以分为：

（1）软核。

（2）固核。

（3）硬核。

软核是可综合的 HDL 描述，而硬核则是固定的网表，固核介于软核和硬核之间。软核是最灵活的，但需要花费精力和时间使用 EDA 工具来将其综合成门级网表。而硬核已经固定，可以直接在设计中使用，优化所需的精力和时

间较少。涉及测试时，软核、硬核和固核之间的区别很明显。对软核来说，在确定测试方法时有更高的自由度，相比之下，硬核的测试方法和测试向量是比较固定的。

2.3.1　片上网络

随着 SoC 设计复杂性增加，会带来这样一个问题，片上互连有限的可扩展性导致其不能再用于 SoC 的设计，如总线和开关，致使 SoC 的线路变得很长。一个替代方案是使用片上网络（NoC）[14, 121]。

2.3.2　基于平台的设计

设计流程不仅要考虑硬件开发，还要考虑软件开发。由于如今的系统包含越来越多的可编程器件，所以必须对软件（操作系统、应用程序以及编译器）进行开发。为了固定结构，提出了基于平台的设计理念。Sangiovanni-Vincentelli[237] 将基于平台的设计与 PC（个人计算机）进行了比较：

（1）X86 指令集使得操作系统和软件程序可以重复使用。

（2）开发了总线规范（ISA、USB、PCI）。

（3）ISA 中断控制器用来处理软件和硬件之间的基本交互。

（4）I/O 设备，如键盘、鼠标、音频和视频设备，都有明确规范。

PC 平台促进了计算机的发展。然而，大多数计算机不是 PC，而是移动电话、汽车等产品中的嵌入式系统[266]。因此，不太可能找到适用于所有计算机系统的基于单一平台的体系结构。

2.4　时　钟

系统的时序问题是一项挑战。系统时钟频率越高，时序问题越重要。必须有效控制系统中的存储元件（触发器组成的寄存器），图 2.4(a) 和图 2.4(b) 分别展示了有限状态机（FSM）和流水线系统（存储元件由时钟控制）。大多数系统都是有限状态机和流水线系统的结合。

寄存器（触发器）的输入通常命名为 D，输出命名为 Q。图 2.5 阐述了如下概念：

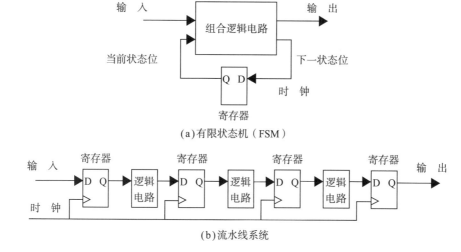

(a)有限状态机（FSM）

(b)流水线系统

图 2.4 时钟系统

（1）建立时间（T_s）：在时钟有效沿到来之前输入 D 需要保持稳定的时间。

（2）保持时间（T_h）：在时钟有效沿到来之后输入 D 需要保持稳定的时间。

（3）时钟至 Q 的延迟（T_q）：在时钟有效沿到来之后产生输出 Q 所需的时间。

（4）时钟周期（T_c）：两个时钟上升沿（从 0 到 1）之间的时间。

寄存器可以被设计为电平敏感的锁存器、边沿触发的寄存器、RS 锁存器、T 触发器和 JK 触发器[277]。

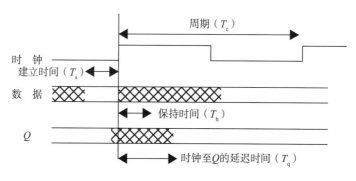

图 2.5 单相时钟及其参数

2.4.1 系统时序

可以采用不同方式调用锁存器和寄存器来搭建时钟系统[277]。重要的是将时钟信号正确地传递给寄存器。长导线可能会在时钟分布中引入延迟，导致时钟偏斜，即信号不能同时传送给所有时钟元件。

时钟周期（T_c）由以下公式给出：

$$T_c = T_q + T_d + T_s$$

其中，T_q 是时钟至 Q 的延迟时间；T_s 是建立时间；T_d 是通过组合逻辑块的最坏情况下的延迟。

2.4.2　时钟分配

时钟分配是经常会碰到的问题。例如，当系统中必须驱动的总电容高于 1000pF 时[277]，以高重频（时钟速度）驱动电容器会产生高电流（图 2.6）。

```
V_DD = 5V
C_reg = 2000 pF
T_clk = 10 ns
T_rise/fall = 1 ns

I_peak = C_reg×V_DD÷T_rise/fall = 2000×10⁻¹²×5)/(1.0×10⁻⁹) = 10A
Pd = C_reg×V_DD²×f = 2000×10⁻¹²×25×100×10⁻⁶
```

图 2.6　说明高电流和高功率[277]

可以通过以下方式对时钟进行分配[277]：

（1）用一个大缓冲器（例如级联反向器）驱动所有模块。

（2）分布式时钟树（图 2.7）。

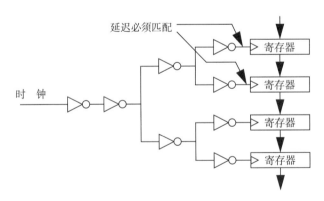

图 2.7　省略逻辑的分布式时钟树

2.4.3　多时钟域

在基于内核的设计中，一个系统往往会集成一组内核。每个内核都可能需要专用的时钟，多时钟域的设计会带来挑战。一个典型的问题是在时钟域边界，一个时钟域会与另一个时钟域相遇。可能出现的问题包括数据丢失和亚稳态。如果时钟 1 生成的数据在发生变化后才被时钟 2 捕获，则可能发生数据丢失。也就是说，如果目标时钟的运行速度较快，就会产生数据丢失问题。亚稳态是指在源时钟域和目的时钟域之间没有时序关系，可能出现数据和时钟信号同时到达触发器的情况，亚稳态会导致系统出现可靠性问题。

1. 锁相环（PLL）

在系统中采用锁相环（PLL）生成内部时钟主要有以下两个原因[277]：

（1）使内部时钟与外部时钟同步。

（2）内部时钟的运行频率应高于外部时钟。

片上时钟速度的提高会导致时钟偏斜问题，而 PLL 可以产生与外部时钟同相的内部时钟。

2. 全局异步局部同步

同步系统的优势在于：

（1）技术已经经过验证。

（2）可以广泛使用的 EDA 工具。

需要注意的问题是：

（1）时钟速度受限于最慢的操作。

（2）时钟分配问题。

（3）难以设计具有多时钟域的系统。

（4）空载操作会消耗很多功率。

另一种方式是将系统设为异步，采用通信协议（通常是握手）代替时钟来控制系统。异步系统的优点是：

（1）"平均情况"下的性能。

（2）不用分配时钟。

（3）不用把功率浪费在空载操作上。

异步系统的缺点是：

（1）有限的 EDA 支持。

（2）测试起来非常困难。

Chapiro[36] 提出了一种名为全局异步局部同步（GALS）的方案，其中，每个同步的内核 / 逻辑块都有一个异步封装器。在异步器件和同步器件的边界插入 FIFO 队列。

GALS 方法的优点是：

（1）易于设计具有多时钟域的系统。

（2）不用分配全局时钟。

（3）高能效，系统仅在数据可用时运行，

（4）异步电路（及相关问题）仅限于封装器。

（5）可以使用传统 EDA 工具设计主要功能模块。

这种方法的缺点之一是自定时封装器的面积开销。实践结果表明，在面积增加 10% 的情况下，可以节省约 20% 的功率。

2.5　优化技术

优化问题可以映射到已知问题上来。这样做的好处是，如果已知问题是 NP- 完全的，那么映射问题也是 NP- 完全的。背包问题（Knap-sack）和部分背包问题（fractional Knap-sack）是非常有趣的调度问题。在背包问题中，给定不同价值和体积的物品，问题是找到能够装进固定体积背包的最有价值的物品集合。一件物品是否应该装进背包中，这个问题是 NP- 困难的[42]。在部分背包问题中，给出了单位体积不同价值的材料及其最大数量，以此找到可以装满固定体积背包的最有价值的材料组合。由于我们可以取材料的一部分，所以可以用贪心算法找到最优解，也就是尽可能找出单位体积最有价值的材料。如果还有空位，尽可能多地放置下一种最有价值的材料。以此类推，直到背包装满，这个结果就是最优解[42]。

在系统测试调度问题中，所有测试都已经给出并且分配了固定的测试时间，假设测试顺序不影响结果，目标是最小化测试应用时间。一个需要进行 N 项测试的系统，每项测试的测试时间为 τ_i（$i = \{1, \cdots, N\}$），那么这个系统的最佳测试时间 $\tau_{应用}$ 由下式给出：

$$\tau_{应用} = \sum_{i=1}^{N} \tau_i \qquad (2.1)$$

假设一次只能进行一项测试，并且所有测试都要进行，这意味着任何测试顺序都是最优的。因此，需要一个能在循环中迭代所有测试的算法，在每次迭代时选择一个测试并赋予开始时间。该算法的计算复杂度与测试次数呈线性关系，$O(n)$ – n 为测试次数，因此该算法是多项式（P）。大多数问题在多项式时间内是解决不了的，也就是说找不到最优解。这些问题被称为 NP– 完全问题（多项式复杂程度的非确定性问题）。直到今天，还没有一种算法能在多项式时间内保证找到 NP– 完全问题的最优解。目前，所有已知的 NP– 完全问题的算法所需时间都是问题大小的指数倍[42]。为了解决大规模的 NP– 完全问题，可以使用启发式算法。

优化就是寻找使给定的成本函数最小化的解，其目标是找到最优解。能保证找到全局最优解的算法就是精确算法。在许多情况下，这些问题是 NP– 困难问题，启发式算法也只能找到一个局部优化而非全局优化成本函数的解，而且还不一定能找到。启发式算法通常是在计算成本（CPU 时间）和计算质量（解决方案离最优解有多远）之间进行权衡。

在实际应用中，启发式算法有一个很明显的问题，就是质量评估，即启发式算法产生的解与最优解相比有多接近（最优解只有在穷举搜索的情况下才能保证找到，由于时间限制，这是不可能的）。例如，下限可以帮助设计者感受某个解离下限有多近。通常，计算资源限制了解的产生，了解计算资源可以帮助设计者评估解的质量。对资源利用率常用的一种建模方法是使用甘特图[23]。甘特图可以是面向工作（任务），也可以是面向资源（图 2.8）。在图 2.8(b) 中，任务 A 和任务 B 都使用资源 1，显然，资源 1 被使用得最多，其最有可能是方案遇到瓶颈的原因。甘特图的用途有很多，比如可以用来定义一个系统的测试时间下限。下限是一个解可能的最低成本。请注意，定义一种计算下限的方法并不意味着这种方法能找到与该下限相对应的解。

图 2.8 甘特图

上文表明，当所有测试都有固定的测试时间，目标是最小化测试时间时，对顺序结构来说，制定一个关于测试时间的最佳测试方案是非常简单的。在顺序测试中，每次只激活一个测试，意味着测试方案没有任何约束。在并发测试中，一次可以启动一个以上的测试，测试方案往往受限于测试冲突。在一个系统中，所有测试都有固定的测试时间，在没有约束的情况下，使用并行测试来最小化测试时间是很容易的。所有测试都从时间点 0 开始，对于有 N 个测试的系统，每个测试都有一个测试时间 τ_i（$i = \{1, \cdots, N\}$），最佳测试时间 $\tau_{应用}$为

$$\tau_{应用} = \max(\tau_i) \tag{2.2}$$

并行测试由于可以同时执行一个以上的测试，所以一般来说不是 NP- 完全问题。然而，一旦加入约束条件，它就是 NP- 完全问题了。我们将在下面更详细地讨论这个问题。

可以使用穷举法或一些启发式算法来搜索解决方案。穷举法的优点是能找到最优解。问题是，大多数问题都很复杂（NP- 困难），意味着用穷举法解决这些问题的计算成本（CPU 时间）是很大的。穷举法是最直接的优化方法，其对搜索空间中的每一个解都进行评估，并报告最优解。回溯、分支定界、整数线性规划等都属于穷举法。

启发式算法可以迭代搜索但不能保证找到最优解，例如，局部搜索、模拟退火算法、遗传算法和禁忌搜索算法。启发式算法是迭代式的，即从一个初始解开始，通过迭代修改（变换）来寻找优化解。启发式算法可以从头开始构造解。构造性启发式算法通常在基于迭代变换的启发式算法中使用。构造性启发式算法的计算成本通常在 N^x 范围内，其中 $x = 2, 3, 4$。

1. 回溯法与分支定界法

使用回溯法进行穷举搜索的思路是从初始解开始，在初始解中，尽可能让更多变量不被赋值[67]。回溯过程就是系统地为这些未赋值的变量赋值。一旦所有变量都被赋予有效值，就可以计算出可行解的成本。然后，算法回溯到部分解，将下一个值赋给未赋值的变量。

通常不需要访问回溯过程中产生的所有解。因此，对解空间进行回溯求值是在搜索树中完成的。分支定界法的思路是不遍历成本高于目前最低成本的子树。如果部分指定解的计算成本比最优解差，那么该部分的子树就不会被遍历。对解的搜索可以通过深度优先搜索或宽度优先搜索的方式进行。

2．整数线性规划

整数线性规划（ILP）是一种将组合优化问题转化为数学问题的方法。很多问题都可以被简化为 ILP 问题[67]。但是，从计算的角度看，由于 ILP 本身就是 NP- 完全的，所以这并没有起到什么作用。尽管如此，还是存在一些通用的 ILP 求解器，这意味着如果优化问题可以建模为一个 ILP 实例，软件（程序）就可以解决这个问题。使用 ILP 求解器的主要优点是可以找到一个精确的解决方案，缺点是较复杂问题的计算成本比较高。

ILP 是线性规划（LP）的一个变体。LP 问题可以用椭圆算法（一种多项式复杂度算法）来解决，然而在实践中，时间复杂性最坏情况下的单纯形法的表现往往好于椭圆算法[67]。ILP 作为 LP 的一个变体，其变量只能是整数[67]。

3．局部搜索

局部搜索是一种迭代方法，在创建新的解时，搜索局部邻域而不是整个空间[67]，其思路是通过移动或局部转换来改进当前的解。在局部邻域中使用穷举法找到的最优解（最速下降法）被用作下次迭代的当前解。在实践中，局部邻域的搜索可以在首次改进时终止。与最速下降法相比，在首次改进时终止计算成本较低。但是，最速下降法每次迭代都会产生一个更好的解决方案，从而使得迭代次数更少，因此与首次改进就终止的方案相比，计算成本更低。为了避免陷入局部最优，可以搜索更大的邻域。但邻域越大，搜索的计算成本就越高。另外，局部搜索不允许走出局部最优，即所谓的上坡移动，这在模拟退火算法和禁忌搜索算法中是允许的。

4．模拟退火算法

模拟退火算法（或称统计冷却）是由 Kirkpatrick 等人[131] 提出的一种模拟物理过程的优化技术[67]。一开始材料被加热，分子可以自由运动（材料是液体）。慢慢温度降低，材料冷却，分子运动的自由度随之降低。最终，在冷却速度非常慢的情况下，材料的能量降到最低。

模拟退火算法的伪代码如图 2.9 所示。首先创建一个初始解，然后在每次迭代过程中对该解进行随机修改。最初，温度较高时，允许进行较大的修改，随着温度的降低，允许进行的修改越来越小。如果创建了比以前更好的解，则保留该解。在一定的概率下，为了避免陷入局部最优，可以接受较差的解。

```
Construct initial solution, x^now;
Initial Temperature: T=TI;
while stop criteria not met do begin
  fori = 1 to TL do begin
    Generate randomly a neighboring solution x'∈N(x^now);
    Compute change of cost function ΔC=C(x')-C(x^now);
    if ΔC≤0 then x^now=x'
      else begin
        Generate q = random(0,1);
           if q<e^{-ΔC/T} then x^now=x'
      end;
  end;
   Set new temperature T=α×T;
end;
Return solution corresponding to the minimum cost function;
```

图 2.9   模拟退火算法

5. 遗传算法

遗传算法（伪代码见图 2.10）的灵感来自于自然和进化理论[197]。首先创建一组称为种群的初始有效解，然后在迭代过程中创建新的解，即旧种群被新种群所取代。为了创建新解，也就是子类解，需要选择两个解作为父类和母类。选中的父类和母类在交叉过程中创造一个子类解，子类解属于新的一代。遗传算法的思想是通过结合当前种群中最好的解（选定的父类和母类）的特征，来创建新的更好的解（子类）。每个解决方案的特征就像染色体，两个来自上一代解的染色体创建一个子类解。为了避免局部最优，在迭代过程中允许染色体变异。与自然情况一样，变异就是在创建子类解时引入一些细微的修改。

```
Create an initial population pop
Do begin
  newpop=empty
  For i=1 to size_of_population Begin
    parent1=select(pop)
    parent2=select(pop)
    child=crossover(parent1, parent2)
    newpop=newpop+child
  End
  pop=newpop;
End;
Return solution corresponding to the minimum cost function;
```

图 2.10   遗传算法

6. 禁忌搜索算法

禁忌搜索算法是一种通过搜索邻域来对改进解的优化技术。首先创建一个初始解，并定义一组修改。通过这些修改，在 n 次迭代过程中对初始解进行改进。为了避免修改后又重新修改，算法将最近一次长度为 k 的移动放在禁忌表中，在以后的迭代中禁止长度小于 k 的循环。

第 3 章 可测性设计

3.1 引 言

可测性设计，是指如何使系统中的每个单元都可测试。本章主要介绍可测性设计的相关技术。进一步的研究可参考其他关于测试的书籍，如 Abramovici 等 人[2]，Bushnell 和 Agrawall[24]，Lala[151]，Mourad 和 Zorian[199]，Rajsuman[225] 和 Tsui[264]。

测试是用来检查一个设计是否符合其设计规范。在系统生命周期中，任何时候都可能出现失效，如果系统的行为与规范不同，就说明发生了系统失效。故障是一种物理缺陷，并不一定会引起失效，故障可以通过其性质、数值、范围和持续时间来描述[151]。从性质上划分，故障可以分为逻辑故障和非逻辑故障。逻辑故障会导致某个点的逻辑与系统规范不同，非逻辑故障包括时钟分布故障、电源故障等[151]。故障值表示故障如何产生信号。故障值可以是固定的，也可以随时间变化。故障范围表示故障影响的范围，故障可能只影响系统的一部分，也就是局部影响，也可能影响整个系统。例如，逻辑故障可以是局部的，而时钟分布故障则可能分布在整个系统中。故障的持续时间取决于故障是永久性故障还是暂时性故障。永久性故障被称为硬故障，而暂时性故障被称为软故障。暂时性故障（或软故障）通常更难复制（故障很难再次出现），因为这种类型的故障是由于电源不稳定（瞬时）或衰变（间歇性）造成的[199]。

系统中随时可能出现故障。但是，大多数故障都是在制造过程中引入的。因此，关注生产测试以及与制造相关的故障是非常重要的。

3.1.1 故障模型

故障可能是由于零件缺陷、信号线中断、线路不小心连接到地或电源、信号线短路等原因造成的。糟糕的设计可能会引入故障，比如竞争和冒险。可以用故障模型对故障行为进行建模。最常见的故障模型是固定故障、桥接故障、固定开路故障和延迟故障。

1. 固定故障模型

最常用的故障模型是单固定（SSA）故障模型，该模型假定故障位置可以固定在 1，也可以固定在 0。如果信号线上的故障固定在 0，则信号线的逻辑值始终为 0。为了检测这种故障，测试激励应在线路上产生逻辑 1。信号线逻辑值固定为 0 的故障视为信号线接地，而逻辑值固定为 1 的故障则视为该信号线连接到电源。在生成 SSA 的测试向量时，假设系统中只有一个故障，如果同时存在多个故障，则使用多重固定（MSA）故障模型。

假设图 3.1 中与门的输入 A 出现 SA1 故障，该故障会使系统的真值表与正确的真值表（无故障）不同。无论输入 A 设置为什么值（0 或 1），输入都是 1（固定为 1）。在 SSA 模型中，k 条线路的故障数量为 $2k$。例如，图 3.1 中与门有 3 条线路（包括故障位置），即 A、B 和 X，每个位置都可以是 SA0（输入固定为 0）或 SA1（输入固定为 1），即存在 6 个可能的故障点。

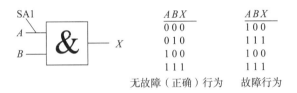

图 3.1　输入 A 出现 SA1 故障的与门

固定故障模型应用广泛，该模型的优点之一是简单，而且检测结果表明，该模型对几种类型故障的检测均有效。缺点之一是对现代亚微米 CMOS 系统中的故障进行建模的效率较低[60, 151]。

2. 桥接故障模型

与固定故障相比，实际应用中更可能发生的情况是两根信号线不小心连接在一起。两根信号线短路称为桥接故障。桥接故障可以分为输入桥接、反馈桥接和非反馈桥接[151]。

桥接故障的数量取决于被测桥接信号线的数量。为了减少桥接故障的数量，需要了解有关布局布线的知识，彼此相距较远的信号线不能桥接，而彼此相邻的信号线则可能桥接。

3. 固定开路故障模型

采用固定故障模型，可能无法检测 CMOS 设计中的中断和晶体管短路缺陷[151]。中断可能发生在门之间的线路上，即信号线中断，或者门的内部线路上，即门内中断。我们需要知道电路的结构，为了对这些故障进行建模，需要使用晶体管级故障模型。这也就意味着，必须测试短路晶体管和开路晶体管[151]。短路晶体管会造成源极和漏极之间的短路。

4．延迟故障模型

利用延迟故障模型可以检测时序故障。系统中的微小时序问题可能不会影响系统，比如信号的微小延迟。但是，较长的延迟可能会使系统无法满足其时序规范，需要进行延迟测试。此外，在以非常高的时钟频率运行的高性能系统中，对时序故障的测试是非常重要的。

目前提出了两种延迟故障：门延迟故障和路径延迟故障[151]。门延迟故障考虑的是某个门内的延迟。例如，如果通过门的延迟超过某个值，则这个门就会被认为是有故障的。门延迟故障模型的主要缺点是它只考虑每个门的局部故障。另一种延迟故障模型，路径延迟模型考虑给定路径上延迟产生的影响，也就是说，也许路径中的每个门都满足其时序规范，但通过路径（给定的门序列）的传播延迟可能会超过规定值。路径延迟模型的缺点是电路中可能的路径数量很多。减少路径数量的一种方法是只考虑所谓的关键路径。关键路径是对延迟有直接影响的路径。但是，在高性能系统中，关键路径的数量会上升，基本上系统中的每条路径都是关键路径。

3.1.2 组合电路的测试

故障检测是判断系统是否存在故障的过程，故障定位是判断故障位置的过程。故障检测是通过施加一系列测试输入，然后将输出与预期（无故障）输出进行比较来实现的。测试可以在不了解电路结构的情况下仅通过电路的功能来执行。例如，要测试3输入加法器的功能（表3.1），需要输入所有可能的（$2^3 = 8$个）测试向量。需要输入的测试向量的数量呈指数增长（2^n，n是输入引脚的个数）。因此，已经开发出需要较少测试输入（测试激励）的替代方案。

表 3.1　3 输入加法器

$a\,b\,c$	进　位	和
0 0 0	0	0
0 0 1	0	1
0 1 0	0	1
0 1 1	1	0
1 0 0	0	1
1 0 1	1	0
1 1 0	1	0
1 1 1	1	1

测试中可以检测到的故障通常通过故障模拟器来判断，故障模拟器基本上就是一个逻辑模拟器，一次引入一个故障，施加测试激励，并将输出响应与预期响应（无故障响应）进行比较。

测试质量用式（3.1）所示的故障覆盖率（f_c）表示[151]：

$$f_c = \frac{f}{x} \tag{3.1}$$

其中，f 是检测到的故障数量；x 是电路中总的故障数量。有些故障是不可能检测到的，所以可以用忽略等效故障的故障压缩法来减少故障数量。例如，一个 x 输入的逻辑门有 $2x+2$ 个可能故障，但有些故障不能彼此区分开。

测试生成就是为电路或部分电路（逻辑块或内核）创建测试激励和测试响应的过程。电路可以分为组合电路和时序电路。组合电路或者部分组合电路中没有任何时钟元件，例如触发器，时序电路则相反。因此，与时序电路相比，组合电路的测试生成更简单。时序电路的测试生成意味着在电路中设置一定的值可能需要几个时间帧，这就使得搜索空间更大，问题也变得更加复杂。

1. 路径敏化

路径敏化是选择一条从失效点到输出的路径。在图 3.2 中，线路 a 存在固定为 1，即 SA1 故障，为了创建测试激励，线路 a 应设置为 0，线路 b 应设置为 1。由于线路 a 上存在 SA1 故障，门 G_1（线路 e）的输出值为 1。线路 e 的输出值要传播到线路 g，线路 f 上的值应为 1。线路 c 和线路 d 中至少有一条线路为 1，线路 f 的输出值就为 1。输入字 0111（$abcd$）是线路 a 上 SA1 故障的测试激励。无故障（电路良好）的情况下，输出将为 0，有故障的情况下，输出将为 1。注意，将线路 c 或线路 d 其中一个设置为 1 就足够了。因此，对于给定的故障，测试激励不是唯一的，可能存在好几种测试激励。

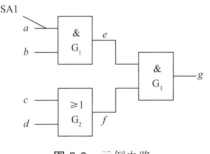

图 3.2 示例电路

前向追踪是设置从故障点到电路输出的数值的过程，而后向追踪是设置必要的门控条件，以便沿着路径传播故障的过程。在这个例子中（图 3.2），对线路 b、e、f 和 g 的赋值属于前向追踪，而对线路 c 和 d 的赋值则属于后向追踪。

2. 布尔差分

在布尔差分中有两个布尔表达式，一个用于无故障电路，一个用于故障电路，两个表达式相或。假设 $F(X) = F(x_1, \cdots, x_n)$ 为拥有 n 个变量的逻辑函数。故障 x_i 的布尔差分 $F(X)$ 定义为

$$\frac{\mathrm{d}F(x_1, \cdots, x_i, \cdots, x_n)}{\mathrm{d}x_i} = \frac{\mathrm{d}F(X)}{\mathrm{d}x_i} = F(x_1, \cdots, x_i, \cdots, x_n) \oplus F(x_1, \cdots, \bar{x_i}, \cdots, x_n)$$

假设图 3.2 中线路 a 有故障，线路 a 输入 x_1，线路 b 输入 x_2，线路 c 输入 x_3，线路 d 输入 x_4，那么我们有[246]：

$$\frac{\mathrm{d}F(X)}{\mathrm{d}x_3} = \frac{\mathrm{d}F(x_1 \cdot x_2 + x_3 \cdot x_4)}{\mathrm{d}x_3} = \{布尔规则\} = x_2 \cdot \overline{x_3 \cdot x_4}$$

布尔差分法的优点是能对电路中的每一个故障进行测试。该方法是完整的，不需要试错[151]。该方法的缺点是计算成本高，并且对内存的要求也很高。

3. D 算法

D 算法是一种测试生成算法，如果一个故障有对应的测试方法，D 算法就会找到它[233]。D 算法利用奇异覆盖、D 立方传播、D 立方故障表示法和 D 交叉。奇异覆盖是真值表的压缩版。图 3.3 是一个与门的奇异覆盖示例。

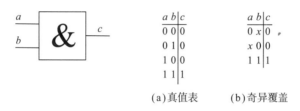

(a)真值表   (b)奇异覆盖

图 3.3

电路的奇异覆盖如图 3.4 所示。

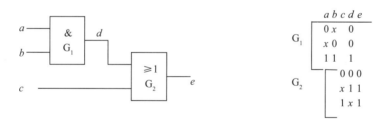

图 3.4 电路的奇异覆盖

D 立方用来表示一个无故障的门和一个故障门的输入输出行为。符号 D 可以是 0 或 1，$\overline{D}$ 是 D 的取反，即如果 D 是 0，$\overline{D}$ 就是 1，反之亦然。一个门的 D 立方传播就是使输出依赖于特定输入。一个两输入与门的 D 立方传播如图 3.5 所示。图 3.5 中，如果电路无故障，D 可以理解为 1，如果存在故障，则 D 为 0。

D 立方还可以用来指定特定故障的存在。例如，如果图 3.3 中与门的输出固定为 0，即有 SA0 故障，则 D 立方为

a	b	c
0	x	0
x	0	0
1	1	1

(a)奇异覆盖

a	b	c
0	D	$\overline{D}$
D	0	$\overline{D}$
D	D	D

(b)两输入与门的 D 立方

图 3.5

a	b	c
D	D	D

D 交叉可以用来建立敏化路径。图 3.4 中线路 b 的 SA0 故障测试的 D 立方为

$$
\begin{array}{ccc}
a & b & d \\
1 & 1 & D
\end{array}
$$

为了在线路 d 通过 G_2 传播 $\overline{D}$，G_2 的传播 D 立方必须与之匹配，即

$$
\begin{array}{ccc}
c & d & e \\
0 & \overline{D} & \overline{D}
\end{array}
$$

D 算法为给定的故障选择初始 D 立方，然后将所有可能的路径从故障位置敏化到主输出（D 驱动），最后一步是一致性操作。

D 算法的一个优点是，如果存在冗余故障，已"证明"D 算法可以识别它[151]。

4. PODEM（路径导向决策）算法

PODEM 算法枚举给定故障的所有输入向量，这个过程会一直持续，直到找到一种测试向量或者搜索空间耗尽。如果没有找到任何测试向量，则这个故障就认定为不可测试[72]。PODEM 算法的优点是，相比于 D 算法，就计算时间来说，PODEM 算法更有效率。

5. FAN（扇出导向测试生成）算法

FAN 算法与 PODEM 相似，与 PODEM 不同的是，PODEM 的回溯沿着单一路径进行，FAN 则使用多路径[151]。这种多重回溯技术可以减少回溯的次数[63]。

6. 下标 D 算法

D 算法一次生成一个故障的测试向量[39]。这意味着对于与特定门相关的故障，必须重复进行从门的输出到主输出的路径敏化。即使路径相似，也必须敏化。下标 D 算法[195]的基本思想是去掉一些重复的工作。

7. 并行测试生成算法

并行测试生成（CONT）算法[259]可以并行地为一组故障生成测试[39]。该算法不仅使用了 PODEM，还回溯了前向追踪过程中的活动故障。其优点是，一旦为一个故障找到一个向量，故障列表中与主输出相关的所有故障都会被该向量检测到。如果存在冲突，则可以采用故障切换的策略。这种改变目标故障的策略可以减少所需的回溯次数。

8. 故障模拟

给定一个测试输入，故障模拟可以确定由其检测到的所有故障。而 D 算法

则是为给定的故障创建对应的测试。在故障模拟中会保留故障列表，一旦检测
到故障，就会将其标记为已检测。图 3.6 是一个
有 5 条线路（$a \sim e$）和 10 个故障（如线路 a 固
定为 0（a_0）和固定为 1（a_1）等）的示例电路。
输入向量 000 可检测到 10 个故障中的 3 个，即
c_1、d_1 和 e_1，故障覆盖率为 30%（表 3.2）。输
入向量 001 则可以检测到两个故障。在测试完两

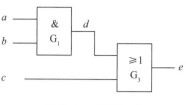

图 3.6　示例电路

个输入向量（000 和 001）后，一共检测到 10 个故障中的 5 个，故障覆盖率达
到 50%。某些输入向量（如 011）不会增加故障覆盖率，可以删除此类输入向量。
向量序列 {000, 001, 010, 100, 110} 可以检测所有 10 个故障。

表 3.2　图 3.6 示例电路的故障模拟结果

输入	输出	故障位置										检测到的故障	故障覆盖率
$a\,b\,c$	e	a_0	b_0	c_0	d_0	e_0	a_1	b_1	c_1	d_1	e_1		
0 0 0	0	0	0	0	0	0	0	0	1'	1'	1'	c_1, d_1, e_1	30%
0 0 1	1	1	1	0'	1	0'	1	1				c_0, e_0	50%
0 1 0	0	0	0		0		1'	0				a_1	60%
0 1 1	1	1	1		1			1					
1 0 0	0	0	0		0		1'					b_1	70%
1 0 1	1	1	1		1								
1 1 0	1	0'	0'		0'							a_0, b_0, d_0	100%
1 1 1	1												

9. 优　化

为了最大限度地减少创建测试向量的工作量，可以对故障模拟和测试生成
进行联合优化。在实际应用中，通常会先在一段指定的计算时间内对易检测的
故障进行任意输入的故障模拟检测，然后再用测试生成算法代替随机测试生成
来解决难检测的故障。

通过选择测试向量，可以有效降低应用测试集的成本。基于等效故障，即
由完全相同的测试向量检测到的故障，可以减少测试向量的数量[120]。通过了
解每个测试向量检测到的是哪个故障，可以得出测试向量的最小集合。

通过选择测试向量可以缩短测试时间。示例电路（图 3.6）的故障表见
表 3.3，其中，x 表示测试向量检测到了故障。例如，向量 000 可以检测到故障 e_1（线
路 e 固定为 1）。但是 e_1 可以通过 000、010 和 100 中的任意一个测试向量来检测。
我们的目标是选择最少的测试向量使得每个故障都被覆盖一次。但是，由于新
的故障类型的出现，检测故障最有效的方法还是对每个故障进行多次检测[182]。

表 3.3　图 3.6 示例电路的故障表

输入	输出	故障位置									
$a\,b\,c$	e	a_0	b_0	c_0	d_0	e_0	a_1	b_1	c_1	d_1	e_1
0 0 0	0								x	x	x
0 0 1	1			x		x					
0 1 0	0					x			x		x
0 1 1	1			x		x					
1 0 0	0						x	x			x
1 0 1	1			x		x					
1 1 0	1	x	x		x	x					
1 1 1	1					x					

10. 延迟故障检测

延迟故障是通过施加两个向量来检测的，初始化向量用来设置故障位置，紧接着在一个时钟周期后，再施加一个转移向量或传播向量来激活主输出的故障。施加初始化向量是为了测试慢上升沿信号或慢下降沿信号，而传播向量的作用是将故障的影响传播到输出。延迟故障可分为鲁棒性和非鲁棒性[151]。

3.1.3　时序电路的测试

电路通常包含组合逻辑电路，也包含时序逻辑电路，例如由一系列触发器组成的寄存器（图 3.7）。为了设置故障位置及敏化路径，不仅需要考虑组合逻辑，还必须考虑逻辑值从电路输入传播到故障位置，以及从故障位置传播到主输出所需的时钟周期数。例如，测试图 3.7 中逻辑块 B 中的故障。来自主输入的测试激励必须通过时序元件计时才能传输到逻辑块 B，测试响应也必须通过时序元件计时才能传输到主输出。

Chen 和 Agrawa[39]将用于时序电路测试的算法分组如下：

（1）迭代数组法。组合电路测试生成算法是生成时序电路测试的基础。输出作为前一次测试的复制提供给输入。这种算法的例子有扩展 D 法[150, 221]、九值算法[203]、SOFTG[249]和回溯算法[37, 183, 193, 194]。

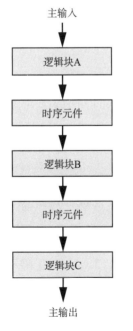

主输入

逻辑块A

时序元件

逻辑块B

时序元件

逻辑块C

主输出

图 3.7　由组合逻辑和时序逻辑组成的电路

（2）基于验证的方法。判断电路在测试状态的表现是否和其状态表一致。这种算法的一个例子是 SCIRTSS（时序电路测试搜索系统）[95]。

（3）功能验证法和专家系统法。功能验证法由 Sridhar 和 Hayes[251]，Brahme 和 Abraham[21] 提出，专家系统法由 Bending[13] 和 Singh[248] 提出。

3.2　可测性设计方法

可以修改待测设计，使其更易于测试，即提高设计的可测性。本节我们讨论几种提高设计可测性的技术，如测试点插入和扫描技术。

3.2.1　测试点插入

生成测试的时候，首要问题就是控制和观察电路中某些位置的值。简化测试生成过程的一种方法是插入测试点（图 3.8），提高设计中各路径的可控性和 / 或可观测性。图 3.8(a) 显示的是没有插入测试点的原始电路，很难观察逻辑块 A 和逻辑块 B 之间的线路值；图 3.8(b) 显示的是插入测试点来观察线路值；如果逻辑块 A 和逻辑块 B 之间的线路难以设置为 1，则可以使用图 3.8(c) 所示的 1- 控制点；如果线路难以设置为 0，则可以使用图 3.8(d) 所示的 0- 控制点。如果很难观察和控制一条线路的值，可以使用组合测试点。测试点插入的缺点是增加额外测试点的成本较高。例如，我们需要直接访问测试点，通常来说是从系统现有的输入 / 输出引脚来直接访问，如果需要额外的引脚，成本就与额外的布线及额外的引脚有关。

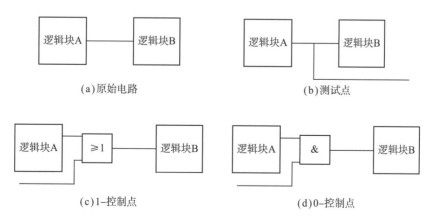

图 3.8　测试点插入

3.2.2　扫描技术

扫描技术最初由 Kobayashi 等人提出[134]，这是一种很容易实现自动化的直接技术，即所谓的即插即用。这种技术的一个优点是所有触发器都连接到移位寄存器中，使得电路的行为很像组合逻辑电路。因此，可以使用组合电路测试生成工具，避免由时序电路引发的问题。

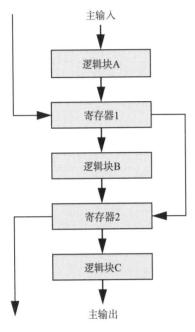

主输入

逻辑块A

寄存器1

逻辑块B

寄存器2

逻辑块C

主输出

图 3.9　由组合逻辑和时序逻辑组成的电路（带扫描链）

扫描技术的基本思想是将时序元件（寄存器）连接到移位寄存器中。在测试模式，测试激励可以通过扫描路径移位。应用正常时钟（系统时钟）执行测试激励，在扫描路径（移位寄存器）中捕获测试响应。最后将测试响应移出并进行分析。带有扫描链的电路示例如图 3.9 所示。为了测试逻辑块 B，在测试激励移入寄存器 1 之后，施加捕获周期，并将测试响应加载到寄存器 2，然后将其移出用于分析。为了减少移位时间，可以在移出前一次测试响应的同时移入新的测试激励。

扫描路径如图 3.10 所示。触发器被连接到扫描路径中，并且添加额外的多路复用器用于在测试模式和正常操作之间进行选择。对于扫描测试，至少需要 3 个额外的引脚。两个输入引脚，一个用于多路复用器在测试模式和正常模式之间进行选择，另一个用于在扫描路径中连续移入测试激励。一个输出引脚，用来观察测试响应。可以通过对现有引脚进行多路复用来减少额外的引脚数量。

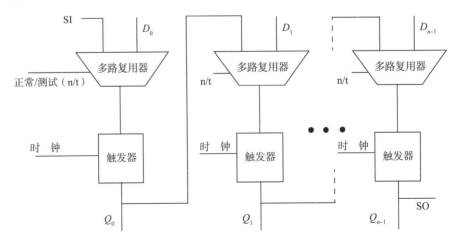

图 3.10　扫描路径

一条扫描链对额外引脚的需求最低。但是一条扫描链的移入 / 移出时间较长，会导致测试时间变得很长。一种缩短测试时间的方法是将扫描单元划分为更多数量的扫描链，使得每个扫描链更短，从而缩短测试时间。

移入测试向量所需的时钟周期数由扫描链的长度决定。一个测试向量的测试时间是移入时间、捕获周期和移出时间的总和。对于一组测试向量，测试时间要乘以测试向量的数量（图 3.11（a））。因此，在不重叠的情况下，tv 个测试向量在一条长度为 sc 的扫描链中的测试时间由下式给出：

$$\tau = (sc \times 2 + 1) \times tv \tag{3.2}$$

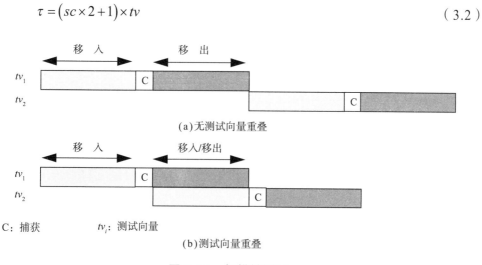

(a)无测试向量重叠

(b)测试向量重叠

图 3.11　扫描链测试

而在重叠的情况下，测试时间则如图 3.11(b) 所示。重叠意味着在当前测试向量的测试响应移出的同时移入下一个测试向量。重叠可以视为测试向量流水线化的一种方式。重叠情况下的测试时间由下式给出：

$$\tau = (sc + 1) \times tv + sc \tag{3.3}$$

请注意，添加最后一项（$+sc$）是为了从最后一个测试向量中移出测试响应。

在讨论应该何时将一条扫描链划分为多条扫描链时，了解软核和硬核的区别就显得十分重要。对软核来说，给出了扫描单元（扫描触发器）的数量和测试向量的数量。如果 ff 个扫描单元被划分为 n 个扫描链，则假设没有重叠情况下的测试时间由下式给出：

$$\tau = \left(\left\lceil \frac{ff}{n} \right\rceil \times 2 + 1 \right) \times tv \tag{3.4}$$

重叠情况下的测试时间则由下式给出：

$$\tau = \left(\left\lceil \frac{ff}{n} \right\rceil + 1 \right) \times tv + \left\lceil \frac{ff}{n} \right\rceil \qquad (3.5)$$

注意，由于扫描链的长度必须是整数，所以使用向上取整。例如，如果内核有 3 个扫描单元，它们被划分为 2 个扫描链，则移入 / 移出时间为 2。

而对硬核来说，扫描链的数量是固定的。假设用一组 tv 个测试向量测试内核，并且扫描单元被划分成 i 个每个长度为 sc_i 的扫描链。在测试向量不重叠的情况下，硬核的测试时间由下式给出：

$$\tau = \left[\max(sc_i) \times 2 + 1 \right] \times tv \qquad (3.6)$$

重叠情况下的测试时间则由下式给出：

$$\tau = \left[\max(sc_i) + 1 \right] \times tv + \min(sc_i) \qquad (3.7)$$

在硬核测试中，我们忽略了扫描链分组的问题。举例来说，如果 5 条不同长度的扫描链被连接成两条，就有必要对它们进行分组。我们会进一步讨论这个问题。

在电平敏感扫描设计（LSSD）方法中，使用了 3 个时钟，一个用于正常模式，一个用于主触发器，还有一个用于从触发器。

1. 延迟故障的扫描测试

测试的时候不仅需要测试固定故障，延迟故障和一些时序相关故障的测试也变得越来越重要。为了检测延迟故障，需要使用两个测试向量。初始化向量用来设置故障位置，另一个向量在连续的时钟周期施加，用于捕获故障。此外，很重要的一点是要以系统的时钟速度执行测试，否则时序故障很可能检测不出来。

扫描技术的缺点是很难在连续的时钟周期应用两个测试向量，扫描技术需要进行测试向量移入、捕获和移出。

1）增强扫描

增强型扫描触发器是由 Dervisoglu 和 Strong 提出的[52]。与标准扫描触发器相比，增强的地方在于增加了额外的锁存器，这种做法的好处是可以在加载 /卸载扫描触发器时保持值不变。对延迟测试来说，这就意味着在带有增强型扫描触发器的扫描路径上，移入一个测试向量 V1 后，紧接着就可以移入第二个测试向量 V2。第一个测试向量 V1 锁存在额外的锁存器中。图 3.12 显示了增强型扫描触发器的设计说明，以及单次测试的时序图（测试向量 V1 和测试向量 V2 的移入）。增强扫描的缺点是需要额外的硅片面积。

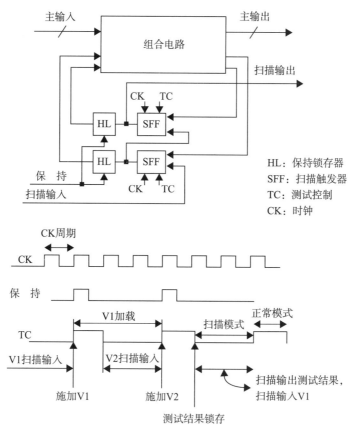

图 3.12 增强型扫描触发器

2）偏斜加载

Savir 和 Patil[235, 236, 238] 提出了一种偏斜加载技术，优点是可以在标准扫描结构中使用。这种技术通过 1bit 的移位，由第一个测试向量 V1 来创建第二个测试向量 V2。首先，移入第一个测试向量 V1。然后，通过额外的移位来创建第二个测试向量 V2，并且捕获响应，如图 3.13(a) 所示。

偏斜加载技术的优点在于，它不像增强扫描那样需要额外的硅片面积。缺点是两个测试向量（V1 和 V2）不能完全独立创建，因此很难实现很高的故障覆盖率。

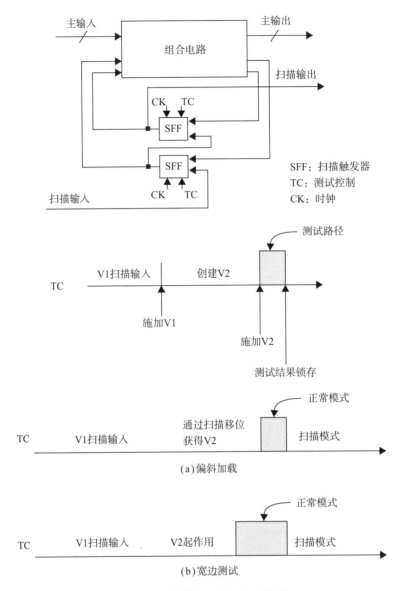

图 3.13 偏斜加载和宽边测试

3）宽边测试

在宽边测试中，Savir 和 Patil[239, 240] 提出了一种使用标准扫描结构的技术，通过分析组合逻辑来创建额外的测试向量，如图 3.14 所示。第一个测试向量 V1 通过扫描路径移入，然后第二个测试向量 V2' 也被移入。对 V2' 来说，分析设计和扫描路径后会决定移入哪种 V2' 向量。例如，逻辑块 A 待测，在对电路进行分析后，如果 V2' 是逻辑块 A 的输入，V2 是其输出，就会产生 V2' 向量。该方法允许在连续的时钟周期施加两个测试向量（V1 和 V2），施加测试向量 V1 时，测试向量 V2 已由 V2' 和逻辑块 A 生成，存于扫描寄存器中，如图 3.13(b) 所示。

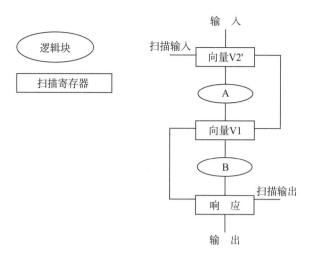

图 3.14　宽边测试

与偏斜加载类似，宽边测试的优点是使用标准扫描结构，不需要额外的硅片面积。缺点也与偏斜负载类似，即测试的故障覆盖率高度依赖组合逻辑。

3.2.3　内建自测试（BIST）的测试向量生成

一套确定的测试向量集是通过自动测试向量生成（ATPG）工具来创建的。在 ATPG 中，可以分析待测电路的结构，并基于该分析创建测试向量。与其他技术相比，ATPG 生成的测试向量集相对较小，从而缩短了测试时间。如果生成的测试向量集是用于外部测试仪对电路进行测试，那么需要注意以下几点[92]：

（1）扫描的最大频率通常在 50MHz。

（2）测试仪的内存通常非常有限。

（3）最多支持 8 条扫描链，导致大型设计的测试时间较长。

BIST 测试向量的生成可以采用以下方法：

（1）穷举法。

（2）随机 / 伪随机法。

（3）确定性生成法。

1. 穷举向量生成法

在穷举向量生成法中，所有可能的测试向量都会被施加到待测电路上。对一个 n 输入的组合电路来说，所有 2^n 个可能的输入都会被施加测试向量。这种方法可以检测出所有可能的固定故障。可以用计数器实现穷举向量生成器。理论上来说，把这样一个面积成本和设计复杂度都很低的生成器放在片上是行得通的。但实际情况是这种方法往往并不可行，因为可能的测试向量太多，例如，对于一个 n 输入的设计，要产生 2^n 个向量，导致测试时间变得非常长。

能让穷举法适用于大型设计的一个办法是将电路划分为几个较小的设计，其中，每个分区的尺寸是以这样一种方式定义的，即从计算复杂性的角度来看，可以施加所有可能的测试向量。

2. 伪随机向量生成法

伪随机向量生成法是一种随机生成测试向量的技术。随机生成测试向量的缺点是很难生成某些测试向量。比如，生成一个测试向量使得与门的输出为 1，那么只有当与门的所有输入都为 1 时才能实现，生成这种测试向量的可能性为

图 3.15　4 输入与门

$1/2^n$。如图 3.15 所示，对于一个 4 输入与门，生成上述测试向量的概率仅为 0.0625（$1/2^4$）。这意味着为了达到高故障覆盖率，必须生成大量测试向量，导致测试时间大大增加。

3. 基于伪随机法的测试生成

伪随机测试向量集可以通过线性反馈移位寄存器（LFSR）来实现。它的优点是合理的设计复杂性和低面积成本，可以在片上实现。图 3.16 显示了一个 LFSR 的例子，其中使用了一个 2 输入加法器和 3 个触发器。可以通过定义反馈函数来调整测试向量序列，以适应待测逻辑块。

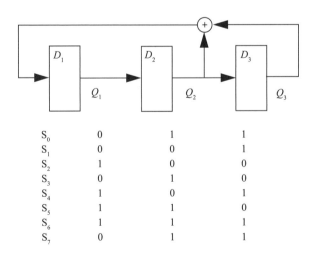

图 3.16　基于 x^3+x+1 和生成序列的 3 级线性反馈移位寄存器，其中 S_0 是初始状态

4. 确定性测试

确定性的测试激励可以用在 BIST 环境中。集成电路自动测试机（ATE）可以用来施加测试激励，然后将电路的测试响应与存储在只读存储器（ROM）中的正确测试响应进行比较。也可以将测试激励存储在 ROM 中，然后使用 ATE 将产生的测试响应与预期响应进行比较。

3.2.4　BIST的测试响应分析

为了在系统中处理测试响应数据，必须对其进行压缩。目前已经提出了几种压缩方法，包括[151]：

（1）转换计数。

（2）故障位检验。

（3）特征分析。

转换计数方法对测试响应从 0 到 1 和从 1 到 0 的所有转换进行计数和汇总[89]，并将其与预期的转换计数进行比较。图 3.17 展示测试激励的转换计数示例。电路出现故障时，转换计数与预期不同。转换计数方法的优点是只存储转换的数量，从而减少测试响应的存储需求。缺点是可能存在故障屏蔽错误，即不同的序列可能产生相同的转换计数，导致故障电路的转换计数与无故障电路相同。但是，随着测试向量序列的增加，这个问题发生的概率会降低[151]。

在故障位检验方法中，定义函数 $S = K/2^n$，其中，K 是该函数实现的最小项数，n 是输入的个数[234]。三输入与门的故障位为 1/8，即该函数每 8 例中就有一例为真。两输入或门的故障位是 3/4，即 4 种可能的输出中有 3 种为真。每种门类型都存在一组故障位关系。与门的故障位关系是 $S_1 S_2$（最小项）。或门的故障位关系是 $S_1 + S_2 - S_1 S_2$。对图 3.18 所示电路来说，故障位 $S_3 = S_1 S_2$（与门的故障位），因为故障位 $S_1 = 1/4$，$S_2 = 3/4$（由函数 $S = K/2^n$ 给出），所以 $S_3 = 1/4 \times 3/4 = 3/16$。

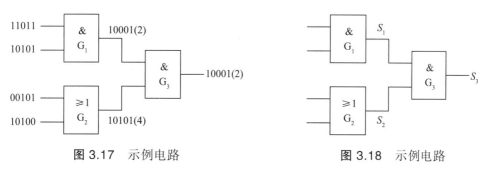

图 3.17　示例电路　　　　　　　　图 3.18　示例电路

特征分析是一种将测试响应压缩成单一特征的技术[94]。图 3.19 展示了特征分析器的体系结构。测试响应与 n 位移位寄存器中的所选位进行异或运算，所得结果储存在移位寄存器中。测试结束时，将移位寄存器中包含的特征与预期特征进行比较。

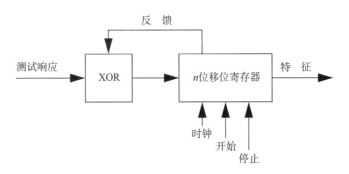

图 3.19　特征分析器体系结构

一个 $n$bit 的特征生成器可以产生 2^n 个特征，但是，不同输入序列可能会映射到相同的特征上。通常来说，如果输入的长度为 m，特征寄存器有 n 级，则 2^m 个输入序列会映射到 2^n 个特征上。也就意味着 2^{m-n} 个输入序列也会映射到对应的特征上。虽然在可能的 2^m 个序列中只有一个正确特征，但是可能会有一些错误的序列映射到正确的特征上。因此，即使特征是正确的，电路也有可能出错。这种问题称为混叠，混叠的概率为

$$P = \frac{2^{m-n}-1}{2^m-1} \tag{3.8}$$

在 m 远大于 n 的情况下，式（3.8）可以简化为

$$P = \frac{1}{2^n} \qquad (m \gg n) \tag{3.9}$$

如果特征生成器的级数很多，可以生成大量特征，那么混叠发生的概率就很低。

3.2.5　循环BIST

循环 BIST 技术利用电路中现有的触发器实现测试向量生成器和特征生成器[144]。该技术的优点是避免了额外的逻辑，但当实际设计本身被用作测试向量生成器时，为设计中的某些故障生成特定的测试向量可能会很复杂。

3.2.6 BIST结构

1. BILBO（内建逻辑块观察器）

BILBO 既可以用作测试向量生成器，也可以用作特征分析器[136]。图 3.20 所示为带有两个逻辑块（A 和 B）的 BILBO 设计。逻辑块 A 要求 BILBO1 作为测试向量生成器，BILBO2 作为特征分析器。显然，图 3.20 的结构可以防止同时测试逻辑块 A 和逻辑块 B，因为在测试逻辑块 A 时，BILBO2 用作特征分析器，不能同时生成逻辑块 B 所需的测试向量。所以在本例中，BILBO2 是冲突资源。

因为在使用扫描链时没有加载 / 卸载的情况，所以每个时钟周期都可以施加测试，这种方案被称为逐周期测试。

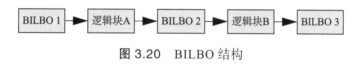

图 3.20　BILBO 结构

2. STUMPS 结构

在 STUMPS（使用多输入特征寄存器（MISR）和并行移位寄存器序列生成器的自测试）结构中，伪随机向量生成器将测试激励提供给扫描链，一个捕获周期之后特征生成器接收测试响应。伪随机生成器会在所有扫描链被填满之前一直加载测试激励，施加系统时钟周期即捕获周期之后，在扫描链中捕获的测试响应会移出至特征生成器中（图 3.21）[8]。伪随机向量生成器可以用作 LFSR，MISR 可以用作特征生成器。测试激励被移入扫描链，经过一个捕获周期，移出测试响应时移入新的测试激励，这种测试方案被称为逐扫描测试，即当所有扫描链被加载 / 卸载时才会执行一次测试。扫描链长会导致测试时间变长。为了缩短测试时间，可以使用多条扫描链，这会缩短加载 / 卸载时间，因为所有扫描链是并行执行的。而在逐周期测试中，每个时钟周期仅执行一个测试。

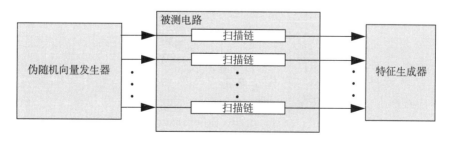

图 3.21　STUMPS 架构

3. LOCST（LSSD 片上自检）

在 LOCST 结构中，测试数据是通过边界扫描链传输给待测电路的[179]。图 3.22 显示了将测试激励从伪随机向量生成器通过边界扫描链传输给待测电路的示例。测试激励会加载到扫描路径中（系统中由扫描链连接而成的单链）。在一个捕获周期后，使用边界扫描链将测试响应移出至特征生成器。

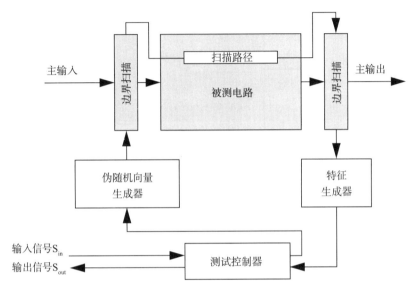

图 3.22　LSSD 片上自检（LOCST）

3.2.7　存储器测试

芯片上集成的晶体管数量大约每 3.1（π）年翻两番[24]。图 3.23 显示了存储器密度随时间变化的趋势。硅片面积在很大程度上与存储器有关，因此，讨论与存储器测试相关的问题和技术尤为重要。但是，不断增加的存储密度面临测试算法带来的限制。表 3.4 显示了测试时间随存储器容量（n 是存储器的存储单元数）变化的趋势。结果表明，测试生成技术达不到 $O(n^2)$ 或更高的阶数。

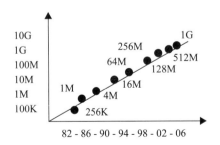

图 3.23　批量生产时 DRAM 芯片上的晶体管数量[24]

表 3.4 以存储器容量 n 表示的测试时间 [24]

n	测试算法操作数			
	n	$n \times \log_2^n$	$n^{3/2}$	n^2
1MB	0.063s	1.26s	64.5s	18.33h
4MB	0.252s	5.54s	515.4s	293.2h
16MB	1.01s	24.16s	1.15h	4691.3h
64MB	4.03s	104.7s	9.17h	75060h
256MB	16.11s	451.0s	73.30h	1200959.9h
1GB	64.43s	1932.8s	586.41h	19215358.4h
2GB	128.9s	3994.4s	1658.61s	76861433.7h

存储器测试中的故障模型有固定故障、转换故障、耦合故障（反转耦合故障、等幂耦合故障、动态耦合故障、桥接故障、状态耦合故障、邻域模式敏感耦合故障（主动、被动、静态））、地址译码故障、读/写逻辑故障。

当单元或线路的逻辑始终为 0（SA0）或始终为 1（SA1）且无法改变时，就会出现固定故障（SAF）。转换故障是指单元或线路无法从 0 转换到 1 或从 1 转换到 0。固定故障和转换故障的区别如图 3.24 所示。

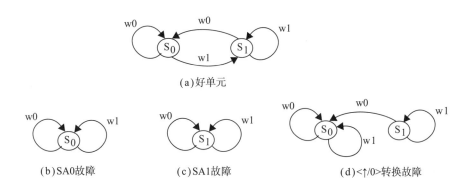

(a)好单元

(b)SA0故障　　(c)SA1故障　　(d)<↑/0>转换故障

图 3.24 固定故障和转换故障的状态转换图模型

耦合故障意味着存储器第 j 位的转换导致第 i 位发生变化，而这种变化是我们所不希望的。地址译码故障即译码逻辑不连续。

用于存储器测试（RAM）的测试算法有许多。算法的复杂度通常在 $O(n)$ 到 $O(n^3)$ 之间变化，其中 n 是存储器的存储单元数。在存储器扫描（MSCAN）算法中，向存储器写入由全 0（或全 1）组成的测试序列或向量，然后从各个位置读取（图 3.25）。该算法的复杂度为 $O(4 \times n)$，其中 n 为存储器的存储单元数。

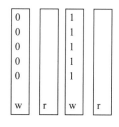

图 3.25 MSCAN

跳步（GALPAT）算法也称为走步 1（0）测试或乒乓测试[22]。GALDIA 和 GALPAT 的复杂度都为 $O(2 \times n^2)$，均避免了一整行、一整列或一整条对角线都保持为 1。与 GALPAT 和 GALDIA 类似的方法是走步 1/0 测试，算法复杂度也为 $O(2 \times n^2)$，这种方法只有一个存储器位置被置 1，其他位置都置 0[22]。在复杂度为 $O(4 \times n)$ 的算法测试序列中[133]，测试向量被施加给存储器的 3 个分区（每个分区对应地址的模数均为 3）。该算法已被改进为 MATS[206] 和 MATS +[1]算法，二者都属于 March 测试算法。March 向量序列，即 March 测试，是走步 1/0 测试的一个版本[205]。不同版本的 March 测试算法存在不同的复杂度 $O(k \times n)$，其中 k 是常数。在复杂度为 $O(n)$ 的棋盘测试中，将存储器划分为两部分，将测试单元设置为 1，其所有相邻单元设置为 0，再将设置为 0 单元的所有相邻单元设置为 1。读取测试单元，将分区 1 中的所有单元设置为 1，将分区 0 中的所有单元设置为 0。再读取测试单元，将分区 1 中的所有单元设置为 0，将分区 0 中的所有单元设置为 1，直至读取所有单元。更多的存储器测试算法见其他文献[247, 82]。

存储器的规则结构使得它们很容易测试，最常使用的方法是内建自测试 BIST。但是，存储器密度过高（给定硅片面积上的存储器容量）使得存储器对故障很敏感。

1. 算法测试序列（ATS）

在 ATS 算法中，测试激励被施加到存储器阵列的三个分区，其中每个分区对应地址的模数为 3[133]。这意味着独立分区的测试单元不占用相邻位置，这三个分区是 Π_1、Π_2 和 Π_3，如图 3.26 所示，其复杂度为 $O(4 \times n)$。该算法可以检测存储单元、译码器、数据存储寄存器和地址存储寄存器的固定故障。该算法已被改进为 MATS[206] 和 MATS +[1]算法。

```
 1. write 0 in all cells of Π₁ and Π₂.
 2. write 1 in all cells of Π₀.
 3. read 1 from Π₁          if 0, then no fault, else faulty
 4. write 1 in all cells of Π₁
 5. read 1 from Π₂          if 1, then no fault, else faulty
 6. read 1 from Π₀ and Π₁   if 1, then no fault, else faulty
 7. write 0 in all cells of Π₀
 8. read 0 from Π₀          if 0, then no fault, else faulty
 9. write 1 in all cells of Π₂
10. read 1 from Π₂          if 1, then no fault, else faulty
```

图 3.26 算法测试序列[133]

2. March 向量序列（March）

GALPAT 算法称为走步 1（0）测试或乒乓测试[22]，是 March 测试[82]的一个特殊版本。在 March 测试中，初始化之后，读取每个测试单元的值然后进行填充（写入该单元应包含值的相反值）。存储器阵列被遍历后，以相反的顺序重复该过程。图 3.27 给出了一个需要 11 次读 / 写操作的 March 算法，算法复杂度为 $O(11 \times n)$。

```
For all addresses j=1 to N
  write 0 in all c_j
  read c_j
  write 1 in c_j
  read c_j
  write 0
For all addresses j=N to 1
  read c_j
  write 1 in c_j
  read c_j
  write 0 in c_j
  read c_j
```

图 3.27 March 测试算法

3. 棋盘测试

棋盘测试中，存储单元分别设置为 0 和 1，使得每个单元与它周围的单元都不同（图 3.28(a)）。存储单元被划分为 Π_0 分区（所有位都设置为 0）和 Π_1 分区（所有位都设置为 1）。算法读写一块分区，然后对其他分区进行相同操作（图 3.28(d)）。该算法需要 $4 \times n$ 次读 / 写，其复杂度为 $O(n)$。棋盘测试可以检测所有固定故障、数据保留故障和 50% 的转换故障。

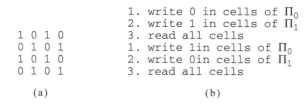

```
                    1. write 0 in cells of Π_0
                    2. write 1 in cells of Π_1
1 0 1 0             3. read all cells
0 1 0 1             1. write 1in cells of Π_0
1 0 1 0             2. write 0in cells of Π_1
0 1 0 1             3. read all cells

    (a)                      (b)
```

图 3.28 棋盘测试

4. 存储器内建自测试

嵌入式存储器由于具有规则结构、低时序深度和可访问的 I/O，所以非常适合 BIST 测试。此外，存储器 BIST 的优点在于存储器测试需要大量测试数据（测试激励和测试响应），而使用存储器 BIST 的片上测试生成会使得测试时间更短，因为测试可以在更高的时钟频率下进行。最后，如果每个存储器模块都应用 BIST，意味着可以同时测试这些模块，进一步缩短测试时间。

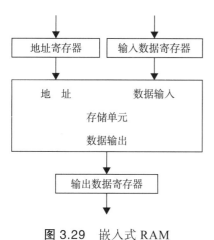

图 3.29 嵌入式 RAM

图 3.29 显示了一个嵌入式存储单元，包含一个地址寄存器，用于给存储单元寻址，一个输入数据寄存器，用于写入寻址的存储单元，还有一个输出数据寄存器，用于放置读操作的输出（寻址存储单元的内容）。

图 3.30 显示了用扫描技术测试的嵌入式存储单元。扫描路径中包括寄存器（地址、输入数据和输出数据）。小型存储器可以使用扫描技术进行测试。随着存储器尺寸和测试数据的增加，使用 ATE 测试就会产生一些限制并且测试时间变得更长（高测试成本）。

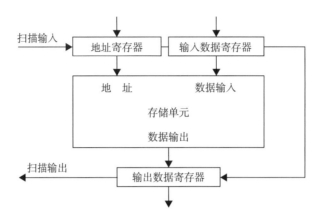

图 3.30 用扫描技术测试嵌入式 RAM

图 3.31 是使用存储器 BIST 测试嵌入式 RAM 的示例。修改图 3.29 中的地址寄存器和输入数据寄存器。地址寄存器或者步进器可以是 LFSR 或二进制计数器。修改输出数据寄存器，加入压缩器和比较器。将期望的测试响应与来自存储单元实际产生的测试响应进行比较。测试结束时，会产生通过 / 不通过（好 / 不好）响应。

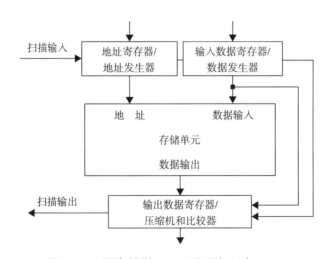

图 3.31 用存储器 BIST 测试嵌入式 RAM

BIST 电路可以在多个 RAM 块之间共享，以节省硅面积。测试可以组织成菊花链或多路复用。但是，共享会对测试调度产生约束。因此，权衡节省硅面积带来的收益与并行测试的灵活性（缩短测试时间）就显得尤为重要。

5. 存储器诊断与修复

存储器阵列结构很规则，常见的修复方法是引入备用行和列来替换可能的故障行和列。这意味着测试不仅要检测存储器是否有故障，还要检测故障出现在哪里（诊断），以便修复它。为了减少测试数据量，这些机制（诊断和修复）应该嵌入到系统中。

3.3 混合信号测试

虽然 SoC 中只有很小一部分硅面积被模拟模块占据，如模拟开关、模数（A/D）转换器、比较器、数模（D/A）转换器、运算放大器、精密基准电压源、锁相环（PLL）、电阻器、电容器、电感和变压器等，还是需要仔细对待这些模拟模块。一般来说，模拟模块比数字模块更难测试，主要是因为缺乏公认的故障模型，以及模拟电路参数的连续范围[24]。测试模拟模块的成本约占总测试成本的 30%[24]。模拟测试不同于数字测试，在系统的数字部分，只有两个值（0或1），而在模拟部分则会出现连续信号。对模拟电路的规格进行测试，模拟电路的规格通常用功能参数、电压和频率等来表示。

Vinnakota[269]对模拟测试和数字测试进行比较，并简短地指出：

（1）与数字模块相比，模拟模块相对较少。

（2）模拟器件比数字器件更复杂，主要体现在以下几方面：

· 没有普遍认可的故障模型（如固定故障）。

· 与离散信号（0 和 1）相比，模拟测试要处理的是连续信号。

· 容差、波动范围和测量都更为复杂。

· 必须对噪声建模。

（3）数字设计可以划分成子组件（内核）后并行测试，即分区测试，而不是一次测试一个内核。

（4）测试访问机制，即如何将测试激励从主输入发送到嵌入式模拟模块，然后在主输出接收来自该模块的测试响应。

（5）由于缺乏模拟故障模型，测试的生成就成了问题。

第 4 章　边界扫描

4.1　引　言

边界扫描测试（IEEE 1149.1）标准最初是为了方便访问印制电路板（PCB）上的组件而开发的。20 世纪 80 年代初的常见做法是使用钉床访问待测单元，钉子就是探针，用于控制和观察。而现代 PCB 的实际尺寸非常小，导致物理访问变得很困难。此外，多层电路板的出现也使得测试数据的访问变得复杂。

4.2　边界扫描标准

PCB 测试的主要目的是确保元件之间的安装和互连正确。实现这一目标的方法之一是在组件的每个输入 / 输出（I/O）引脚旁添加移位寄存器，以方便测试访问。针对标准测试访问端口和边界扫描结构的 IEEE 1149.1 标准主要涉及板载测试总线的使用和与之相关的协议。包括控制总线的元件，连接芯片和总线的 I/O 端口，以及连接测试总线和芯片 DFT 硬件的片上控制逻辑[2]。此外，IEEE 1149.1 标准要求芯片上有边界扫描寄存器。

一个支持 IEEE 1149.1 标准的芯片的一般结构如图 4.1 所示，其基本硬件元素有测试访问端口（TAP）、TAP 控制器、指令寄存器（IR）和一组测试数据寄存器（TDR）。图 4.2 显示了边界扫描系统的框图。

TAP 提供对组件内置的许多测试支持功能的访问。TAP 包括 4 个输入，其中一个是可选的，以及一个输出。测试时钟输入（TCK）允许组件的边界扫描部分同步运行，并且 TCK 独立于系统内置时钟；测试模式选择输入（TMS）由 TAP 控制器解释，以控制测试操作；测试数据输入（TDI）根据 TAP 控制器的状态向指令寄存器或测试数据寄存器串行输入数据；测试复位输入（TRST）是一个独立于 TCK 和 TMS 信号的可选输入，用于强制使 TAP 控制器逻辑进入复位状态；最后是测试数据输出（TDO）。根据 TAP 控制器的状态，指令寄存器或数据寄存器的内容在 TDO 上串行移出。

TAP 控制器是一个同步的有限状态机，为指令寄存器和测试数据寄存器产生时钟和控制信号。测试指令被移入指令寄存器。IEEE 1149.1 标准定义了一组强制性和可选性的指令，以便定义要执行的操作。设计组件时，可以添加特定的设计指令。

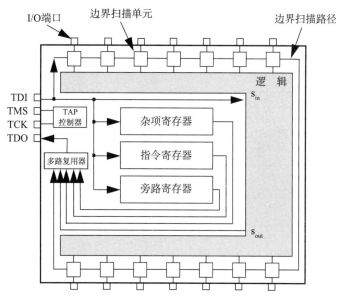

图 4.1 IEEE 1149.1 标准芯片体系结构示例

　　边界扫描结构包含至少两个测试数据寄存器，旁路寄存器和边界扫描寄存器。强制性旁路寄存器作为单级移位寄存器，其优点是缩短了测试数据从待测组件的 TDI 串行传输到 TDO 的路径[19]。组件的边界扫描寄存器由一系列边界扫描单元组成，这些扫描单元排列成一条围绕内核的扫描路径，见图 4.2[19]。

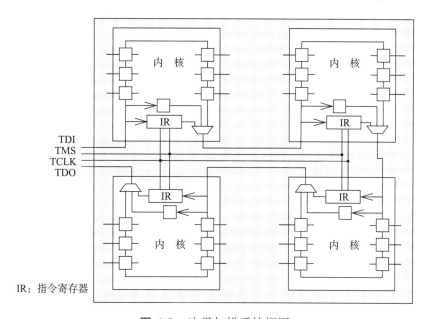

图 4.2 边界扫描系统框图

可以通过控制信号（移位 / 加载和测试 / 正常）让边界扫描单元处于不同模式。在图 4.4(a) 中可以看到图 4.3 所示的边界扫描单元，其基本模式为图 4.4(b) 所示的移位模式、图 4.4(c) 所示的外部测试模式和图 4.4 (d) 所示的内部测试模式。

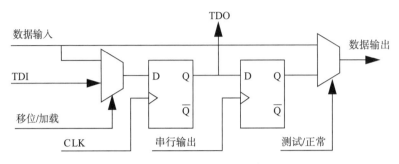

图 4.3　基本边界扫描单元

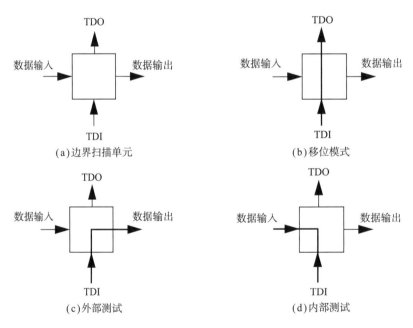

(a)边界扫描单元　　　　　　　　　　(b)移位模式

(c)外部测试　　　　　　　　　　　　(d)内部测试

图 4.4　基本边界扫描单元

旁路寄存器（图 4.1）是一个单级寄存器，用于将数据直接从 TDI 旁路到待测组件（模块、内核）的 TDO。其优势在于，无须通过组件边界扫描路径中所有边界扫描单元对数据（时钟）进行移位，只需要一个时钟周期（图 4.1）。

4.2.1　寄存器

待测组件的边界扫描寄存器是连接在一个寄存器（类似于扫描链）（图 4.1）上的所有边界扫描单元（图 4.3）。边界扫描寄存器中的边界扫描单元通过指令寄存器进行控制。指令会串行移入指令寄存器中。输出锁存器会保存当前指令,直到移入新的指令并更新指令寄存器(图 4.5)。

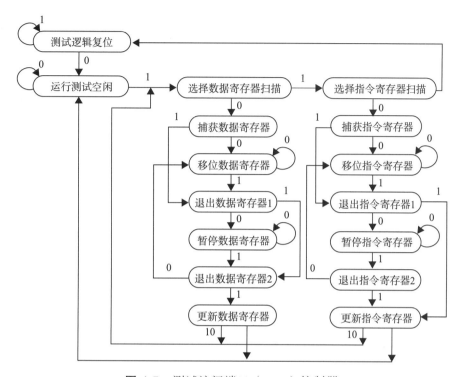

图 4.5 测试访问端口(TAP)控制器

设备识别寄存器是一个可选的 32 位寄存器,其中包含制造商定义的识别号。设备识别寄存器存在的意义是验证正确版本的正确组件是否安装在系统的正确位置上。

4.2.2 TAP控制器

TAP 控制器由 TMS 信号和 TCK(测试时钟)的上升沿触发,负责以下内容:

(1)将指令加载到指令寄存器。

(2)产生控制信号,加载测试数据,以及将测试数据移入 TDI 和移出 TDO。

(3)执行测试操作,如捕获、移位和更新测试数据。

TAP 控制器是一个 16 位状态的有限状态机(图 4.5)。当 TMS = 1 且系统处于正常模式时,控制器保持在测试逻辑复位状态。从控制器的任何状态开始,在 5 个时钟周期内都可以达到测试逻辑复位状态。

将指令加载到指令寄存器，测试从运行测试空闲状态开始。这是通过在两个周期内保持 TMS = 1 以达到选择指令寄存器扫描状态来实现的。TDI 和 TDO 连接到指令寄存器。在 TMS = 0 之后，指令被捕获（捕获指令寄存器状态），再施加所需数量的移位（移位指令寄存器状态）。

4.2.3　指　令

强制指令有 Bypass、Extest 和 Sample/PreLoad。Idcode、Intest 和 Runbist 等指令是最常用的可选指令。Bypass 指令用于在待测组件的 TDI 和 TDO 之间旁路数据。Extest 指令用于测试配备边界扫描的组件之间的互连和逻辑。Sample/PreLoad 指令用于在不中断正常操作的情况下扫描边界扫描寄存器，该指令对于调试很有用。Idcode、Intest、Runbist、Clamp、Highhz 指令都是可选的。

1. 示　例

图 4.6 是测试过程的一个示例。首先，在图 4.6(a) 中，测试数据被移入，移入完成后，测试数据被施加给待测逻辑（图 4.6(b)）。最后，将捕获的测试响应移出（图 4.6 (c)）。该示例更详细的示意图如图 4.7 所示。在图 4.7(a) 中，

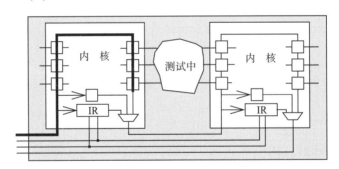

(a) 移入测试激励-移位数据寄存器

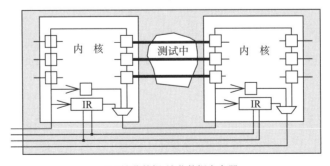

(b) 捕获数据-捕获数据寄存器

图 4.6　"待测"逻辑 / 互连的外部测试

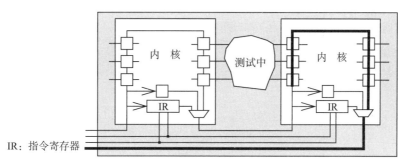

(c)移出测试响应-移位数据寄存器

续图 4.6

测试数据被移入，在图 4.7(b) 中，测试数据在输出端产生。在图 4.7(c) 中，捕获测试响应，最后将其移出。

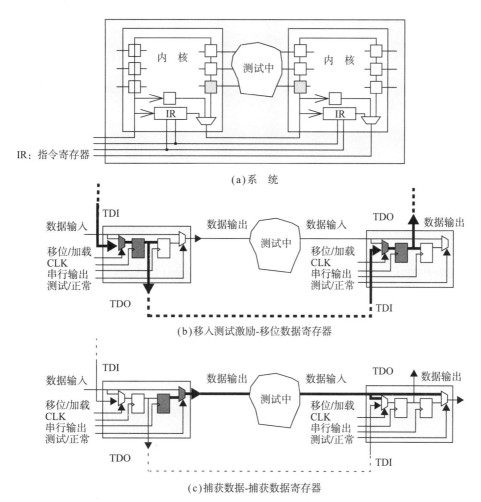

图 4.7　"待测"逻辑 / 互连的外部测试

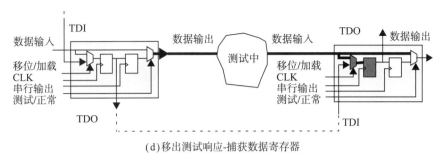

(d)移出测试响应-捕获数据寄存器

续图 4.7

2. 边界扫描语言

边界扫描描述语言（BSDL）是 VHDL 语言的一个子集，用于连接系统（引脚、时钟等）和测试数据（测试激励和测试响应）[214, 215]。

3. 边界扫描成本

边界扫描的优势在于可以访问系统（PCB/SoC）的所有待测组件（模块/内核）。此外，与其他扫描技术一样，边界扫描在很大程度上也是即插即用的，这是其用于设计流程时的主要优势。边界扫描不仅可用于测试，还可用于调试。额外的硅面积和引脚成本相对于系统成本不断降低，因为边界扫描带来的硅面积成本相对恒定，而系统的规模却在不断增加。边界扫描由于使用了多路复用器而引入额外的延迟（与扫描技术的成本类似）。但是，边界扫描的成本是固定的，这使得在设计流程的早期就可以预测它的成本。在大型 SoC 设计中，边界扫描的主要缺点是测试时间长，因为大量的测试数据必须使用单一的边界扫描链移入和移出系统，不仅需要测试互连逻辑，还要测试内核（模块、组件）本身。

4.3　模拟测试总线

模拟测试总线（ATB）（IEEE 1149.4 标准）是 IEEE 1149.1 标准的扩展，用于处理混合信号设备（见图 4.8）[216]。模拟测试总线的优点是实现了模拟电路的可观察性。因此，它取代了在线测试仪。模拟测试总线还消除了额外测试点带来的硅面积成本，减少了连接到芯片引脚的各种外部阻抗。其缺点则是测量误差（约 5%）、所有探测点的电容以及总线长度的限制。简单来说，IEEE 1149.4 标准的工作原理与 IEEE 1149.1 标准一样，但 IEEE 1149.4 标准不仅能处理离散值（0 和 1），还可以处理连续值。

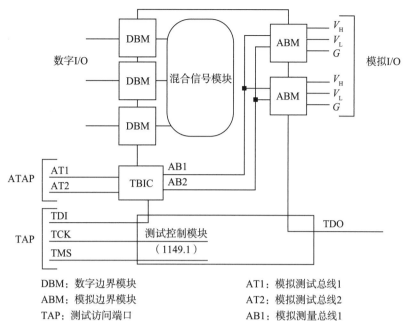

DBM：数字边界模块
ABM：模拟边界模块
TAP：测试访问端口
ATAP：模拟测试访问端口
TBIC：测试总线接口电路
TDI：测试数据输入
TDO：测试数据输出
TCK：测试时钟
TMS：测试模式选择

AT1：模拟测试总线1
AT2：模拟测试总线2
AB1：模拟测量总线1
AB2：模拟测量总线2

图 4.8　模拟测试总线体系结构

图 4.9 显示了必须测试的模拟故障的类型。这些故障包括互连的开路和短路（通常由于焊接问题）。短路可能出现在任意两根导线之间，比如两根模拟导线之间，或一根模拟导线和一根数字导线之间。IEEE 1149.4 标准的目的是提供找出这些类型故障的能力。这意味着它将提供测试访问方式，从而取代钉床测试机。

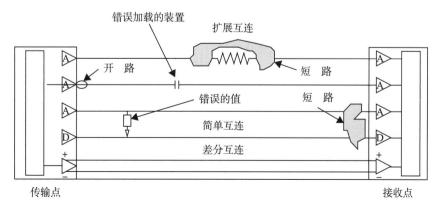

图 4.9　混合信号电路中的故障[216]

IEEE 1149.4 标准允许互连测试并定义了三种类型的互连：

（1）简单互连——导线。

（2）差分互连——一对导线传输一个信号。

（3）扩展互连——在导线上插入电容器等元件。

模拟测试总线的目的是提供访问嵌入式模拟单元的方式。模拟总线不会取代模拟 ATE，类似的，数字边界扫描也不会取代 ATE。ATB（IEEE 1149.4 标准）的优点是它可以测试嵌入式模拟单元，缺点则是模拟测试总线的测量可能不够精确。事实证明，对极高频率、小振幅或高精度元件的测试是很困难的。

4.3.1　模拟测试访问接口（ATAP）

IEEE 1149.4 标准是 IEEE 1149.1 标准的扩展。这意味着模拟测试访问端口（ATAP）包括 IEEE 1149.1 标准中的 4 个强制信号和一个可选信号（TDI，TDO，TCK，TMS 和 TRST）。IEEE 1149.4 标准增加了两个强制模拟信号，AT1 和 AT2。模拟测试激励通常由 ATE 发送至 AT1，模拟测试响应由 AT2 发送至 ATE。

4.3.2　测试总线接口电路（TBIC）

测试总线接口电路（TBIC）功能如下[24]：

（1）连接或隔离内部模拟测量总线（AB1、AB2）和外部模拟总线（AT1、AT2）。

（2）对 AT1 和 AT2 进行数字互连测试。

（3）支持个性化（以提高模拟测量的准确性）。

4.3.3　模拟边界模块（ABM）

IEEE 1149.4 标准要求每个引脚都有一个数字边界模块（DBM）（图 4.3）或一个模拟边界模块（ABM）。ABM 包括一个 1bit 的数字转换器，用于说明 I/O 引脚的电压。

4.3.4　指　令

IEEE 1149.4 标准中的 Bypass、Preload、Idcode、Usercode 指令与 IEEE

1149.1 标准相同，扩展了其他指令，如 Extest、Clamp、Highz、clamp、Sample 等，以处理模拟信号。Probe 指令是 IEEE 1149.4 标准中的强制指令。

4.3.5 示 例

图 4.10 显示了两个模拟单元连接到模拟测试总线的示例，这些模拟单元将按顺序一个接一个进行测试。

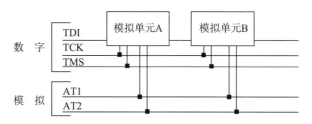

图 4.10 使用 IEEE 1149.4 标准连接模拟单元

第2部分　SoC的可测性设计

第 5 章　系统建模

5.1　引　言

本章我们讨论与基于内核的系统相关的建模和概念。第 3 章可测性设计中介绍的测试方法（DFT 技术）、测试激励的创建以及测试响应分析是本章的基础。众所周知，一个待测单元拥有自己的测试激励和预期的测试响应。存储或创建测试激励（测试向量）的位置称为源端测试，存储或分析测试响应的位置称为接收端测试（图 5.1）。图 5.1 展示了测试的结构，其中测试激励存储在源端测试，通过测试访问机制（TAM）将测试激励传输至待测单元，在这个例子中待测单元是一个内核。测试响应也通过 TAM 传输至接收端测试。为了方便内核和 TAM 之间的测试访问，可以将内核放在一个封装器中。

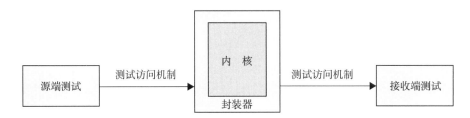

图 5.1　源端测试、测试访问机制、封装器、内核（可测试单元）和接收端测试

这些概念是由 Zorian 等人[289]提出的。我们用图 5.2 的示例来进一步说明。这个示例由 3 个主要的逻辑块组成，内核 A（CPU）、内核 B（DSP）和内核 C（UDL，用户自定义的逻辑块）。源端测试是创建或存储测试激励的地方，而接收端测试是存储或分析测试响应的地方。测试资源（源端测试和接收端测试）可以放在片上或片外。在图 5.2 中，ATE 是片外源端测试和片外接收端测试，而 TS1 则是片上源端测试。TAM 是测试激励从源端测试传输至待测单元，以及测试响应从待测单元传输至接收端测试的基础结构。封装器则是内核和 TAM 之间的接口。装有封装器的内核呈封闭状态，没有封装器的内核则呈裸露状态。如果一个内核需要来自 TAM 的测试数据，就需要一个封装器。封装器可以是内核专用的，也可以利用相邻内核的封装器。例如，内核 A 是封装内核，而内核 C 虽然未封装，但是可以利用内核 A 的封装器。封装器的封装单元可以处于以下模式之一：内部测试模式、外部测试模式、正常操作模式。

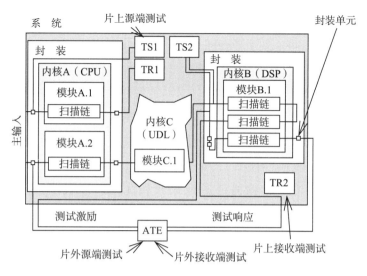

图 5.2　系统与测试概念的定义

5.2　内核建模

基于内核的系统由一组内核组成（图 5.3）。内核（也被称为模块、逻辑块或宏）可以是数字信号处理器（DSP）、中央处理单元（CPU）、随机存取存储器（RAM）、现场可编程门阵列（FPGA）、用户自定义逻辑（UDL）。对于内核具体的构成并没有严格的定义。例如，需要多少逻辑功能才能将这部分逻辑块称为内核？对基于内核的系统中的某些部分来说，内核的构成是很好定义的，而对于其他部分，例如 UDL 块，内核的定义就不那么清晰了。简单来说，内核就是一块划分得很好的逻辑块。

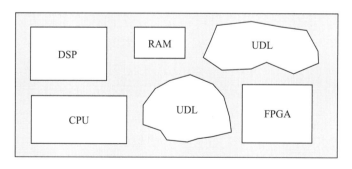

图 5.3　基于内核的系统

系统中的内核可以有不同的来源（见第 2 章设计流程），内核可以分为以下三类[84, 199]：

（1）软核。

（2）固核。

（3）硬核。

硬核是无法修改的布局文件，其在面积和性能方面进行了高度优化，并根据特定的技术进行综合。另外，硬核还提供测试集（测试激励和测试响应）。而软核是以高级描述语言（HDL）的形式给出的，与技术无关，并且与硬核相比，软核很容易修改。另外，软核需要进行综合和优化，以及测试生成。固核是以网表形式给出的，该网表依赖后端技术且使用一个带有标准单元的库，可以根据内核集成工程师的需要来改变库。

显然，硬核相对不灵活，但由于其需要较少的综合和测试生成过程，所以节省了设计时间和精力。软核灵活性很高，但需要花费时间进行综合和测试生成。固核介于硬核和软核之间，意味着固核比硬核灵活，虽然需要比硬核多一些的优化和测试生成时间，但没有软核那么多（图 5.4）。

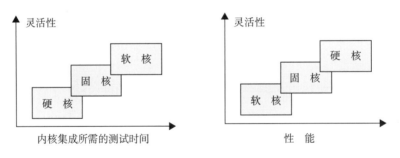

图 5.4　内核类型的权衡

图 5.3 中基于内核的系统是扁平的。该系统由一组内核组成，这些内核都在同一"层次"，没有层级的概念。但是，一个内核是可以嵌入到另一个内核中的。一个父核内可以嵌入几个子核。每个子核也可以成为一个嵌入子核的父核（图 5.5）。从建模的角度来看，在某个内核中嵌入一个内核（父 - 子）会使得建模变得复杂。需要考虑如何组织建模？可测试单元是哪些？当子核被嵌入到父核中时，如何进行测试？有多少个待测单元？图 5.5 中的内核 A 是单一的待测单元，同时内核 A 也是一个带有 4 个子核的父核，其中每个子核都可以看作一个待测单元。

Larsson 等人[158, 160, 164, 165, 166, 176]认为内核是由一组模块组成的。这些模块是系统中的可测试单元，但不是一定要为这些模块定义测试。每个内核在系统中都被赋予了一个位置（x, y），模块连接到这个内核上。

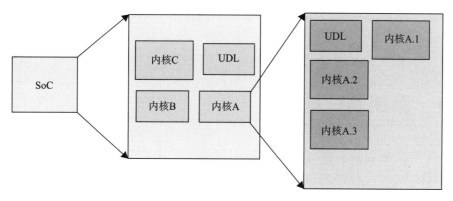

图 5.5　片上系统层级

图 5.6 给出了一个示例。内核 A 被放置在坐标（10, 10）处，它由 4 个子核（UDL、内核 A.1、内核 A.2 和内核 A.3）组成。对每个模块都指定对应的测试，例如，用 .UDL1 和 .UDL2 测试来测试 UDL.1 模块。

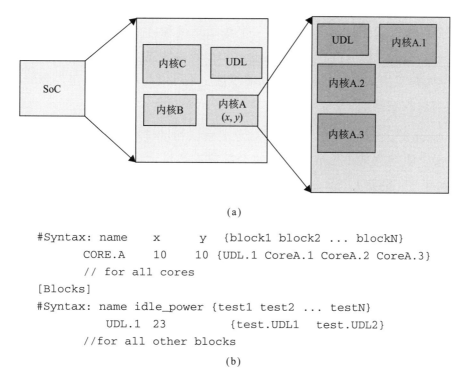

(a)

```
#Syntax: name     x      y   {block1 block2 ... blockN}
        CORE.A    10     10  {UDL.1 CoreA.1 CoreA.2 CoreA.3}
        // for all cores
[Blocks]
#Syntax: name idle_power {test1 test2 ... testN}
        UDL.1  23           {test.UDL1   test.UDL2}
        //for all other blocks
```

(b)

图 5.6　Larsson 等人的系统建模 [158,160,164,165,166,176]

如果在 Larsson 等人 [158, 160, 164, 165, 166, 176] 提出的内核 – 模块模型中，将内核的每个引脚都指定一个（x, y）坐标，说明会更详细。同时，还可以指定内核中每个模块上的每个引脚，但是需要注意，这样的细粒度模型会带来额外的计算成本。

内核－模块模型实际上也支持父－子内核的层级结构，可以通过约束来指定层级结构。

5.3　源端测试建模

源端测试是创建、存储测试激励的地方，它可以是片外 ATE，也可以是片上的 LFSR、嵌入式处理器、存储器等。接收端测试是存储、分析测试响应的地方。和源端测试一样，它也可以是片外 ATE 或片上 MISR、存储器。一般来说，任何组合都可以。对待测单元来说，源端测试和接收端测试可以都是 ATE，或者，都放置在片上。还可以利用片外源端测试和片上接收端测试，反之亦然。

图 5.7 给出了一个 SoC，其中，ATE 充当片外源端测试和片外接收端测试，LFSR 充当片上源端测试，嵌入式处理器（CPU）充当片上接收端测试。对图 5.7 中的每个内核进行测试都必须使用一个源端测试和一个接收端测试。例如，可以定义一个测试，将 ATE 用作源端测试和接收端测试。而另一个测试可以利用 LFSR 作为源端测试，CPU 作为接收端测试。还可以使用 LFSR 作为源端测试，ATE 作为接收端测试。

Larsson 等人[158, 160, 164, 165, 166, 176]对源端测试和接收端测试进行建模，如图 5.8 所示。每个源端测试（生成器）和每个接收端测试（评估器）都有一个名称和坐标（x, y），例如 LFSR 的坐标为（20, 40），同时也为每项测试指定了使用哪种源端测试（tpg）和哪种接收端测试（tre）。

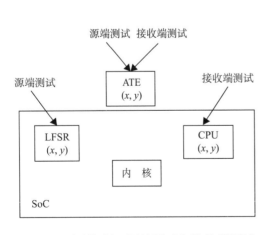

图 5.7　测试资源：源端测试和接收端测试

```
[Generators]
#Syntax: name      x        y
         ATE       150      50
         LFSR      20       40
[Evaluators]
#Syntax: name      x        y
         ATE       150      50
         CPU       145      50
[Tests]
#name      tpg      tre
 TestA     ATE      ATE
 TestB     LFSR     CPU
 TestC     LFSR     ATE
```

图 5.8　源端测试和接收端测试建模

5.4　内核封装器

内核可以配备诸如 P1500[51, 104]、边界扫描[2]、测试壳[186]和测试环[267]之类的封装器。封装器充当内核和 TAM 之间的接口。封装内核的一个优点是，封装器可以在测试期间隔离内核。封装器通常处于以下操作模式：

（1）正常操作模式。

（2）外部测试模式。

（3）内部测试模式。

对一次测试来说，最重要的是外部测试模式和内部测试模式。在内部测试模式，测试当前封装器封装的内核，而在外部测试模式，则测试两个封装器之间的互连和逻辑。图 5.9 给出了一个有 3 个内核的示例：内核 A、内核 B 和内核 C。内核 A 和内核 B 被放在封装器中，因此它们具有与 TAM 的接口。具有与 TAM 的接口的内核通常视为已封装，而诸如内核 C 之类没有与 TAM 的专用接口的内核视为未封装。已封装和未封装的内核测试方法是不一样的。测试像图 5.9 中内核 A 这样的已封装内核，内核 A 的封装器被置于内部测试模式，测试激励和测试响应会通过 TAM 传输至内核 A。测试未封装的内核（如图 5.9 中的内核 C）则必须使用内核 A 和内核 B 的封装器，因为内核 C 没有与 TAM 的专用接口。安排测试时必须解决的一个问题是，封装器一次只能处于一种模式（正常操作、内部、外部）。在图 5.9 的示例中，测试内核 A 时，它的封装器处于内部测试模式，而测试内核 C 时，内核 A 和内核 B 的封装器都必须处于外部测试模式。还要注意，测试内核 A 时，测试激励和测试响应均传输至内核 A，而测试内核 C 时，测试激励传输至内核 A，测试响应则从内核 B 传输至接收端测试。

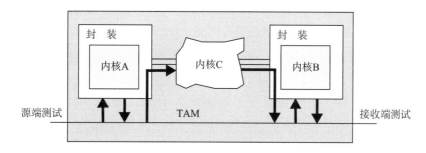

图 5.9　外部测试模式和内部测试模式示意图

在 Larsson 等人[158, 160, 164, 165, 166, 176]提出的建模方法中，图 5.9 所示系统的建模如图 5.10 所示。如上所述，图 5.10 给出了每个内核的坐标（x, y），待测单元是模块。内核 B 的模型是一个模块及相应的测试。图 5.9 中的核心测试是内核 A 中的模块 A。另外，内核 C 的互连测试被建模为内核 A 的一个模块，测试时显示互连到内核 B。应将其解读为测试激励从源端测试传输至内核 A，测试响应从内核 B 传输至接收端测试。

```
Syntax: name        x        y    {block1 block2 ...
blockN}
        COREA      120      50 {BlockA CoreC}
        COREB      180      50 {BlockB}
[Blocks]
#Syntax: name          {test1 test2 ... testN}
        BlockA      {TestA}
        BlockB      {TestB}
        CoreC       {TestC}
[Generators]
#Syntax: name      x        y
        ATE      100      50
[Evaluators]
#Syntax: name      x        y
        ATE      200      50
[Tests]
#name       tpg      tre        interconnection test
 TestA      ATE      ATE        no
 TestB      ATE      ATE        no
 TestC      ATE      ATE        CoreB
```

图 5.10　源端测试和接收端测试建模

5.5　测试访问机制

测试访问机制 TAM（详细讨论见第 8 章）将待测单元与源端测试和接收端测试连接起来。可以使用 TAM 进行测试，也可以使用现有结构。使用现有结构的好处是可以尽量减少额外的布线。专用结构的优点是灵活。在正常操作中使用的功能总线在测试期间可以用来传输测试数据。使用功能总线的优点是它就在系统中，不需要额外布线。在功能总线上执行测试是有顺序的——一次一个任务（工作），由于它只允许顺序使用，所以可以建模为测试冲突。

第6章 测试冲突

6.1 引 言

本章我们将介绍并讨论在为系统开发测试解决方案时需要着重考虑的测试冲突。

冲突可以分为执行测试之前的已知冲突和由某个测试引起的冲突（执行测试前的未知冲突）。例如，如果一个待测单元要用两个测试集来测试。一个测试集是存储在 ATE 中的确定性集合，另一个测试集是用 LFSR 生成的伪随机集合。这两个测试集显然不能同时调度（执行）。一次只能对待测单元施加一项测试。这就是执行测试之前的已知冲突的一个例子。而执行测试之前的未知冲突可能例如 TAM 线路共享等。如果计划同时执行两个测试，这两个测试通常不能共享 TAM 线路，除非采取像菊花链（流水线）这样的特殊处理。执行测试之前通常发现不了 TAM 线路共享之类的冲突。

假设一个基于内核的测试环境或模块化系统，如图 6.1 所示，其中测试数据（测试激励和测试响应）可以存储在 ATE（源端测试和接收端测试）中。源端测试将测试激励灌入系统，接收端测试存储测试响应。

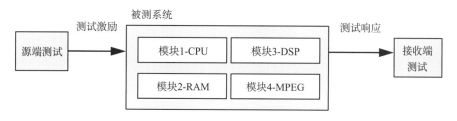

图 6.1 系统测试的模块化视图

6.2 测试仪器的局限性

测试系统的设置如图 6.2 所示，其中待测系统连接到 ATE（自动测试设备）。测试激励从 ATE 的通道传输至待测系统的扫描链，在扫描链中捕获的测试响应被传回至 ATE 用于测试评估。生产 ATE 的公司有 Advantest[4]、Agilent（HP）[7]、Credence[48]、LTX[181] 和 Teradyne[260]。

图 6.2 中，ATE 充当片外源端测试和片外接收端测试。无论测试资源（源端测试和接收端测试）是片上还是片外，都有许多可能的限制需要考虑。

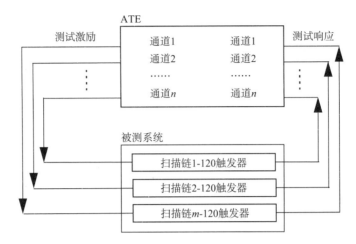

图 6.2　一种与被测系统的 m 条扫描链相连的 n 通道自动测试系统

ATE 有许多通道（通常多达 1024 个），每个通道都可以看作一个比特流。这些通道通常按端口进行分组（大约 64 个端口），一个端口连接一组引脚。每个端口由一个定序器（可以看作一个以某种时钟频率运行的控制器）控制。

ATE 中的重要冲突有：

（1）带宽限制（可用的通道数量有限）。

（2）内存限制，测试数据（测试激励和测试响应）必须适应测试仪器的内存。重新加载 ATE 是不可行的。

（3）ATE 时钟域：各通道可以在不同的时钟速度下运行。

6.2.1　带宽限制

一个系统中的扫描链数量往往高于 ATE 的通道数量。特别是对一个模块化设计的系统来说。为了使系统中扫描链的数量符合 ATE 通道的数量，必须将扫描链划分成更长的链。这个问题将在测试调度一章详细讨论。

图 6.3 说明了对一个小型系统的内存限制进行建模的方法[166, 176]。在系统中位于坐标（10, 10）的源端测试 r1（[Generators]）的最大带宽为 1，即一条 TAM 线路（扫描链）。位于 s1（[Evaluators]）的接收端测试放置在坐标（20, 10）处，其最大带宽为 2。

```
[Generators]
 #name   x     y      max bandwidth          memory
   r1    10    10     1                       100
[Evaluators]
 #name   x     y      max bandwidth
   s1    30    10     2
[Tests]
 #name   x     y      test sourcetest sink memory
 testA   20    10     r1          s1          10
```

图 6.3　测试仪带宽和测试仪内存的限制说明[166, 176]

6.2.2　内存限制

一个源端测试，如 ATE，有固定的内存来存储测试数据。对 ATE 来说，最重要的是测试数据要符合 ATE 的内存，因为重新填充 ATE 只是一种理论上的选择，实际上太耗时了。如果测试数据存储在片上源端测试（可能是一个存储器）中，也存在内存限制。

图 6.3 中，源端测试 r1（[Generators]）的内存容量为 100。像 testA（[Tests]）这样的测试需要 100 个存储单元中的 10 个。

降低测试仪内存限制的一个方法是压缩测试数据。众所周知，对大内核的测试集来说，只规定了几个重要的位（1% ~ 5%）[272]。这个方法的思想是在 ATE 中存储压缩后的测试数据，然后将其发送给 SoC，并在 SoC 中添加解压缩逻辑，对测试激励进行解压缩。例如，Koeneman[135] 就使用了静态 LFSR 重播种技术。另外也提出了几种动态 LFSR 重播种技术，例如，Hellebrand 等人[90] 提出了一种使用多重多项式 LFSR 的方法，Rajski 等人[222] 提出了一种使用可变长度种子 LFSR 的技术，Jas 等人[123] 描述了一种称为虚拟扫描链中多重 LFSR 的技术。Koenemann 等人[137]、Krishna 等人[146]、Krishna 和 Touba[147]、Rajski 等人[223] 使用的动态 LFSR 重播种技术也即将取得成果。

另一种方法则是利用硬件结构来压缩测试数据，如 Bayraktarolgu 和 Orailoglu[10] 提出的异或网络，以及 Liang 等人[180] 提出的折叠式计数器。扫描链也可以被修改，如 Hamazaoglu 和 Patel[87] 提出的伊利诺伊扫描，以及 Dorsch 和 Wunderlich[54] 提出的 RESPIN 方法。

另外，也可以对测试激励进行编码。Ichihara 等人[103]、Iyengar 等人[109] 和 Jas 等人[122] 已经使用了霍夫曼编码和统计编码。Iyengar 等人[109] 探讨了游程编码的使用，而 Chandra 和 Chakrabarty[35]，以及 Hellebrand 和 Wurtenberg[91] 则研究了交替游程编码的使用。除此之外，Chandra 和 Chakrabarty[34] 还探讨论了用于测试数据压缩的哥伦布编码，以及频率定向的游程编码（FDR），Koche 等人[129] 以及 Volkernik 等人[270] 探讨了基于数据包的编码。Vranken 等人[272] 提出了一种技术，这种技术探索 ATE 的特征，而不是向系统中添加额外的解压缩逻辑。该技术的思想是对定序器（每个端口的控制器）进行编程以控制来自 ATE 的测试数据流。如果一个通道要送出 x 个 1，则定序器配置为重复 x 次 1，这样做可以减少测试数据的数量。通过存储单一的 1 和一个控制方案来代替存储 x 个 1。这个技术的一个缺点是，它对具有大量端口的测试仪最为有效，测试仪的成本会很高。

上述技术对测试数据的压缩很有用。特别是测试激励，因为它可以离线压缩（存储到测试仪之前）。而测试响应则必须在片上和运行时进行压缩。上述技术的一个共同缺点是它们需要额外的硅片面积，当然这通常是合理的。但是，会导致设计流程和工具变得更复杂[272]。

6.2.3　测试通道时钟

测试仪的全部通道都可以由单个时钟或多个时钟驱动。多时钟的情况最少使用两个时钟，通道划分为两个时钟域。最常见的情况是每个通道有一个时钟域。时钟域可以是固定的或非固定的（灵活的）。如果一个时钟域的时钟是固定的，那么它的频率在整个测试过程中都是固定的，反之则可以在测试过程中改变时钟频率。

Sehgal 和 Chakrabarty[243] 提出了一种 ATE 包含两个固定时钟域的测试调度方法。当同时有几个时钟域时，可能出现的问题是如何将待测模块分配给测试器通道才能使测试时间最短，并且不超过模块的测试功耗。如果一个模块在一个很高的时钟频率下进行测试，那么它的功耗会随着时钟切换频率的增加而增加，如果功耗超过模块的极限，那么模块就会被损坏。在测试器的每个通道都有其专用的和可控的时钟的情况下，这个问题可以在模块级避免，因为在任何时候每个通道都是以可行的频率进行时钟控制。

6.3　测试冲突

6.3.1　常见测试冲突

在一个系统中，可能存在一些冲突使得测试不能并行执行。这些冲突可能是，系统的一部分需要正常使用，而另一部分需要进行测试。测试 A 部分时，B 部分不能同时测试。这种类型的冲突可以用 Garg 等人[65]提出的资源图来建模（图 6.4）。在资源图中，系统的测试在顶层，而资源则在底层。不同层级节点之间的连线表示用一个测试 t_i 测试一个资源 r_j，或者需要一个资源 r_j 来执行测试 t_i。可以看到，资源图捕获了资源冲突的信息。例如，在图 6.4 中，测试 t_1 和测试 t_3 都使用资源 r_1，这意味着测试 t_1 和测试 t_3 不能同时进行。

给定一个资源图，可以得到一个测试兼容性图（TCG）（图 6.5），其中的节点定义了不同的测试计划，连线则表示两个测试是兼容的，可以同时进行。例如，从图 6.5 中可以确定测试 t_1 和 t_2 是可以同时执行的，因为它们用线连接起来了。

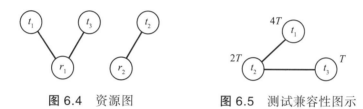

图 6.4　资源图　　　　图 6.5　测试兼容性图示

图 6.4 中的资源冲突可以用 Larsson 等人[166, 176]提出的方法进行建模，如图 6.6 所示。其基本思想是为每个测试列出所有资源（称为模块）。模块是可测试的单元，但是并不需要对所有模块进行测试。也就是说，所谓的虚拟模块是用来指定一个冲突的，如总线共享冲突。

```
[Constraints] test    {block1, block2, ..., block n}
              t1       {r1}
              t2       {r1}
              t3       {r2}
```

图 6.6　测试冲突建模

6.3.2　多测试集

用几个不同的测试集测试一个待测单元可能很有效。例如，如果使用两个测试集，一个存储在片外的 ATE，另一个由 LFSR 在片内生成。ATE 生成的测试集通常比 LFSR 生成的测试集质量高。然而，如上所述，ATE 测试集需要存储内存，大量测试数据必须存储在 ATE 的有限内存中，这就成为一个限制因素。如果一个待测单元使用几个测试集进行测试，测试冲突是不可避免的。Larsson 等人[166, 176]提出了一种对多测试集进行建模的方法（图 6.7）。一个待测单元，模块 A，由几个不同的测试集（testA1，testA2 和 testA3）来测试，每个测试集都有其测试功耗、测试时间、源端测试（TPG）、接收端测试（TRE）的规范。带宽（min_bw 和 max_bw）还有互连测试（ict）将在后面讨论。

```
[Tests]
 #name pwr  time TPG  TRE    min_bw  max_bw          ict
 testA1 60   60   r1   s1     1       1        no
 testA2 1          r2   s2     4       5        no
 testA3 .60  72   r1   s2     1       1        no
[Blocks]
 #name idle_pwr pwr_grid test_sets {}
 blockA  0     p_grd1 { testA testA2 testA3}
```

图 6.7　多测试集

6.3.3　测试集的不同集合

可以使用不同测试集对复杂系统中的一个待测单元进行测试。这样做是为了实现足够高的故障覆盖率。系统中内核测试集的选择会影响到总的测试时间和 ATE 的使用。例如，假设一个系统由图 6.8 中的 4 个内核组成，每个内核通过一个 BIST 和一个外部测试仪来进行测试。假设外部测试仪一次只能测试一个内核。每个内核都可以确定几个具有足够故障覆盖率的测试集，测试集在 BIST 和外部测试仪的测试时间分配不同。图 6.8 中给出了两种测试内核的解决方案，由于使用的测试集不同，图 6.8(a) 总的测试时间要大于图 6.8(b) 的测试时间。

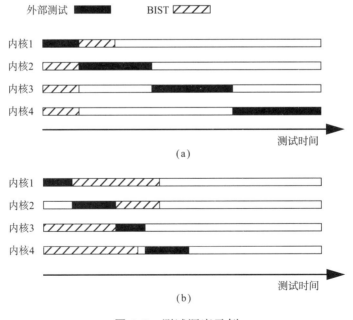

图 6.8　测试调度示例

Sugihara 等人提出了一种为每个单独的内核选择测试集的技术，每个内核的测试集都由两部分组成，一部分基于 BIST，另一部分基于外部测试仪[256]。对于每个内核 i，都定义了一组测试集，$v_i \in V_i$。每个测试集 v_i 由一个 BIST 部分和一个使用外部测试仪的部分组成。$BC(v_i)$ 是测试集 v_i 的 BIST 时钟周期数，$ETC(v_i)$ 是测试集 v_i 使用外部测试仪的时钟周期数。用于外部测试的总时间 T_{ET} 由以下公式给出：

$$T_{ET} = \sum_{i=0}^{n-1} \frac{ETC(v_i)}{FT} \qquad (6.1)$$

其中，FT 代表外部测试仪的频率。

每个内核的测试时间 T_{v_i} 表示为

$$T_{v_i} = \frac{BC(v_i)}{F} + \frac{ETC(v_i)}{FT} \qquad (6.2)$$

其中，F 是使用 BIST 时的系统频率。系统的总测试时间 T 由下式给出：

$$T = \max\left[T_{ET}, \max_{i=0}^{n-1}\left(T_{v_i}\right) \right] \qquad (6.3)$$

主要问题是确定每个内核 i 的测试集 v_i，从而最小化测试时间。

对于多测试集的系统建模，Larsson[175, 177] 提出了图 6.9 所示的方案。对于每个待测单元（模块），都可以指定测试集的集合，其中每个测试集合对于待测单元的测试都是足够的。例如，模块 1 可以通过测试集合 {testA.1, testA.2, testA.3}、{testA.1, testB} 或 {testC} 来测试。这些集合中的每个测试都有其测试功耗、测试时间和测试资源（源端测试和接收端测试）的规范。

```
[Tests]
 #name    pwr     time    TPG  TRE  min_bw max_bw ict
 testA.1 60      60      r1   s1   1      1      no
 testA.2 100     30      r2   s2   2      2      no
 testA.3 160     72      r3   s3   1      8      no
 testB   50      100     r4   r4   1      4      no
 testC   200     20      r3   s1   1      3      no
[Blocks]
 #name idle_pwrpwr_grid test_sets {}, {}, ...,{}
 Block1 0       p_grd1{testA.1 testA.2}{testA.1 testB} {testC}
```

图 6.9 一个壳测试单元（模块）的多个测试集

6.3.4　互连测试——跨内核测试

封装后的内核之间的互连也必须进行测试。互连测试的问题在于，这些互连和逻辑没有专用的封装器，因此不能直接连接到 TAM。由于封装器是连接 TAM 的必要接口，所以互连测试的测试激励和测试响应必须通过内核的封装器才能和 TAM 之间进行数据传送。图 6.10 显示了互连测试系统的一部分，在这个系统中，UDL 模块正在被测试。UDL 模块没有封装，因此，它没有与 TAM 的直接接口。为了访问 TAM，内核 A 的封装器用来接收测试激励，内核 B 的封装器用来将测试响应从 UDL 发送到接收端测试。主要问题是，封装器单元在同一时间只能处于一种模式，因此，内核 A 和内核 B 的测试不能与 UDL 模块的测试同时进行。

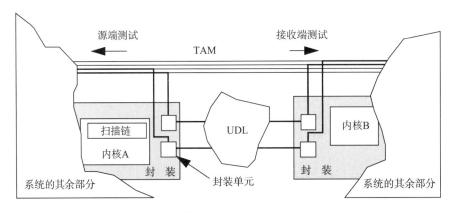

图 6.10　UDL 模块的互连测试（跨内核测试）

对封装后的内核 A 的测试是通过将封装器设置为内部测试模式来进行的，测试激励通过一组 TAM 线从源端测试传送至内核，测试响应也通过一组 TAM 线从内核传送至接收端测试。对于未封装的待测单元，如 UDL 模块（图 6.10），内核 A 和内核 B 的封装器被设置为外部测试模式。测试激励从 TAM 的源端测试经内核 A 传送至 UDL 模块，测试响应经内核 B 传送至 TAM 和接收端测试。

在图 6.10 的系统中，3 个待测单元各用一个测试集进行测试，可以用 Larsson[175, 177] 的方法对这些测试进行建模，如图 6.11 所示。所有待测单元都使用相同的源端测试（r1）和相同的接收端测试（s1）。testUDL 连接到内核 A，也就是测试激励被传送至内核，在 testUDL 的规范中，内核 B 表示为 ict（互连测试），这意味着内核 B 的作用是将测试响应发送至接收端测试。

```
[Tests]
 #name      pwr      time    TPG  TRE  min_bw  max_bw  ict
 testA      60       60      r1   s1   1       1       no
 testB      100      30      r1   s1   2       2       no
 testUDL    160      72      r1   s1   1       8       CoreB
[Blocks]
 #name  idle_pwrpwr_grid test_set
 CoreA    0       p_grd1{testA testUDL}
 CoreB    10      p_grid2{testB}
```

图 6.11　一个可测试单元（模块）的多个测试集建模

6.3.5　层级——嵌入内核中的内核

在基于内核的环境中，内核是嵌入到系统中的，内核也可以嵌入到内核中。一个父核中可以嵌入一个或多个子核（图 6.12）。在内核中嵌入内核会引起测试冲突。因为父核的测试通常不能与子核的测试同时执行。图 6.12(a) 中用阴影标记了测试父核所需的资源，图 6.12(b) 中用阴影标记了测试子核所需的资源。从这个例子可以看出，子核的封装器单元是限制资源。在测试父核和子核时都需要使用这些封装器单元。例如，输入封装器单元（在子核的左侧）在测试父核时捕获测试响应，在测试子核时设置测试激励。

这种测试冲突是一种预先就知道的冲突类型，因此可以使用 Garg 等人[65] 及 Larsson 等人[166, 176] 提出的测试资源图对其进行建模。图 6.13 显示了对图 6.12 中的测试冲突进行建模的过程。

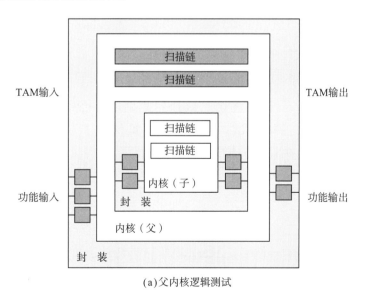

(a)父内核逻辑测试

图 6.12　层级结构导致的测试冲突（子内核嵌入父内核）

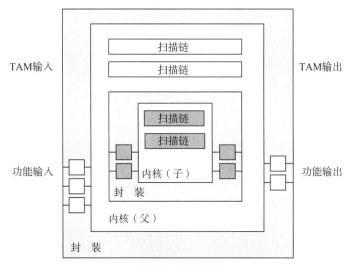

(b)子内核逻辑测试

续图 6.12

```
[Constraints] test   {block1, block2, ..., block n}
         testParent{ParentCore ChildCore}
         testChild {ParentCore ChildCore}
```

图 6.13　嵌入式内核（图 6.12）的测试冲突建模

Goel[80]以及 Sehgal 等人[245]最近提出扩展封装器以处理层级内核。

6.4　讨　论

我们将测试冲突分为执行测试前的已知冲突和执行测试前的未知冲突。例如，如果待测单元由多测试集测试，则执行测试前的已知冲突可能包括一次只能对每个待测单元施加一个测试。另一方面，执行测试前的未知冲突包括 TAM 线路分配，即 TAM 线路只能分配给特定的测试。

第 7 章　测试功耗

7.1　引　言

  系统在测试模式消耗的功率可能高于正常运行模式消耗的功率。原因在于，为了使每个测试激励尽可能检测更多的故障（在尽可能短的时间内），测试激励在系统中是极度活跃的。并且，为了缩短测试时间，应该用尽可能高的时钟频率进行测试。另外还可以通过同时激活大量内核来缩短测试时间，这意味着在测试模式可能以正常运行模式不会采取的方式来激活待测单元。例如，正常运行模式一次只能激活一个存储器组，为了缩短测试时间，在测试模式可以一次全部激活。但是，系统通常是为正常运行而设计的，因此在测试过程中要重点考虑功耗，否则测试过程中的高功耗可能会导致系统损坏。

  测试过程中的功耗可以分为以下几类：

  （1）系统功耗，不能以超过系统总功耗限制的方式激活待测单元。

  （2）热点功耗，在给定区域（系统的一部分）消耗的功率不应超过该部分功耗的限制。

  （3）单元功耗，测试期间消耗的功率可能超过待测单元给定的功耗限制。

  可以通过以下方式解决系统的高功耗问题：

  （1）低功耗设计，在更高的时钟频率进行测试可以缩短测试时间。

  （2）测试调度，在考虑功耗限制的同时，尽可能并行地组织测试，以最大限度地缩短测试时间。

  （3）采用低功耗和测试调度相结合的设计。

  本章，我们将讨论测试功耗。本章的第 2 节对测试功耗及其建模进行初步探讨，第 3 节讨论系统级功耗建模。第 4 节和第 5 节分别讨论功耗网的热点建模和内核级功耗建模，最后以第 6 节的讨论结束。

7.2 功 耗

由于每个节点的开关数量增加，测试期间的功率消耗通常高于电路的正常运行模式，这是为了在最短的时间内检测尽可能多的故障[93]。但是，高功耗可能会损坏系统，因为会产生大量的热量，热量会烧坏系统。

CMOS 电路的功耗分为静态部分和动态部分。静态功耗源于漏电流或从电源连续汲取的其他电流，而动态功耗源于开关瞬时电流和负载电容器的充放电[277]。

在亚微米技术出现之前，与静态功耗相比，动态功耗一直占主导地位。动态功耗是由电容器的充放电引起的，可以用下式[277]来表征：

$$P_{dyn} = \frac{1}{2}V^2 Cf\alpha \tag{7.1}$$

其中，对于给定设计，电容 C、电压 V 和时钟频率 f 是固定的[277]。而交换频率 α 则取决于系统的输入，在测试模式，系统输入是测试激励，功耗随测试激励的不同而变化。

除了式（7.1）中的交换频率，其他参数都可以用设计库来估计。交换频率取决于输入数据，主要有两种方法来评估它，基于仿真或概率。在测试模式，设计的输入包括测试向量，可以利用 ATPG 工具产生的测试向量来评估待测电路的交换频率。施加测试向量的顺序通常并不重要，可以通过调整施加测试向量的顺序来控制测试功耗。Girard 等人[70]提出了一种方法，即根据汉明（Hamming）距离对测试向量进行排序。

功耗通常认为是来自于门。但是，功率不仅可能在逻辑块的门处耗散，也可能在大型总线处耗散。例如，长度为 10mm 的导线，电容大约是 7pF[58]。计算功耗时，应该使用平均电容，平均电容接近最坏情况下电容的一半[58]。假设一个系统在 100MHz 频率运行，随机输入数据的平均交换频率为 25MHz。电压为 2V 时，功耗通过式（7.1）计算：

$$P_{dyn} = \frac{1}{2}V^2 Cf\alpha = \frac{1}{2} \times 3.5 \times 10^{-12} \times 2^2 \times 25 \times 10^6 = 0.175mW$$

在一个现实的例子中，来自存储器的数据总线的宽度为 512 位，会产生约 90mW 的功耗（$512 \times 0.175 = 89.6mW$）。

7.3 系统级功耗建模

图 7.1 显示了两个测试 t_i 和 t_j 的测试功耗随时间变化。设 $p_i(\tau)$ 和 $p_j(\tau)$ 分别表示两个测试 t_i 和 t_j 的瞬时功耗，$P(t_i)$ 和 $P(t_j)$ 为相应的最大功耗。如果 $p_i(\tau) + p_j(\tau) < p_{max}$，则这两个测试可以同时进行。但是，很难测量每个测试向量的瞬时功耗。为了简化分析，通常为一个测试 t_i 中的所有测试向量分配一个固定值 $p_{test}(t_i)$，这样当测试进行时，功耗在任何时刻都不会超过 $p_{test}(t_i)$。

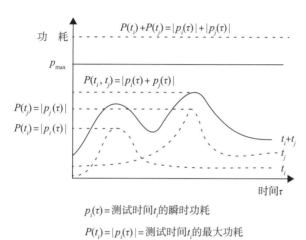

$p_i(\tau) = $ 测试时间 t_i 的瞬时功耗

$P(t_i) = |p_i(\tau)| = $ 测试时间 t_i 的最大功耗

图 7.1 一段时间内两次测试的功耗示例 [40]

$p_{test}(t_i)$ 可以被指定为测试 t_i 中所有测试向量的平均功耗，或指定为测试 t_i 中所有测试向量的最大功耗。前一种方法可能过于乐观，导致测试调度不理想，也就是超过测试功耗限制。后者可能过于悲观，但是它保证功耗满足约束条件。通常，在测试模式，每次测试的平均功耗和最大功耗之间的差异往往很小，因为目标是使电路活动最大化，以便能在最短的时间内进行测试 [40, 41]。因此，对一个测试 t_i 的功耗 $p_{test}(t_i)$ 的定义，通常是单独对器件进行测试 t_i 时的最大测试功耗（$P(t_i)$）。这种简化（图 7.2）是由 Chou 等人 [40, 41] 提出的，并被 Zorian [287]、Muresan 等人 [201, 202]、Xia 等人 [279]、Zou 等人 [292]、Pouget 等人 [219, 220] 和 Larsson 等人 [166, 169, 176] 使用。

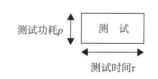

图 7.2 测试的测试时间和测试功耗

Zorian [287] 和 Chou 等人 [40, 41] 利用加法模型来评估功耗。一个测试环节 s_j 的功耗定义为

$$P\left(s_j\right) = \sum_{t_i \in s_j} P\left(t_i\right)$$

（7.2）

其中，t_i 是安排在测试环节 s_j 内的测试。Larsson 等人[166, 169, 176] 使用的系统功耗建模如图 7.3 所示。图中给出了一个功耗限制 MaxPower，也就是任何时候都不能超过的功耗。对于系统中的每个测试，都指定了测试名称、测试功耗、测试时间，以及源端测试（tpg）和接收端测试（tre）。例如，测试 tROM1 在激活时消耗 279 个功率单位，需要 102 个时间单位来执行测试。该测试的源端测试是 TCG，接收端测试是 TCE。对每个逻辑块，规定了空载功耗（idle-power），即测试未激活时消耗的功率，以及针对该模块的测试。例如，rom1_1 模块的空载功耗是 23，用测试 tROM1 进行测试。

```
[Global Options]
MaxPower = 900        # Maximal allowed simultaneous power
[Tests]
#Syntax:
# name power time tpg tre min_bandw max_bandw memory itc
tROM1   279  102  TCG TCE   1         1         4      no
tRAM4   96   23   TCG TCE   1         1         2      no
tRAM1   282  69   TCG TCE   1         1         4      no

[Blocks]
#Syntax: name idle_power {test1 test2 ... testN}
        rom1_1 23          { tROM1 }
        ram4_1 7           { tRAM4 }
        ram1_1 20          { tRAM1 }
```

图 7.3　系统级功耗建模

7.4　功耗网的热点建模

系统级的功耗模型考虑的是全局功耗。也就是说，在任何时候，消耗的功率总量都不会超过某个极限。但是，这样的模型并没有考虑功率是在系统中什么位置耗散的。所谓热点是一块有限的区域，在这个区域里消耗了大量的功率，虽然没有超过系统的总功耗限制，但还是有可能损坏系统。

热点可能出现在测试模式，因为待测单元会以一种在正常运行模式不会采取的方式来激活。图 7.4 中显示了 4 个存储器模块 A、B、C 和 D，它们是系统的一部分。这些存储器模块由同一个功耗网供电。在正常运行模式，对这 4 个模块的访问是一次只激活一个模块，也就是说 4 个存储器模块在功能上是作为单一的存储器工作的，存储器消耗的功率不会超过激活一个模块所需的功率（P_A、P_B、P_C、P_D），即图 7.4 中给出的 50，远远低于功耗网的功耗限制。但是在测试模式，为了缩短测试时间，所有存储器模块可以同时激活。那么 4 个存储器模块消耗的功率就变成了 $P_A+P_B+P_C+P_D=50+50+50+50=200$，远远高于功耗网的功耗限制。这样一来,图 7.4 中存储器模块并行测试就有很大风险,可能会损坏系统。

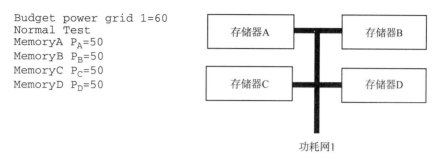

```
Budget power grid 1=60
Normal Test
MemoryA P_A=50
MemoryB P_B=50
MemoryC P_C=50
MemoryD P_D=50
```

图 7.4 系统的一部分,4 个存储器模块由同一功耗网供电

Larsson[177] 提出建立功耗网模型。该功耗网模型与 Chou 等人[40] 提出的方法有相似之处,不同的是,Larsson 的模型包括局部区域(功耗网)。每个模块(待测单元)都被分配到一个功耗网中,功耗网有自己的功耗限制,系统可以包含若干功耗网。分配给一个功耗网的模块在任何时候都不能以超过功耗网功耗限制的方式激活。对图 7.4 中的例子进行建模,如图 7.5 所示。注意,源端测试和接收端测试的建模不包括在内。先给每个功耗网一个功耗限制,然后再给出存储器模块的位置。每个存储器模块都由一个待测单元组成。例如,存储器 A 由待测单元 MemBlkA 组成。每个待测单元都要施加一个测试。例如,对 MemBlkA 施加名为 testMemA 的测试。每个测试都给出测试时间等方面的规范。

```
[PowerGrid] pwr_grid      limit
            grid1         30
[Cores]
#Syntax:
#name    x    y {block1 block2 ... blockN}
MemoryA 10   10 {MemBlkA}
MemoryB 20   10 {MemBlkB}
MemoryC 10   20 {MemBlkC}
Memoryd 20   20 {MemBlkD}
[Blocks]
#name idle_pwr pwr_grid {test1,...,test n}
MemBlkA    0     grid1    {testMemA}
MemBlkB    0     grid1    {testMemB}
MemBlkC    0     grid1    {testMemC}
MemBlkD    0     grid1    {testMemD}
[Tests]
#Syntax:
#name    power  time tpg tre min_bw max_bw mem itc
testMemA 1      255  TGA TRA  1      1      1   no
testMemA 1      255  TGB TRB  1      1      1   no
testMemA 1      255  TGC TRC  1      1      1   no
testMemA 1      255  TGD TRD  1      1      1   no
```

图 7.5 功耗网(热点)建模

7.5　内核级功耗建模

一个待测单元的测试功耗可能超过该单元的限制，结果就是这个待测单元可能会在测试时被损坏。例如，如果测试时钟频率太高（增加功耗）或待测单元过度活跃，就会发生这种情况。调整为内核级功耗建模有两方面的原因。首先，通过降低内核的功耗，可以同时激活更多的内核。其次，由于测试功耗往往高于正常运行模式的功耗，特定内核的功耗可能高于其自身的功耗限制。

可以通过使用时钟门控来调整内核的功耗[241]，从而可以同时执行更多测试，同时，时钟门控也可以用于由于测试时钟频率过高导致自身功耗高于功耗限制的待测单元。

测试模式的功耗往往高于正常运行模式的消耗。一个在正常运行模式功耗低于功耗限制的待测单元，在测试模式的功耗可能会高于功耗限制。图 7.6 中，每个模块在正常运行模式消耗 50 个单位，而在测试模式消耗 80 个单位，超过了功耗网 1 的功耗限制（60 个单位）。系统中的功耗网可以进行"过度设计"，以确保待测单元正常进行测试。替代方案之一则是使用时钟门控。

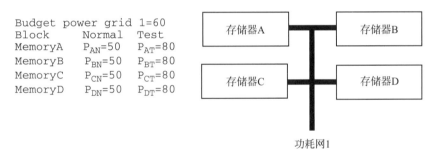

图 7.6　系统的一部分，4 个存储器模块由同一功耗网供电

测试功耗很大程度上取决于交换频率。在基于扫描的系统的测试过程中，开关不仅出现在测试向量的施加过程，即捕获周期中，同时也出现在测试向量移入、移出过程中，即当前测试向量的测试响应被移出时，一个新的测试向量被移入。实际上，移入 / 移出过程是产生测试功耗的主要部分[68]。Gerstendörfer 和 Wunderlich[68]提出了一种技术，在移入 / 移出过程中隔离扫描触发器。但是，这种方法可能会对关键路径造成影响。

Saxena 等人[241]提出了一种门控方案，以减少移入 / 移出过程中产生的测试功耗，该方案不会对关键路径产生直接影响。如图 7.7 所示，给出一组扫描链，其中，3 个扫描链形成一条单链。在移位过程中，所有扫描触发器都处于激活状态，这就导致系统的高交换频率和高功耗。如果引入 Saxena 等人提出的门控子链方案（图 7.8），在移位过程中，3 条扫描链中只有一条激活，其他扫描链关闭，关闭的扫描链中没有开关活动发生。两个例子的测试时间（图 7.7 和图 7.8）相同，不同的是门控子链方案的交换频率降低，时钟树分布的活动频率也降低[241]。

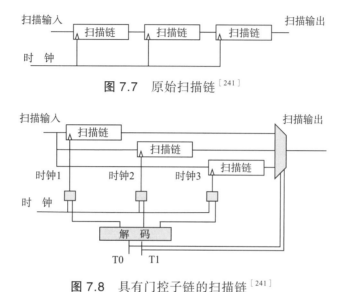

图 7.7 原始扫描链[241]

图 7.8 具有门控子链的扫描链[241]

Saxena 等人[241]的实验结果表明，与图 7.7 中的原始方案相比，使用图 7.8 中 3 个子链的门控方案，测试功耗可以减少三分之一。Larsson[177]利用这一点，结合 Saxena 等人[241]的实验结果创建了通用模型，假设测试时间和测试功耗之间存在线性关系。如果一个内核存在 x 条扫描链，则可以将它们封装起来，形成 x 条封装链。在这种情况下，由于移位过程最小化，测试时间将缩短；但是，由于 x 条扫描链在同一时间活动，测试功耗将最大化。另一方面，如果假设将所有扫描链连接成单一的封装链，那么测试时间将增加，测试功耗可以通过对 x 个扫描链的门控来降低。

图 7.9 是一个说明性的例子。在图 7.9(a) 中，将内核的所有扫描链连接成单一的封装链，这条封装链连接到 TAM。这种方案由于移入/移出时间较长，导致测试时间变得很长。另外，由于所有扫描单元被同时激活，测试功耗也很高。图 7.9(b) 显示了如何缩短测试时间，大量 TAM 线被连接到扫描链上，每条扫描链上都有一条 TAM 线。由于所有扫描链可以同时加载测试数据，因此大大缩短了测试时间。但是，由于所有扫描单元被同时激活，测试功耗仍然和图 7.9(a) 相同。为了降低测试功耗，可以使用图 7.9(c) 的方案（时钟门控）。

在这种方案中，尽可能同时加载更少的扫描链，如果分配一条 TAM 线给内核，则一次只加载一个扫描链。与图 7.9(a) 相比，测试时间相同，但是，由于每次激活的扫描单元更少，测试功耗更低。

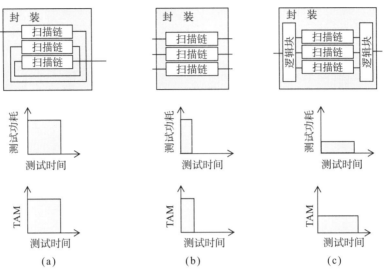

图 7.9 内核设计备选方案

Larsson[177] 定义了一个图 7.10 所示的模型。图中有两个测试，testA 和 testB。testA 不采用时钟门控（用 flex_pwr no 表示），它是一个待测单元的测试，内核供应商固定了该待测单元的测试功耗。另一方面，testB 采用时钟门控（用 flex_pwr yes 表示），该测试的功耗以单一的值给出，在指定的带宽范围内功耗可以改变。注意，我们可以通过设置 flexible_pwr 为 yes 或 no 来指定是否采用时钟门控。如果可以修改功耗，我们假定一个线性关系：

$$p_i = p_1 \times tam \tag{7.3}$$

其中，p_1 是一条 TAM 线的功耗；tam 是 TAM 线的数量，必须在指定范围内 [min_bw, max_bw]。

图 7.10 所示模型的优点是，可以用固定的测试时间、固定的测试功耗、灵活的测试时间、固定的测试功耗，以及灵活的测试时间、灵活的测试功耗的测试组合来对系统测试进行建模。

```
[Tests]
#Syntax:
#name     power   time tpg tre min_bw max_bw mem flex_pwr
testA     15      255  TGA TRA    1      3     1   no
testB     10      155  TGA TRA    1      3     1   yes
```

图 7.10 内核级功耗建模

7.6 讨 论

功耗正在成为测试的一个问题。目前已经提出了一些考虑功耗的测试调度技术。但是，这些技术使用的功率模型一直是单一的固定值，导致测量不是很精确。

本章介绍了测试功耗及其建模。讨论了系统级（全局）功耗建模、功率网的热点建模，以及内核级的调整，如时钟门控。尚待回答的问题是，当测试时间以时钟周期为粒度计算时，只考虑单一功率值的功耗是否有意义？在什么粒度上可以对功耗进行建模？它是如何表现的？峰值功耗比高平均功耗更糟糕吗？与 CMOS 设计的动态功耗相比，静态功耗是否可以忽略不计？

第8章 测试访问机制

8.1 引 言

本章的主题是测试访问机制（TAM），负责测试数据（测试激励和测试响应）的传输。可以只使用 TAM 进行测试，也可以使用现有结构，例如功能总线。不仅可以在测试模式使用 TAM，在正常操作模式也可以使用。TAM 将每个待测单元的源端测试和接收端测试与待测单元本身连接（图 8.1）。为了简化待测单元和 TAM 之间的连接，使用了称为内核测试封装器的接口。

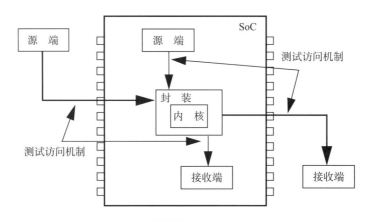

图 8.1 源端测试与接收端测试

TAM 是测试的基础结构，由两部分组成，一部分用于实际的测试数据传输，另一部分用于控制测试数据传输。TAM 的成本取决于其长度和宽度，即 TAM 导线的长度和数量。在使用现有结构的情况下，额外的 TAM 成本可以忽略不计。在完全 BIST 系统中，每个待测单元都有自己专用的源端测试和接收端测试，假设每个待测单元的源端测试和接收端测试都放置在待测单元的位置上，则存在最小的 TAM 结构，即只需要一个控制测试开始和结束的基础结构。

我们将重点讨论 SoC 测试中的边界扫描（IEEE 1149.1 标准）[19]、测试壳[184]、测试环[267]和 P1500[51, 104]，以及它们在不同 TAM 结构中的应用。

8.1.1 SoC的测试数据传输

边界扫描技术主要是为 PCB 系统开发的，其主要目的是测试元件之间的互连和逻辑。边界扫描技术的测试数据和测试控制的基础结构是最小的，因为它是共享的。这样做的好处是需要的额外硅面积最少。由于是串行访问，边界扫描的缺点是测试时间较长。举例来说，对于安装前未进行模块（内核、元件）测试的 SoC 设计，测试包括外部测试（如 PCB），以及内核的内部测试。另外，SoC 的复杂性不断增加，导致系统中需要传输的测试数据量不断增加。出于这个原因，开发了诸如测试壳、测试环和 P1500 这样的内核封装器。

1. 测试壳和 P1500

测试壳的提出是为了减少 Marinissen 等人[186]提出的 SoC 设计的测试访问和测试隔离问题。测试壳由三层结构组成，如图 8.2 所示。

（1）内核或 IP 模块。

（2）测试壳。

（3）主机。

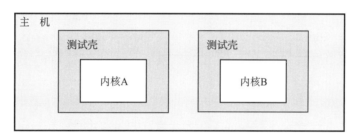

图 8.2　三层结构：内核、测试壳、主机

内核或 IP 模块是测试的对象，设计时会在它们中加入一些 DFT 机制。而测试壳则不包括特定的 DFT 技术。主机是嵌入内核的环境，它可以是一个完整的 IC，也可以是一个模块，这个模块在设计好后就是 IP 模块。最后，测试壳是内核和主机之间的接口，包含三种类型的输入 / 输出终端，如图 8.3 所示。

（1）功能输入 / 输出与内核的正常输入 / 输出一一对应。

（2）测试轨输入 / 输出是具有可变宽度和可选旁路的测试壳的测试接入机制。

（3）因非同步或非数字性质而不能通过测试轨提供信号时，采用直接测试输入 / 输出。

图 8.4 是测试单元的概念视图，有 4 种强制性模式：

（1）功能模式，测试壳是透明的，内核处于正常模式，即未测试模式。可以通过设置多路复用器 $m_1 = 0$ 和 $m_2 = 0$ 来实现。

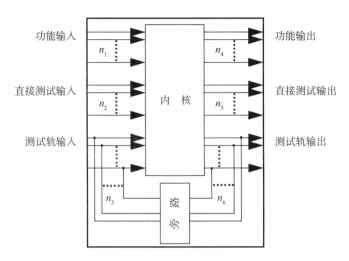

图 8.3　主机 – 测试壳接口

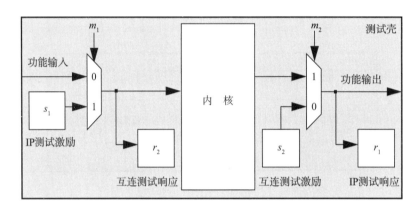

图 8.4　测试单元的概念视图

（2）IP 测试模式，对测试壳中的内核进行测试。在这种情况下，多路复用器应设置为 $m_1 = 1$ 和 $m_2 = 0$，测试激励来自 s_1，在 r_1 中捕获测试响应。

（3）互连测试模式，对内核之间的互连进行测试。多路复用器被设置为 $m_1 = 0$ 和 $m_2 = 1$，其中，r_2 用于捕获来自功能输入的响应，s_2 用来保留用于功能输出的测试激励。

（4）旁路模式，不管内核是否为透明模式，测试数据都通过内核传输。当几个内核串联到一条测试轨上时，旁路模式可以缩短测试数据到待测内核的访问路径（图 8.4 中没有显示旁路）。旁路是作为一个时钟寄存器来实现的。

图 8.5 对测试壳法进行了说明，每个内核的终端（主输入和主输出）都连接一个测试单元。每个测试壳都有一条测试轨，这是测试数据传输机制，用于传输同步测试的测试向量和测试响应。测试轨的宽度 n（$n \geq 0$）是权衡以下参数之后的结果：

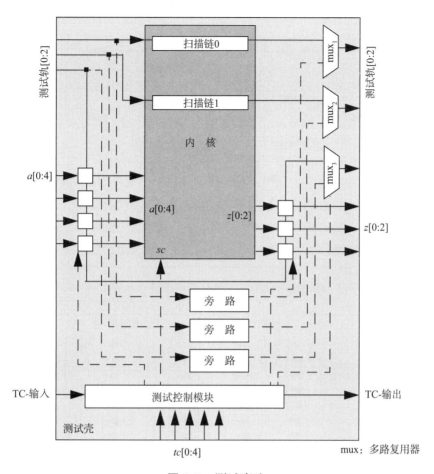

图 8.5 测试壳法

（1）用于测试的主机引脚是限制测试轨最大宽度的重要因素。

（2）测试时间取决于测试数据带宽。

（3）测试轨布线所需的硅面积随着测试轨宽度的增加而增加。

测试轨的设计具有灵活性，图 8.6 给出了一个例子，说明了一些可能的连接。在测试壳内，测试总线的连接可能有所不同。三种基本的连接形式如下（图 8.7）：

（1）并行连接，测试轨与内核的终端一对一连接。

（2）串行连接，一根测试轨连接多个 IP 终端，形成一个移位寄存器，类似于边界扫描。

（3）压缩连接，内核输入端的解压缩硬件或内核输出端的压缩硬件。

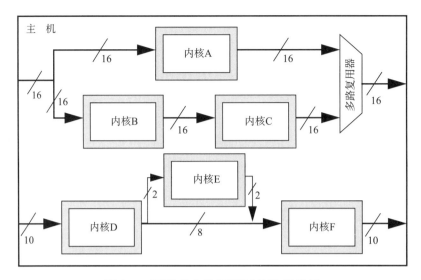

图 8.6 可能的主机级测试轨连接示例

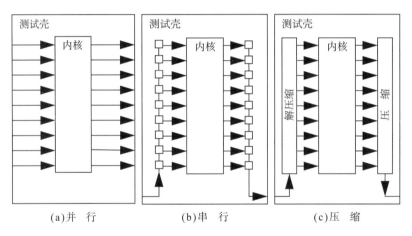

图 8.7 内核级测试轨连接

  也可以使用上述几种连接方式的组合。为一个特定内核选择哪种连接方式主要取决于可用的测试轨的宽度。

  使用一个标准化的测试控制机制控制测试壳的运行，需要在测试控制模块中加载指令（图 8.5）。

  与测试壳类似的方法是 P1500（图 8.8）[104]。P1500 由一个内核测试封装器和一种内核测试语言组成。封装器使用封装器边界单元，其功能类似于测试壳的测试单元和边界扫描方法中的边界扫描单元。指令加载到封装器指令寄存器（WIR），WIR 类似于测试壳中的测试控制机制和边界扫描中的指令寄存器。

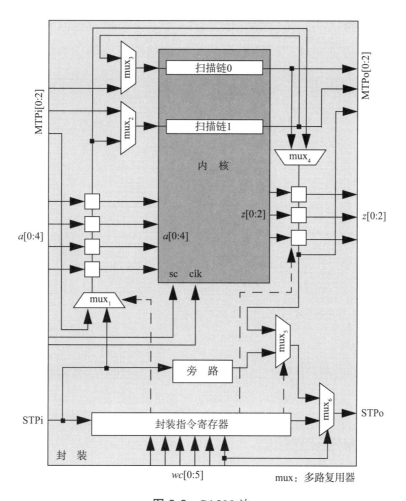

图 8.8 P1500 法

测试壳封装器和 P1500 法的不同之处在于，前者允许有测试访问机制（TAM）宽度的旁路，而 P1500 只有一个 1bit 旁路，即单比特 TAM 插头（STP）。P1500 封装器连接到一个强制性 1bit 宽的 TAM 和零个或多个可扩展宽度的 TAM，即多比特 TAM 插头（MTP）。P1500 允许采用不同宽度的多位 TAM 插头（MTP）进行输入和输出。

Varma 和 Bhatia[267] 提出了另一种封装方法，称为测试环。该方法与测试壳相似，但是该方法没有旁路功能，因为它一次只能服务一个内核，所以灵活性偏低。

Marinissen 等人[187] 提出了一种结合 P1500 和测试壳的方法，见图 8.9 所示，这种方法的主要优点是引入了灵活的旁路。这种方法定义了两种类型的旁路方式，封装器旁路和扫描链旁路。封装器旁路与测试壳中使用的相同，而扫描链旁路是一个灵活的结构，可以插入到终端输入和终端输出之间的任何地方，扫描链旁路的优点是允许非时钟旁路结构，该结构可以用于旁路整个内核。

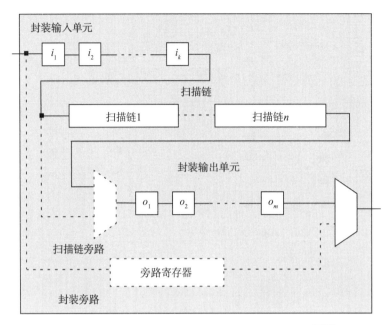

图 8.9 改进的旁路结构，可选项以虚线表示[187]

8.1.2 可重构内核封装器

与边界扫描、测试壳和 P1500 等方法不同，Koranne 提出的内核封装器允许多种封装器链配置[139, 140]，其主要优点是提升了测试调度的灵活性。我们使用有 3 条长度为 {10，5，4} 的扫描链的内核来说明该方法。扫描链及其封装器链的分割见表 8.1。

表 8.1 扫描链分区

TAM 宽度	封装链分区	最大长度
1	[(10, 5, 4)]	19
2	[(10), (5, 4)]	10
3	[(10), (5), (4)]	10

对于每个 TAM 宽度（1、2 和 3），都生成 di-graph（有向图），其中，节点表示扫描链，节点 I 表示 TAM 输入（图 8.10）。在两个节点（扫描链）之间添加一条连线，表示两条扫描链已经连接，阴影节点连接 TAM 输出。将有向图结合起来，可以生成组合有向图。

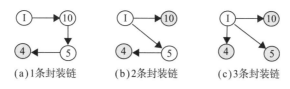

(a)1条封装链　　(b)2条封装链　　(c)3条封装链

图 8.10　有向图

图 8.11 给出了由图 8.10 中的 3 个有向图生成的组合有向图。组合有向图中每个节点（扫描链）处的索引值给出了需要多路复用的信号数量。例如，长度为 5 的扫描链有两个输入，意味着多路复用器需要在 TAM 输入信号和长度为 10 的扫描链的输出之间进行选择。该示例的多路复用策略如图 8.12 所示。

图 8.11　组合有向图

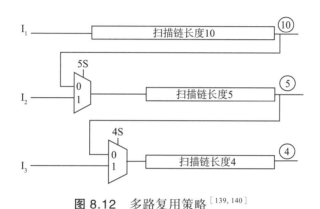

图 8.12　多路复用策略[139, 140]

8.2　测试访问机制设计

测试访问机制（TAM）负责在系统中传输测试数据。它将内核与源端测试、接收端测试连接起来。可以只使用 TAM 进行测试，也可以使用现有结构。对于一个系统来说，将两者结合起来也是可能的。

8.2.1　多路复用结构

Aerts 和 Marinissen 提出了多路复用结构[5]，如图 8.13 所示，其中每个内核都可以分配到所有的 TAM 线，并且一次只测试一个内核。也就是说，TAM 连接到系统中的所有内核，并从这些内核发出。所有内核的输出都是复用的，意味着在同一时间只有一个内核可以使用输出。结果就是内核必须依次进行测试[5]。

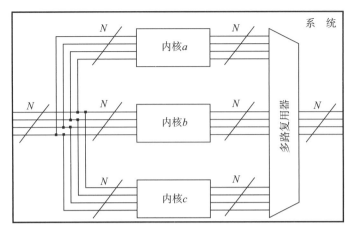

图 8.13　多路复用结构示例[5]

假设以下参数已经给出：

（1）f_i：扫描触发器的数量。

（2）p_i：测试向量的数量。

（3）N：系统的扫描带宽，扫描链的最大数量。

在基于扫描的系统中，通常使用流水线的方法，即在一个测试向量的测试响应移出的同时，移入下一个向量。一个内核 i 的测试时间由下式给出[5]：

$$t_i = \left\lceil \frac{f_i}{n_i} \right\rceil \cdot (p_i + 1) + p_i \tag{8.1}$$

在多路复用结构中，$n_i = N$。之所以在式（8.1）中加入项 $+p_i$，是由于流水线法不能移出最后一个测试向量。多个内核依次进行测试时，可以使用流水线法。一个测试向量移入一个内核的同时，可以移出前一个待测内核测试向量的测试响应。采用多路复用结构的测试时间由下式给出：

$$T = \sum_{i \in C} \left(p_i \cdot \left\lceil \frac{f_i}{N} \right\rceil + p_i \right) + \max_{i \in C} \left\lceil \frac{f_i}{N} \right\rceil \tag{8.2}$$

式（8.2）结果的最大值来自最大的内核。

8.2.2　分布式结构

Aerts 和 Marinissen 还提出了分布式结构，其中每个内核都有一定数量的专用的 TAM 线[5]，如图 8.14 所示。关键是为每个内核 i 分配一定数量的 TAM 线，并将触发器连接到该数量的扫描链中，以最小化测试时间，即在 $0 < n_i \leq N$ 的情况下为 n_i 赋值。分布式结构中内核 i 的测试时间由式（8.1）给出，系统的总测试时间由下式给出：

$$T = \max_{i \in C}(t_i) \tag{8.3}$$

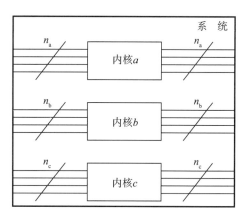

图 8.14 分布式结构示例 [5]

提出一种算法为每个内核 i 分配数量为 n_i 的 TAM 线（图 8.15），目标是找到一个扫描链的分布，使得当所有内核都被访问到时系统的测试时间最短，算法表示为

$$\min_{\bar{n} \in N^{|C|}} \left[\max_{i \in C}(t_i) \right], \sum_{i \in C} n_i \leq N \wedge \forall i \in C\{n_i > 0\} \tag{8.4}$$

```
forall i∈C begin
   n_i=1
   t_i=⌈f_i/n_i⌉·(p_i+1)+p_i
sort elements of C according to test time
L=N-|C|
end
while L≠0 begin
   determine i* for which t_i*=max_i∈C(t_i)
   let n_i*=n_i*+1 and update t_i* accordingly
   let L=L-1;
end
n_i gives the number of scan chains for core i
max_i∈C(t_i) gives the test time
```

图 8.15 扫描链分布算法

图 8.15 中算法工作原理概述如下。每个内核都分配一条 TAM 线，每个内核的扫描元素形成一条单一的扫描链，这是测试系统所需要的。在循环的每次迭代中，选择测试时间最长的内核，分配另一条 TAM 线，从而使得该内核中的扫描元素组成更多数量的扫描链，缩短测试时间。当没有更多的 TAM 线可以分配时，迭代结束。

8.2.3　菊花链结构

在 Aerts 和 Marinissen 提出的菊花链结构中[5]，增加了一个旁路结构来缩短一个内核的访问路径，如图 8.16 所示。旁路寄存器和 2 选 1 多路复用器使得对一个内核的访问变得很灵活，可以使用内核的内部扫描链和 / 或使用旁路结构来访问。

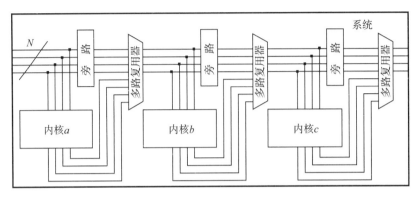

图 8.16　菊花链结构示例[5]

旁路结构提供了一种可选的访问内核的方式，Aerts 和 Marinissen[5] 提出了一种旁路选择策略，通过重新排列测试向量来同时测试所有内核。开始时不使用任何旁路结构，所有内核同时测试。当一个内核的测试完成时，它的旁路被用于其他内核的测试。由于旁路寄存器存在延迟，与依次测试所有内核相比，菊花链结构更有效率。

假设在图 8.16 的系统中，$p_a=10$，$p_b=20$，$p_c=30$（测试向量的数量），$f_a=f_b=f_c=10$（触发器的数量）。当内核按顺序测试时，系统的测试时间为 $720[10 \times (10+1+1) + 20 \times (10+1+1) + 30 \times (10+1+1)]$。请注意，存在 $+1+1$ 项是由于使用了旁路寄存器。使用 Aerts 和 Marinissen 提出的旁路结构后，该系统的测试时间减少到 $630[10 \times 30 + 10 \times (20+1) + 10 \times (10+1+1)]$。菊花链结构的测试时间由下式给出：

$$T = \sum_{i=1}^{|C|} \left[\left(p_i - p_{i-1} \right) \cdot \left(i-1 + \sum_{j=i}^{|C|} \left\lceil \frac{f_j}{N} \right\rceil \right) \right] + p_{|C|} \qquad (8.5)$$

其中，$p_0=-1$。注意，式（8.5）中的指数被重新排列成非递减的向量。

8.2.4　测试总线结构

Varma 和 Bahtia[267] 提出的测试总线结构是多路复用结构和分布式结构的

结合。假设有一条测试总线，所有测试都是按顺序进行的，每次测试都给所有内核提供完整的 TAM 宽度，就像多路复用结构一样。假设有多条测试总线，因为测试总线上的测试是按顺序安排的，每条测试总线上一次只能激活一个测试。测试总线结构可以同时激活多条测试总线，可以实现并行测试。图 8.17 是测试总线结构的示例，其中 N 条 TAM 线被划分为 3 条测试总线，每条总线的宽度为 w_1、w_2 和 w_3，则 $w_1 + w_2 + w_3 = N$。

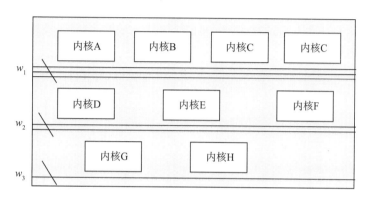

图 8.17 测试总线结构示例

8.2.5 测试轨结构

Marinissen 等人[184]提出了测试轨结构，它基本上是菊花链结构和分布式结构的结合。菊花链结构的优势在于允许并行测试和顺序测试。并行测试意味着在同一时间可以激活多个封装器，所以能够执行外部测试（互连测试或跨核测试）。N 条 TAM 线被划分为 n 条测试总线，每条测试轨的宽度为 w_i，则 $w_1 + w_2 + \cdots + w_n = N$。

8.2.6 灵活宽度结构

也可以把 TAM 线看作一组灵活分配给内核的单线，也就是 Iyengar 等人[117]提出的灵活宽度结构。图 8.18 是灵活宽度结构的示例。

Wang 等人[276]提出了一种适合灵活宽度 TAM 设计的测试访问控制系统（TACS）。该结构可用于单级或多级测试层级，也就是说可以用于嵌入内核的系统。图 8.19 显示了 TACS 示例。在图 8.19(a) 中，内核被分为两个部分（第 1 部分包含内核 A、内核 B 和内核 C，第 2 部分包含内核 D 和内核 E）。这两部分必须按顺序安排测试，同一部分的内核是同时执行测试的（例如，内核 D 和内核 E 同时进行测试）。图 8.19(b) 则是一个多级灵活宽度结构示例。

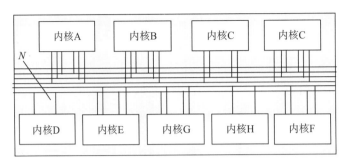

图 8.18　灵活宽度结构示例

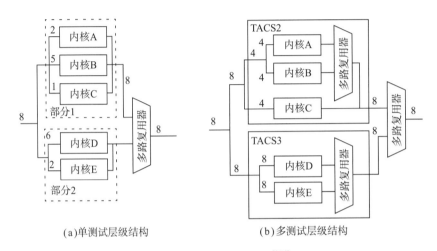

(a)单测试层级结构　　　　　(b)多测试层级结构

图 8.19　TACS 示例 [276]

8.2.7　内核透明度

宏观测试法[11]和 Socet 法[69]利用内核内部的功能路径作为 TAM。透明路径是利用相邻内核创建的。Yoneda 和 Fujiwara[283, 284, 285, 286]也提出了利用透明路径的技术。这种方法的优点是减少了对额外 TAM 的需求。缺点是，一个内核的测试取决于其相邻内核路径的可用性。

8.3　测试时间分析

Larsson 和 Fujiwara[162, 163, 173]从测试时间的角度分析 MA（多路复用结构）[5]和 DA（分布式结构）[5]（图 8.20）。在多路复用结构中，每个内核在测试时都被赋予了完整的 TAM 带宽，这意味着测试是在一个序列中进行的。对于扫描链的数量小于 TAM 带宽的内核，TAM 没有得到充分利用。此外，由于最小化了每个内核的测试时间，使得测试功耗最大化，这可能会损坏内核。

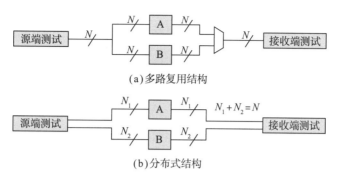

(a)多路复用结构

(b)分布式结构

图 8.20 多路复用结构和分布式结构[5]

而在分布式结构中，每个内核都有专用的 TAM，这意味着在测试开始时所有内核都占用 TAM 的一部分。分布式结构假设 TAM 的带宽至少与内核的数量一样（$N_{tam} \geq |C|$）。

在测试时间的分析中，使用了 IC 基准（表 8.2 中的数据）。对于多路复用结构和分布式结构，每条扫描链都必须包括至少 20 个触发器，并且 TAM 的带宽满足 $|C| \leq N_{tam} \leq 96$，如图 8.21 所示。测试时间的下限（不包括捕获周期和最后一个测试响应的移出）由下式给出[5]：

$$\sum_{i=1}^{|C|} \frac{ff_i \times tv_i}{N_{tam}} \tag{8.6}$$

表 8.2 IC 基准设计数据[5]

内核 c_i	触发器 ff_i	测试向量 tv_i
1	6000	1100
2	3000	900
3	2600	1100
4	1500	1000
5	1500	800
6	800	1000
7	800	400
8	600	500
9	300	300
10	150	400
11	120	150

图 8.21 中的结果表明，分布式结构在 TAM 带宽较小时效率不高，而多路复用结构随着 TAM 带宽的增加效率逐渐降低。值得注意的是，多路复用结构的性能随着 TAM 带宽的增加而变差的原因是，扫描链的长度不能小于 20 个触发器。

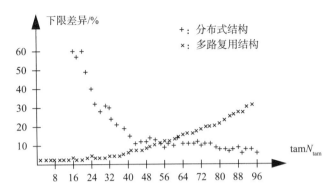

图 8.21　不同 TAM 带宽的多路复用结构和分布式结构的下限差异

第 9 章　测试调度

9.1　引　言

本章我们将讨论测试调度问题。基本的测试调度问题是确定测试（测试向量集）的顺序，也就是给所有测试一个开始时间，目标是最小化成本函数，同时确保不违反任何约束。成本函数通常与测试时间有关，测试时间要么最小化，要么作为一个约束条件给出。除了测试时间，成本函数还和对额外 DFT 逻辑和导线的需求有关，如专用 TAM 的路由。必须考虑的约束包括测试冲突、资源共享和功耗限制。讨论测试调度问题时，清楚地描述有哪些假设，如 TAM 结构，以及考虑到了哪些约束，如功耗，是很重要的。

系统测试可以看成黑盒测试（不知道系统的内部情况），如图 9.1 所示，测试响应是给定的输入端的测试激励产生的输出。如果给系统施加了测试激励，产生的测试响应等于预期的测试响应，那么对该测试集来说，系统是无故障的。测试向量（测试激励和测试响应）可以存储在例如 ATE 中。图 9.2 显示了系统测试的更细粒度视图，其中包含一个基于内核的系统。

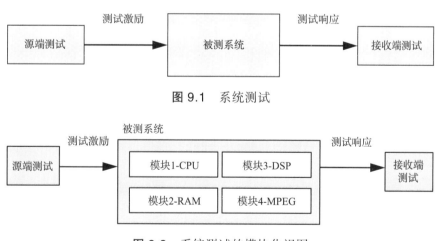

图 9.1　系统测试

图 9.2　系统测试的模块化视图

这里用一个例子来说明测试调度的重要性，假设一个系统有两个模块，两个模块各有一条扫描链。扫描链的长度分别为 100 个触发器和 200 个触发器，其中前者用 50 个测试向量测试，后者用 10 个测试向量测试。组织测试的一个直接方法是将两个扫描链连接成一个较长的 300 个触发器的扫描链，加载 50

个测试向量（长度为 200 的扫描链的 10 个测试向量与长度为 100 的扫描链的 50 个测试向量同时加载）。这种方法的测试时间大约为 $300 \times 50 = 15000$ 个周期（忽略捕获周期和最后一个测试响应的移出）。但是，如果系统由两个独立的模块组成，测试可以按顺序进行，即模块一个接一个地进行测试。那么测试时间大约为 $100 \times 50 + 200 \times 10 = 7000$。这个例子表明，在组织测试的过程中，考虑一些细节可以大大缩短测试时间，此外，由于测试时间往往与 ATE 的内存大小有关，对测试进行有效组织意味着可以使用更小内存的 ATE。

一般来说，系统中的测试可以顺序进行（图 9.3(a)），也可以并行进行（图 9.3(b)）。在顺序测试调度中，所有测试都是按顺序排列的，每次只施加一个测试，而在并行测试调度中，可以在同一时间激活多个测试，但不一定要这么做。通过一种有效的方式对测试进行排序，可以使测试时间最小化。有以下 4 种基本的调度策略：

（1）非分区测试。

（2）从运行到完成的分区测试。

（3）分区测试或抢占式测试。

（4）流水线测试或菊花链测试。

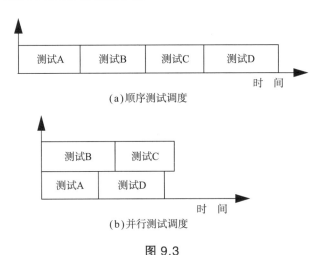

图 9.3

图 9.4 是对 4 种调度策略的说明。在非分区测试模式，某部分的所有测试完成之前，不允许开始新的测试。Zorian[287]，Chou[41]，Larsson 和 Peng[158] 等人提出的技术就是使用这种调度方案。在从运行到完成的分区测试模式，可以安排一个测试尽可能快地开始。例如，测试 3 在测试 1 完成之前就已经开始，这意味着改变了按部分进行测试的思想。Chakrabarty[25]，Muresan[202]，

Larsson 和 Peng[158]等人提出了这种类型的测试调度技术。在分区测试或抢占式测试模式，测试可以在任何时候中断，要求是最后所有测试必须完成。在图 9.4(c) 中，测试 1 中断，被分成两段测试来执行（测试 1a 和测试 1b），Iyengar 和 Chakrabarty[110]，Larsson 和 Fujiwara[162]，以及 Larsson 和 Peng[171]提出了抢占式测试调度技术。流水线测试（菊花链测试），即根据待测单元对测试进行流水线调度。流水线测试的一个例子是扫描测试，新的测试激励被移入的同时，前一个测试激励的测试响应被移出。Aerts 和 Marinissen 已经研究了这种类型的测试调度技术[5]。

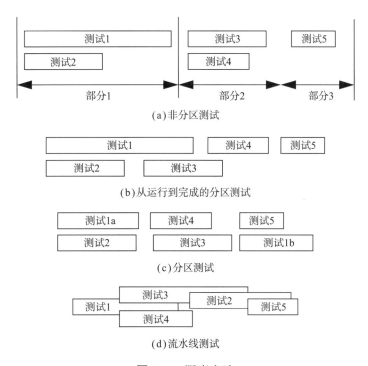

图 9.4　调度方法

上述调度策略没有区分测试数据的传输和应用。测试数据的传输可以使用一种策略，实际应用可以使用另一种策略。例如，Larsson 等人研究了测试总线的使用，测试数据的传输是连续的，每个内核都引入了缓冲器，使得一次可以施加多个测试[152, 153]。图 9.4 中的测试调度分类同样适用于顺序调度和并行调度，但是，在顺序调度中，从运行到完成的分区测试与非分区测试相同。

对于一个所有测试都给定，并且都被分配了固定测试时间，目标是最小化测试应用时间的系统，其测试调度问题的前提是假设顺序测试不重要。对于一个有 N 个测试的系统，每个测试的测试时间为 τ_i（$i=\{1,\cdots,N\}$），顺序测试系统的最优测试时间 $\tau_{\text{application}}$ 由下式给出：

$$\tau_{\text{application}} = \sum_{i=1}^{N} \tau_i \qquad\qquad (9.1)$$

假设一次只能激活一个测试，并且所有测试都必须进行，则任何测试顺序都是最优的。需要一个可以在循环中迭代所有测试的算法，在迭代过程中选择一个测试并给出开始时间。这种算法的计算复杂度与测试数量呈线性关系，$O(n) - n$ 是测试数量，因此该算法是多项式（P）。

以上结果表明，当所有测试都被分配了固定的测试时间并且目标是最小化总测试时间时，针对顺序测试的测试时间开发最优的测试调度是徒劳的。在顺序测试中，一次只能激活一个测试，这意味着解决方案没有限制。而在并行测试调度中，一次可以应用多个测试，解决方案通常会被一些冲突所限制。在没有约束的情况下，所有测试都有一个固定的测试时间，如何通过并行测试调度来最小化总测试时间是一个棘手的问题。所有测试都是从时间点零开始。对于一个有 N 个测试的系统，每个测试的测试时间为 τ_i（$i = \{1, \cdots, N\}$），并行测试系统的最优测试时间 $\tau_{\text{application}}$ 是由下式给出的：

$$\tau_{\text{application}} = \max(\tau_i) \qquad\qquad (9.2)$$

并行测试调度问题一般不是 NP- 完全的，因为它可以同时执行多个测试。但是，在约束条件下的并行测试调度问题则是 NP- 完全问题。我们将在下面更详细地讨论这一点。

9.2　固定测试时间的测试调度

Garg 等人[65]提出了一种针对系统的测试调度方法，每个测试的测试时间都是事先分配好的，目标是在考虑测试冲突的同时最小化总测试时间。测试之间的冲突使得不可能同时执行所有测试。一个系统及其测试可以用资源图来建模，如图 9.5 所示，其中，系统测试在顶层，资源在底层。不同层级的节点之间的连线表示用一个测试 t_i 来测试一个资源 r_j，或者一个资源 r_j 需要执行测试 t_i。这意味着，资源图捕获了测试冲突的信息。例如，在图 9.5 中，测试 t_1 和测试 t_3 都使用资源 r_1，因此，测试 t_1 和测试 t_3 不能同时进行。

根据资源图，可以得到测试兼容性图（TCG）（图 9.6），其中，节点定义了不同的测试计划，节点之间的连线代表两个测试兼容。例如，从图 9.6 可以看出，测试 t_1 和 t_2 可以同时执行。

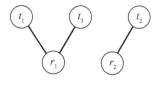
图 9.5　资源图

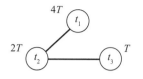
图 9.6　测试兼容性图

找出最少的测试组，使得组内的测试可以同时执行，这个问题可以表述为分团问题[65]。在 TCG 上寻找最小的团是一个 NP– 完全问题，这证明了启发式方法的作用[65]。

给定一个 TCG，Garg 等人构建了一个二进制树，称为时区树（TZT）[65]。时区树中的每个节点代表一个时区和它的约束，即与该时区相关的测试。图 9.7 是 Garg 等人提出方法的一个说明性例子。这个例子是基于图 9.6 所示的测试兼容性图得到的，测试兼容性图则是根据图 9.5 所示的资源图得到的。

最初，根 $R = <\phi, \Sigma l(t_i)>$，是无约束的（$\phi$），长度为 $7T$（$\Sigma l(t_i) = 4T + 2T + T$）。当一个测试 t_k 被分配给 R 时，创建两个带有两个节点的分支，第一个分支有约束 t_k，长度为 $l(t_k)$，第二个分支没有约束（ϕ），长度为 $\Sigma l(t_i) - l(t_k)$。

对于第一次测试，选择最长的测试。如果存在几个长度最大的测试，则倾向于选择具有最高兼容性的测试。对于其他测试，基于成本函数 $CF(t_i)$ 来选择，根据式（9.3）的成本函数，选择的测试 t_i 价值最小：

$$CF(t_i) = \sum_{j=1}^{|T|} \left[l(t_j) - Opp(t_j/t_i) \right] \quad\quad (9.3)$$

其中，$Opp(t_j/t_i) = \begin{cases} l(Z_k), & \text{如果 } t_j \text{ 与 } t_i \text{ 兼容} \\ l(Z_k), & \text{如果 } t_j \text{ 与 } t_i \text{ 不兼容且 } l(Z_k) > l(Z_k)。 \\ 0, & \text{其他情况} \end{cases}$

在图 9.7 的示例中，首先选择 t_1，附加到二进制树上时，创建两个分支（或时区）Z_1 和 Z_2[图 9.7(a)、图 9.7(b)]。接下来，当 t_2 被分配给 Z_1 时区时，节点 3 被附加到具有约束和长度的树中，如图 9.7(c) 所示，同时创建节点 4，表示 Z_4 的长度为 $2T$，并且仅受 t_1 的约束。最后，分配测试 t_3，产生图 9.7(e) 所示的 TZT，图 9.7(f) 中显示了相应的调度图。通过从左到右检查 TZT 的分支，直接得出调度图。最坏情况下，该方法的计算量为 $O(n^3)$[65]。

Chakrabarty 提出了一种在考虑测试约束的同时最小化测试时间的测试调度方法。Chakrabarty 证明了测试调度问题等价于开放车间调度[81]问题，然后

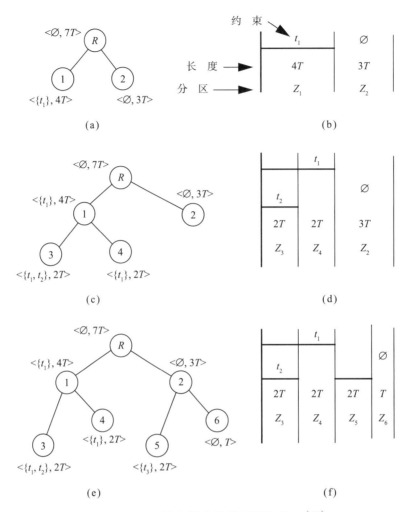

图 9.7　Garg 等人提出的测试调度方法[65]

提出了一种测试调度方法，如图 9.8[27] 所示。在该方法中，应尽可能快地安排测试。如果两个测试之间发生冲突，则首先安排测试时间最短的测试。对 n 个测试来说，最坏情况下图 9.8 方法的执行时间为 $O(n^3)$。

Kime 和 Saluja[132]，Craig 等人[47]和 Jone 等人[128]提出了其他测试调度方法，在考虑测试冲突的同时使测试时间最短。

Zorian[287]提出了一种方法，在考虑功耗约束的同时使测试时间最短。系统分区中的测试可以并行进行，并且每个分区中的功耗低于最大功耗允许值。分区的方式参考系统中模块的位置。物理上相近的模块的测试被放置在同一个分区中。这种分区方法最大限度地减少了用于控制系统测试的控制链的数量，因为所有分区都使用同一条控制链。

```
Procedure SHORTEST_TASK_FIRST({t_i})
begin
for i:= 1 to m do /* there are m tasks */
  start_time_i := 0;
while flag = 1 do begin
  flag = 0;
  for i:= 1 to m do
    for j := i + 1 to m do
      if x_ij=1 then
        /* x_ij=1 if i and j are conflicting */
        if OVERLAP(i,j) then begin
          if start_time_i+l_i>start_time_j+l_j then
            start_time_i+l_i:=start_time_j+l_j
          else
            start_time_i+l_i:=start_time_j+l_j;
          flag := 1;
        end;
      end;
end;
```

图 9.8 最短任务优先法[28]

利用 ASIC Z 系统来说明 Zorian 的方法,如图 9.9 所示,将系统划分为 4 个分区,用数字 1 ~ 4 标记。表 9.1 给出了这个例子的设计数据,ASIC Z 系统的测试时间表如图 9.10 所示。

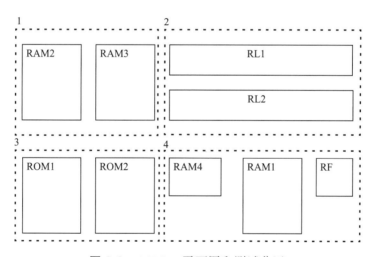

图 9.9 ASIC Z 平面图和测试分区

表 9.1 ASIC Z 系统特征

模 块	测试时间	空载功耗	测试功耗
RL1	134	0	295
RL2	160	0	352
RF	10	19	95
RAM1	69	20	282
RAM2	61	17	241
RAM3	38	11	213
RAM4	23	7	96

模　块	测试时间	空载功耗	测试功耗
ROM1	102	23	279
ROM2	102	23	279

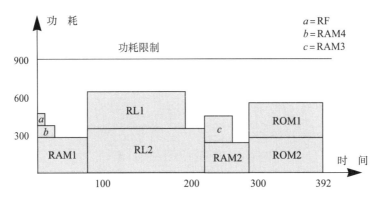

图 9.10　使用 Zorian 提出的方法的 ASIC Z 系统测试调度方案

Chou 等人[40]提出了另一种测试调度方法，在考虑测试功耗和测试之间约束的同时，使测试时间最短。该方法在测试兼容性图（TCG）的基础上，增加了功率限制和从资源图中构建的测试长度信息（图 9.11）。为了简化测试控制器，将测试分配到对应的测试环节，在一个环节的所有测试完成之前，不会开始新的测试。一个测试环节的功耗由下式给出：

$$P(s_j) = \sum_{t_i \in s_j} P(t_i) \tag{9.4}$$

功耗限制定义为

$$P(s_j) \leqslant P_{\max} \quad \forall j \tag{9.5}$$

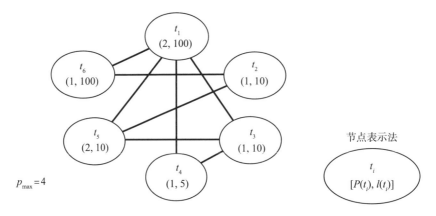

图 9.11　增加了功耗限制和测试长度的 TCG

从 TCG 中可以得到一个功率兼容集（PCS），其中每个集（clique）的测试在时间上都是相互兼容的，并且不违背功耗限制。例如，有这样一个集合 PCS = $\{t_4, t_3, t_1\}$，如图 9.11 所示。

功率兼容列表（PCL）H 是一个元素按长度降序排列的功率兼容集（PCS）。例如，PCS = $\{t_4, t_3, t_1\}$ 的 PCL 是 $H = \{t_1, t_3, t_4\}$，因为 $l(t_1) \geq l(t_3) \geq l(t_4)$。派生 PCL（DPCL）是 PCL 或 DPCL 的一个有序子集，第一个元素的测试长度严格小于原始 PCL 中第一个元素的测试长度。例如，PCL $H = \{t_1, t_3, t_4\}$ 的 DPCL 是 $H' = \{t_3, t_4\}$ 和 $H'' = \{t_4\}$。精简 DPCL（RDPCL）集是由所有可能的 PCL 推导出的所有 DPCL 的集合，其中每个 DPCL 只出现一次。此外，如果 DPCL $h_1 = (t_1, t_2, \cdots, t_m)$，DPCL $h_2 = (t_{i1}, t_{i2}, \cdots, t_{ik})$，使得 $t_{ij} \in h_1$，$j = 1, 2, \cdots, k$ 并且 $l(h_1) = l(h_2)$，那么 h_2 将从 TDPCL 集中删除。

给定一个 TCG，如图 9.11 所示，Chou 等人的测试调度方法步骤如下：

（1）确定所有可能的集合，$G_1 = \{t_1, t_3, t_5\}$，$G_2 = \{t_1, t_3, t_4\}$，$G_3 = \{t_1, t_6\}$，$G_4 = \{t_2, t_5\}$，$G_5 = \{t_2, t_6\}$。

（2）所有可能的 PCL：来自 G_1 的 (t_1, t_3)，(t_1, t_5)，(t_3, t_5)，来自 G_2 的 (t_1, t_3, t_4)，来自 G_3 的 (t_1, t_6)，来自 G_4 的 (t_2, t_5)，最后是来自 G_5 的 (t_2, t_6)。

（3）精简 DPCL：(t_1, t_5)，(t_5)，(t_3, t_5)，(t_1, t_3, t_4)，(t_3, t_4)，(t_4)，(t_1, t_6)，(t_2, t_5)，(t_2, t_6)。

（4）使用最小覆盖表，见表 9.2，在兼容的测试中找到最佳测试调度方法，即 (t_3, t_4)，(t_2, t_5)，(t_1, t_6)，总测试时间为 120 个时间单位。

表 9.2 覆盖表

RDPCL	t_1	t_2	t_3	t_4	t_5	t_6	成 本
(t_1, t_3, t_4)	x		x	x			100
(t_1, t_5)	x				x		100
(t_1, t_6)	x					x	100
(t_2, t_6)		x				x	100
(t_3, t_5)			x		x		10
(t_2, t_5)		x			x		10
(t_3, t_4)			x	x			10
(t_5)					x		10
(t_4)				x			5

Chou 等人提出的方法在 ASIC Z 系统上实现的测试调度如图 9.12 所示。总的测试时间为 331 个时间单位。Zorian 提出的方法则需要 392 个时间单位，如图 9.10 所示。

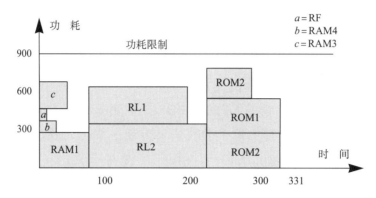

图 9.12　使用 Chou 等人提出的方法的 ASIC Z 系统测试调度方案[40]

因为识别 TCG 图中的所有集合是一个 NP- 完全问题，所以可以使用 Muresan 等人提出的贪婪法。贪婪法在考虑测试约束和功耗限制的情况下，测试时间是最少的[202]。

Chou 等人[40] 和 Zorian[287] 方法中的一个基本假设是，在一个测试环节的所有测试全部完成之前，不会开始新的测试。考虑到这个假设，可以最小化测试控制器。但是，这个假设在 Muresan 等人提出的方法中是无效的[202]。

Muresan 等人对 Jone 等人提出的兼容性树定义了一个扩展，称为扩展兼容性树（ECT），其中子节点的数量被泛化。例如，假设有测试 t_1、t_2、t_3 和 t_4，其中，t_2、t_3、t_4 都和 t_1 兼容，如图 9.13 所示。但是，t_2、t_3、t_4 彼此不兼容。假设测试长度 $l(t_2) + l(t_3) < l(t_1)$ 且要安排测试 t_4。如果 $l(t_4) \leq l(t_1) - [l(t_2) + l(t3)]$，那么可以将测试 t_4 插入到 ECT 中。

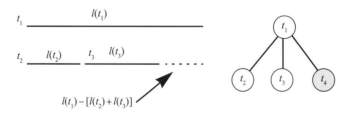

图 9.13　Muresan 等人的扩展兼容性树示例[202]

Chou 等人[40, 41] 的方法和 Muresan 等人[202] 的方法都没有考虑控制线的布线问题。Zorian[287] 对这个问题的处理方法是根据测试在系统中的物理位置对测试进行分区。

Larsson 和 Peng 提出了一种建设性的功耗限制测试调度方法，复杂度为 $O(n^2)$，n 是测试的数量[158]，如图 9.14、图 9.15 所示。首先根据测试长度对测试进行排序，然后按顺序进行测试调度。表 9.3 收集了 Zorian，Chou 等人，Larsson 和 Peng 在 ASIC Z 系统的测试时间结果，结果表明一个直接的算法反而可以产生高质量的解决方案。

```
sort tests according to a key and put them in a list L.
time point τ=0
while L is not empty begin
  for i = 1 to |P| begin //all tests (items) in the list
    if itemᵢ = ok to schedule then begin
      remove itemᵢ from L
      schedule itemᵢ at time τ
    end //if
  end // for
  increase τ to the next timepoint when a test stops
end //while
end.
```

图 9.14 Larsson 和 Peng 的测试调度技术

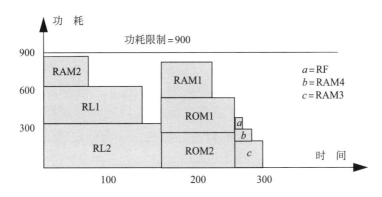

图 9.15 使用 Larsson 和 Peng 提出的方法的 ASIC Z 系统测试调度方案[161, 164, 165]

表 9.3 ASIC Z 系统不同测试调度方法的比较

测试阶段	Zorian		Chou 等人		Larsson 和 Peng	
	时 间	模 块	时 间	模 块	时 间	模 块
1	69	RAM1，RAM4，RF	69	RAM1，RAM3，RAM4，RF	160	RL2，RL1，RAM2
2	160	RL1，RL2	160	RL1，RL2	102	RAM1，ROM1，ROM2
3	61	RAM2，RAM3	102	ROM1，ROM2，RAM2	38	RAM3，RAM4，RF
4	102	ROM1，ROM2				
总时间	392		331		300	

Wang 等人[275] 提出了一种模拟退火技术[131]，以使测试时间最短的方式安排 MBIST 内核。每个内核都有固定的测试时间和激活时的固定功耗值，由于每个待测单元（存储器内核）都有专用的 BIST，所以测试之间没有约束。目标是在使测试时间最小化的同时，以满足功耗限制的方式安排测试。Flottes

等人[61, 62]比较了基于环节调度（非分区测试）和无环节调度（从运行到完成的分区测试）的控制成本。结果表明，相对于系统的大小，控制器类型的影响很小。

将测试冲突带来的影响降到最低的方法是使用抢占式测试调度（分区测试）（图 9.4）。这个方法的思想是在测试冲突出现时立即停止测试，然后选择一个替代测试来避免冲突。Iyengar 和 Chakrabarty 首先提出抢占式测试调度[110]。

9.3 不固定（可变）测试时间的测试调度

一个待测单元（内核）的测试时间可以是不固定的。例如，扫描测试单元的扫描链通常可以配置成一条或多条链。如果使用单一的链，测试时间会变得很长，而如果将扫描单元连接成 n 条链，就可以同时加载所有扫描链，从而缩短测试时间。例如，假设一个内核有 4 条扫描链（图 9.16），可以为每条扫描链分别配置一条导线，或者如图 9.16(b) 和图 9.16(c) 所示，配置两条和三条导线。在测试时间和所用导线的数量之间有一个明显的权衡。使用的导线数量少意味着需要将扫描单元配置成几条较长的封装链，而使用的导线较多，封装链就会变短。较短的封装链需要的加载 / 卸载时间较短，从而缩短测试时间。但是，从图 9.16(b) 可以看出，增加导线的数量并不能保证降低内核的测试时间，因为

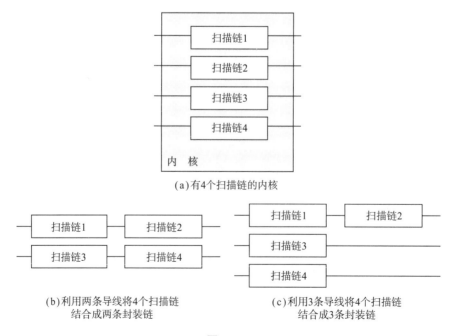

(a)有4个扫描链的内核

(b)利用两条导线将4个扫描链
结合成两条封装链

(c)利用3条导线将4个扫描链
结合成3条封装链

图 9.16

从使用两根导线的配置（图 9.16(b)）转换到使用三条导线的配置（图 9.16(c)），封装链的长度实际上并没有减少。此外，还必须考虑系统的所有内核。

目前已经提出了几种技术来解决这个问题。这些技术有不同的假设，考虑了不同类型的约束。设计测试解决方案时需要考虑到的约束在第 6 章"测试冲突"中进行了描述。下面将引入空闲位，这些空闲位应该被最小化。通常的问题是如何将扫描链配置成封装链，在考虑测试冲突的同时最小化总测试时间，并为每个测试分配开始时间。

9.3.1　空闲位类型

以最小化测试时间为目标的测试调度意味着要使测试调度中的空闲时间（空闲位）最小化。空闲位是必须存储在 ATE 中的无用数据，可以在测试调度的不同位置找到空闲位。Goel 和 Marinissen[78] 为测试调度定义了以下三种空闲位类型：

（1）第一类空闲位：非平衡 TAM 测试完成时间。

（2）第二类空闲位：分配给非帕累托最优宽度 TAM 的模块。

（3）第三类空闲位：模块中的非平衡扫描链。

而对于灵活宽度的 TAM，还定义了其他类型的空闲位。

1. 非平衡 TAM 测试完成时间

Goel 和 Marinissen[78] 将第一类空闲位描述为空闲时间，即在一个 TAM 的完成时间和总体完成时间之间，没有使用 TAM 的时间。

图 9.17 所示的系统有 4 个测试：A、B、C、D，将 4 个测试安排在两个 TAM 上进行，即 TAM1 和 TAM2。第一类空闲位在 TAM2 的末端，对测试方案不构成限制。

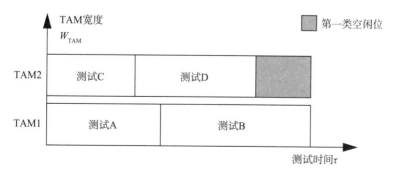

图 9.17　第一类空闲位图示

2. 分配给非帕累托最优宽度 TAM 的模块

对进行扫描测试的内核来说，扫描单元（扫描链和封装单元）至少会被配置成一个封装链。使用一条封装链会导致测试时间较长，可以增加分配给内核的导线数量，缩短测试时间。但是，增加封装链的数量并不一定能缩短测试时间。假设图 9.16 中的 4 条扫描链各包含 100 个触发器；使用两条封装链，移入 / 移出时间为 200 个时间周期（图 9.18(a)）；封装链的数量增加到 3 条（图 9.18(b)），移入 / 移出时间并不会减少。

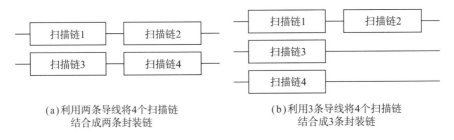

(a) 利用两条导线将4个扫描链　　　　(b) 利用3条导线将4个扫描链
　　结合成两条封装链　　　　　　　　结合成3条封装链

图 9.18

图 9.19 是 ITC' 02[189] 基准 p93791 中内核 11 的测试时间与封装链（TAM 线）数量的关系图。当所有扫描单元（扫描链和封装单元）连接成单一的封装链时，测试时间最长，测试时间会随着封装链数量的增加而减少。但是，在某些点，即使封装链的数量增加，测试时间也不会减少。这意味着对一些 TAM 的宽度来说，测试时间是恒定的。对于测试时间相同的所有点，帕累托最优点是使用最少 TAM 线的点[113]。

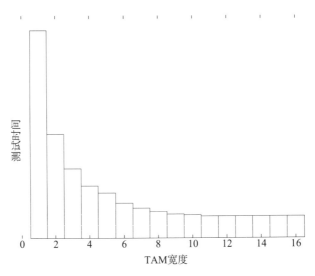

图 9.19　ITC' 02 基准 p93791 中内核 11 的测试时间和封装链（TAM 线）数量

3. 模块中的非平衡扫描链

将内核中的扫描单元分配给 n 条封装链时，会出现第二类空闲位，其中 n 不是帕累托最优点。即使 TAM 宽度分配满足帕累托最优点，成本 $\tau \times w$ 也不是常数。例如，Edbom 和 Larsson[57] 为 ITC' 02 基准 p93791[189, 190] 中内核 1 绘制了 TAM 宽度达到 64 条 TAM 线的封装设计成本（WDC），定义为 $w_n \times \tau_n - \tau_1$（图 9.20）。图 9.20 显示，测试成本，即测试时间 × TAM 不是恒定的，甚至对帕累托最优点来说也不是。第三类空闲位来自于扫描链的不平衡。

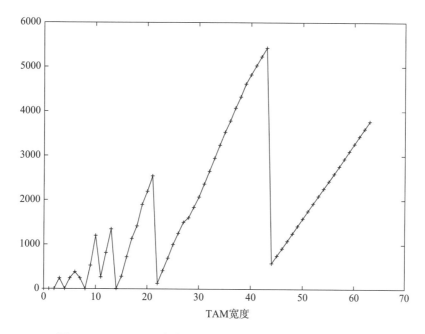

图 9.20　ITC' 02 基准 p93791 中内核 1 的封装设计成本

4. 其他类型的空闲位

空闲位也可能是测试冲突导致的。空闲位可能出现在灵活宽度的 TAM 结构中，如图 9.21 所示。

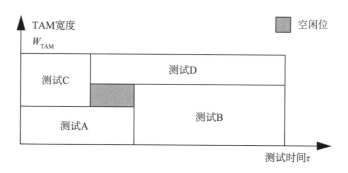

图 9.21　其他类型的空闲位图示

9.3.2　具有固定宽度TAM的SoC测试调度

给出一个拥有 n 个内核 $i=\{1, \cdots, n\}$ 的结构，对于每个内核 i，都给出以下参数：

（1）$sc_{ij}=\{sc_{i1}, sc_{i2}, \cdots, sc_{im}\}$，第 i 个内核的扫描单元的长度，其中，m 是扫描单元的数量。

（2）wi_i，输入封装单元的数量。

（3）wo_i，输出封装单元的数量。

（4）wb_i，双向封装单元的数量。

（5）tv_i，测试向量的数量。

对系统来说，一个最大的 TAM 带宽 W_{tam} 可以按下式划分到 k 个 TAM（w_1, $w_2, \cdots, w_k$）上：

$$W_{tam} = \sum_{i=1}^{k} w_i \tag{9.6}$$

问题 1：找到一个测试计划，以最大限度地减少 SoC 系统的测试应用时间，其中每个内核都通过每个可测单元的 ATE 测试进行封装和扫描测试，适用于固定宽度的 TAM 结构。

Iyengar 等人[111, 113]提出了一种算法，将内核的扫描单元（输入封装单元、输出封装单元、双向封装单元和扫描链）连接成 w 个封装链，并以一种可以使用 ILP 求解器的方式对测试调度问题进行建模。由于对较大的设计来说，ILP 的成本很高，Iyengar 等人[112]提出了一种启发式的测试调度。

Goel 和 Marinissen[74, 75, 78]提出了 TR-Architect 算法，它由 4 个主要步骤组成：创建初始解决方案、自下而上优化、自上而下优化和内核重排。初始解决方案是通过给每个内核分配一条 TAM 线来创建的（类似于分布式结构）。分布式结构的限制是，如果 TAM 线的数量少于内核的数量（$W_{TAM} < i$），就不适合采用分布式结构。在 $W_{TAM} < i$ 的情况下，测试时间最长的内核会分配一个专门的 TAM 线，而测试时间较短的内核则共享 TAM 线（测试将在线上按顺序进行）。

在自下而上优化中，测试时间最短的 TAM 会与另一个 TAM 合并，这样 TAM 线就被释放出来。然后分配释放的 TAM 线以尽量缩短测试时间。在自上而下优化中，重点解决限制测试解决方案的 TAM，即瓶颈。我们的想法是将限制测试解决方案的 TAM 与另一个 TAM 合并。如果可以释放 TAM 线，则会对 TAM 线进行分配以缩短测试时间。在内核重排步骤，作为 TAM 瓶颈的内核被移到其他 TAM 上，以此缩短总测试时间。

请注意，TR-Architect 算法的每个 TAM 都使用了流水线（菊花链）。TR-Architect 算法的一个优点是，每个 TAM 的宽度不是固定的，算法定义了 TAM 的数量及它们的宽度。

Ebadi 和 Ivanov[56] 提出了一种使用遗传算法[197] 的技术，优化将 TAM 线分配给内核的过程。

9.3.3 具有灵活宽度TAM的SoC测试调度

问题 2：具有可变测试时间的内核测试系统的调度问题，对灵活宽度的 TAM 结构来说，每个待测单元都有一个 ATE 测试。

问题 2 类似于前述问题 1，不同之处在于 TAM 架构，问题 2 中的 TAM 使用了 Wang 等人[276] 提出的架构。在问题 2 中，不是将 TAM 线划分为一组 TAM，而是只要 TAM 线空闲，就可以灵活地使用 TAM 线。

Huang 等人的研究成果[97, 99] 将问题 2 映射为二维装箱问题，并用一种最佳拟合递减算法进行优化。Koranne 提出了一种基于短进程优先算法的技术[138]。Koranne 和 Iyengar[141] 提出了一种基于 Murata 等人提出的序列对的多元组技术[200]。序列对技术是为放置 VLSI 元件而开发的，其重点是将元件封装在有限的硅区域。n 个模块的序列对是由 n 个模块名称组成的一对序列。图 9.22 给出了一个封装示例及其序列对的表示（abc, bac），应该这样理解，a 应放置在 c 的左侧，b 应放置在 c 的左侧，b 应放置在 a 的下方。

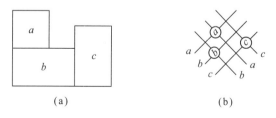

图 9.22 一个封装示例及其序列对（abc, bac）表示[200]

Zou 等人[292] 将该问题表述为二维装箱问题，与 Huang 等人[97, 99] 相似，并且与 Koranne 和 Iyengar[141] 一样，也使用了序列对[200]。对于优化，Zou

等人[292] 使用了模拟退火法，Xia 等人[279] 也使用了序列对技术[200] 和遗传算法来优化测试时间。

Koranne 提出了即时可重构封装器[139, 140, 143]（见可重构内核封装器）和相应的调度技术。Larsson 和 Fujiwara[167, 172] 使用了 Koranne[139, 140, 143] 提出的可重构封装器，但与以前的工作不同，Larsson 和 Fujiwara[167, 172] 将问题建模为同一台机器上的独立进程调度，并证明了抢占式算法可以在线性时间内产生最优解[23]。内核测试的测试调度问题等同于同一台机器上的独立进程调度[167, 172] 问题，因为内核 c_i 的每个测试 t_i（$i = 1, 2, \cdots, n$）的测试时间独立于其他内核测试，每条 TAM 线 w_j（$j = 1, 2, \cdots, N_{tam}$）都是一个传输测试数据的独立机器[172, 171]。一个给定 TAM 宽度 N_{tam} 的测试时间的下限（LB）可以通过下式计算[23]：

$$LB = \max\left[\max(\tau_i), \sum_{i=1}^{n} \tau_i / N_{tam} \right] \tag{9.7}$$

同一台机器上的独立进程调度问题可以利用抢占式测试调度[23] 在线性时间（对于 n 个测试来说是 $O(n)$）内解决，将测试依次分配给 TAM 线，可以以任何顺序进行测试，只要达到测试时间下限就将测试分为两部分。从时间点 0 开始，将分开测试的第二部分测试分配到下一条 TAM 线。

下面用一个例子来说明这种方法，图 9.23 中给出了 5 个内核和它们的测试时间。测试时间下限经式（9.7）计算为 7，所有测试的 $\tau_i \leqslant$ 测试时间下限，任何抢占式测试均不会重叠。测试调度过程如下：逐一考虑测试，例如，从测试 c_1 开始，在时间点 0 将测试安排在 w_1 线。在时间点 4，测试 c_1 完成后，开始进行测试 c_2。在时间点 7，达到 LB，对测试 c_2 进行划分，其余测试安排在 w_2 线的时间点 0 开始。因此，测试 c_2 被划分为两部分。执行测试 c_2 时，w_2 线的测试在时间点 0 开始。在时间点 2，测试 c_2 被抢占，在时间点 4 恢复。测试在时间点 7 结束。抢占测试时，分配另一条 TAM 线给内核，并增加一个多路复用器来选择 TAM 线。对测试 c_2 来说，增加了一个多路复用器来选择 w_1 线和 w_2 线。

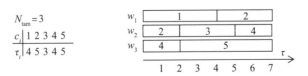

图 9.23　最优 TAM 分配与抢占调度

在一般的抢占式测试调度中，由于需要设置进程及保存其状态，在每个抢占点都会引入额外时间。在这种情况下，TAM 线不需要额外时间来设置和保存状态。另外，在测试过程中，内核没有其他任务，也就是说，测试继续进行，内核的状态不受影响。这样做的好处是，内核的状态已经设置好，可以马上开始测试。

假设一个内核有一条长度为 1 的封装链（执行新向量的移入和上一个测试响应的移出需要 1 个时间周期）。如果 1 个时间周期中的 $x\%$ 都被移入测试抢占，这意味着当测试重新开始时，新测试向量的 $x\%$ 已被加载，第一次移入过程需要的时间减少了 $x\%$，也就是说，由于设置和保存了内核的状态，没有额外的时间开销，所有测试都可以在 LB 停止。

最后，对于某些类型的存储器，如 DRAM，在某些情况不能进行抢占式测试。例如，假设测试 t_2 不能像图 9.23 那样被抢占。在这种情况下，满足 LB 时，调度算法在 LB 处重新开始（而不是在时间 0 处）并向时间 0 处移动。由此产生的时间表如图 9.24 所示。注意，测试 t_2 现在在时间点 4 ~ 时间点 5 期间使用一条 TAM 线，在时间点 5 ~ 时间点 7 期间使用两条 TAM 线，这种情况在可重构的封装器中是可能发生的（更多的细节在第 10 章）。

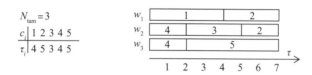

图 9.24　最优 TAM 分配和抢占调度，假设测试 t_2 不能中断（抢占）

1. 测试功耗

考虑测试过程中的测试功耗是很重要的。Huang 等人[100] 通过将二维模型（TAM 宽度与测试时间的关系）扩展至三维来引入测试功耗。功耗模型是基于 Chou 等人[40, 41] 提出的模型建立的，给每个测试都分配一个固定的功耗值。Pouget 等人[218, 219, 220] 也针对功耗限制下的封装器设计问题提出了启发式方法。Pouget 等人尝试了一种伪穷举法，实验表明，它适用的设计规模有限。

Hsu 等人[96] 提出了用于单层和多层 TACO 结构的测试调度技术。针对单层提出了三种技术，基于有限多态性、相似性和分组。为了进一步缩短测试时间，可以使用多层结构。但是，Hsu 等人[96] 报告说，与单层结构相比，多层结构只能使测试时间有微小的降低，代价却是硬件开销高出 583%。应该注意的是，这种比较是在附加硬件和相对非附加硬件之间进行的。Flottes 等人[61, 62] 证明，相对来说，额外的硬件开销并不高。

Zhao 和 Upadhyaya[291] 提出了一种技术，考虑了测试冲突和测试功耗。测试冲突和测试功耗的建模与 Chou 等人[40, 41] 的想法相似。不同的是，在 Zhao 和 Upadhyaya[291] 的方法中，每个待测单元的测试时间是不固定的，测试也不是根据分区测试方案来安排的。每个待测单元的测试时间不固定意味着在分析测试冲突时要特别注意，因为测试时间是可以被修改的。

Su 和 Wu[258] 提出了一种方法，解决功耗限制和测试冲突下的测试调度问题。与 Zhao 和 Upadhyaya[291] 的方法类似，Su 和 Wu[258] 的方法在安排测试时必须特别注意，因为每个测试的测试时间都可以被修改。针对优化，Su 和 Wu[258] 使用了禁忌搜索技术。Cota 等人[44, 45, 46] 提出了针对片上网络的测试调度技术。

Xia 等人[279] 利用进化算法（EA）解决测试调度问题。每个测试的功耗模型都是非固定的。这种非固定的功耗模型是时钟门控的结果（Saxena 等人[241]），Larsson 和 Peng[158, 161] 已经使用了这种模型。

Larsson 和 Peng[171] 对 Larsson 和 Fujiwara[167, 172] 的工作进行了补充，引入了 Saxena 等人[241] 提出的测试功耗和时钟门控。Larsson 和 Fujiwara[167, 172] 及 Larsson 和 Peng[171] 的方法在第 10 章 "一种可重构的功耗敏感型内核封装器" 中有更详细的介绍。

2．多测试集

Huang 等人提出了一种扩展技术，允许每个待测单元进行多个测试[101]。Iyengar 等人[118] 提出了几种处理层级结构的技术（内核中嵌入内核）。Larsson 和 Fujiwara[167, 172] 的研究表明，内核测试和互连测试之间的冲突有最佳的解决方式。

9.3.4　其他测试调度技术

在设计测试方案时，还有一些问题必须考虑。

1．控制线和布局

在 SoC 上增加额外的引脚或在 PCB 组件上增加引脚的成本很高。因此，不仅要讨论传输测试数据的引脚，还要讨论控制测试数据传输所需的引脚。Aerts 和 Marinissen[5] 在工作中考虑了扫描链控制所需的控制引脚。Goel，

Marinissen[77]和 Wayers[273, 274]提出了几种考虑额外控制引脚的技术。但是，嵌入 SoC 中的内核的额外输入和输出成本要远远低于增加额外引脚的成本。

Goel 和 Marinissen[76]提出了一种测试调度方案，在设计测试结构时考虑系统的平面布局。Larsson 和 Peng[171]表明，他们的方法可以使额外的 TAM 布线成本降到最低。

2．功耗建模

由于希望尽可能多地激活故障点，以缩短测试时间（见第 7 章，测试功耗），测试过程中的功耗可能会很高。Rosinger 等人[231, 232]提出了一个方案，即为每个测试使用更好的功耗曲线。这个方案的思想是，如果有一个不仅给出每个测试固定功耗值的更好的模型，就有可能以最小化测试时间的方式安排测试。图 9.25 就是一个例子。图 9.25(a) 是一个测试的测试功耗随时间变化的情况，图 9.25(b) 是 Chou 等人[40, 41]提出的功耗模型，每个测试都给出了一个功耗值。Rosinger 等人提出的模型[231, 232][图 9.25(c)] 允许每个测试有更多的功耗，其优点是给出了一个更准确的实际功耗模型。图 9.25(d) 和图 9.25(e) 说明了这两种功耗模型在测试调度中的优势。我们可以看到，通过使每个测试有多个功耗（多个方块），可以有效缩短系统测试时间。

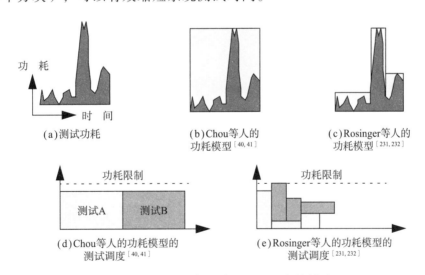

图 9.25　功耗分布及其对测试调度的影响

Chou 等人[40, 41]的模型（每个测试都有一个固定的测试功耗）是基于测试峰值功耗和测试平均功耗之间只有很小的差异这一假设提出的。如果峰值功耗和平均功耗之间的差异很小，那么 Rosinger 等人[231, 232]提出的更精确模型的影响就变得不那么重要了。还要注意的是，测量测试功耗的过程很复杂。功耗在很大程度上取决于系统其他部分的活动。一个单独激活时功耗固定的测试，在与其他测试同时激活时功耗可能会改变。也可以思考一下，为什么要以极端的细粒度来测量时钟周期数，而测试功耗却以单一数值给出，这看起来不是很精确。

3. 固定的测试资源

多个时钟域在系统中很常见。因此，Xu 和 Nicoloci[282] 提出了一个可以处理相关问题的内核封装器。Sehgal 和 Chakrabarty[243] 提出了几种优化技术，其中 ATE 可以以双倍速度提供测试数据，将 ATE 通道划分为两个分区，每个分区都有自己的时钟速度。为了最大限度地缩短测试时间，应该在高速通道上分配尽可能多的内核，但是，测试功耗是一个限制因素。

4. 多时钟域

多时钟域在 SoC 设计中很常见。内核通常都会以不同的时钟频率工作，此外，内核内部也可能以不同的时钟频率工作。对于固定测试（Stuck-At Test），可以在时钟域的边界插入锁存器，但是，对于在速测试，在捕获期间可能会发生时钟偏移，破坏测试响应[282]。Xu 和 Nicolici[282] 提出了一种使用低速 ATE 进行在速测试的技术（封装器和算法）。这种方法意味着，系统的运行频率比 ATE 高。Xu 和 Nicolici[282] 还提出了一种内核封装器结构，其中，低速 ATE 与 SoC 的较高时钟频率同步。为了应用在速测试，最后的加载和捕获必须在速进行[92]。

5. 延迟故障测试

由于深亚微米工艺的变化，对时序故障的测试变得很重要。Xu 和 Nicolici[280] 提出了一种用于带有 P1500 封装器的 SoC 的宽边延迟故障测试技术（见宽边测试）。目的是检测延迟故障，时钟频率越高，延迟故障检测就越重要。延迟故障测试的主要问题是，必须在连续的时钟周期内施加两个测试向量。

Chakrabarty 等人[29] 提出了一种通过插入多路复用器来旁路内核的 DFT 技术。采用这种技术，可以在连续的时钟周期内施加两个向量。Yoneda 和 Fujiwara[284, 285, 286] 提出了一种技术，不增加多路复用器，而是通过内核来传输测试向量（不像 Chakrabarty 等人[29] 的方法那样绕过内核）。

6. 缺陷导向调度

测试的目的是确保待测电路在施加了指定的测试集后无故障，也就是说，要确保在生产过程中没有任何错误。如果电路存在故障，系统就是有问题的，不应该使用。一旦系统出现故障，测试就会被中止。在大批量生产过程中（需要测试大量的芯片），最好尽可能早地安排具有高故障可能性的内核进行测试。通过这种方式，可以最小化预期的测试时间。Larsson 等人[168, 169, 174]提出了计算系统预期测试时间的公式，系统中的每个内核都被赋予一个故障概率。

针对预期测试时间的计算，我们用一个有 4 个测试的例子来说明（表 9.4）。测试按图 9.26 所示的顺序安排。对于测试 t_1，预期测试时间由测试时间和通过概率 p_1 给出，$\tau_1 \times p_1 = 2 \times 0.7 = 1.4$。注意：如果系统中只有一个测试，按照上面的公式来计算，预期的测试时间将为 2，因为我们假设每个测试集都必须完全执行，然后才能确定测试是否通过。

表 9.4 示例数据

内核 i	测试 t_i	测试时间 τ_i	通过概率 p_i	成本（$\tau_i \times p_i$）
1	t_1	2	0.7	1.4
2	t_2	4	0.6	2.4
3	t_3	3	0.9	2.7
4	t_4	6	0.8	4.8

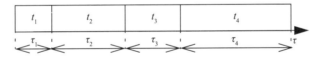

图 9.26 示例（表 9.4）的测试调度方案

完成图 9.26 中的完整测试计划所需的预期测试时间如下：

```
τ₁×(1-p₁) +                          // test t₁ fails
(τ₁+τ₄)×p₁×(1-p₄) +                   // test t₁ passes, test t₄ fails
(τ₁+τ₄+τ₃)×p₁×p₄×(1-p₃) +             // test t₁, t₄ pass, test t₃ fails
(τ₁+τ₄+τ₃+τ₂)×p₁×p₄×p₃×(1-p₂) + //test t₁, t₄, t₃ pass, test t₂
fails
(τ₁+τ₄+τ₃+τ₂)×p₁×p₄×p₃×p₂ =           // all tests run until completion,
                                     // i.e. correct system.
2×(1-0.7) +
(2+6)×0.7×(1-0.6) +
(2+6+3)×0.7×0.6×(1-0.9) +
(2+6+3+2)×0.7×0.6×0.9×(1-0.8) +
(2+6+3+2)×0.7×0.6×0.9×0.8 = 8.2
```

作为比较，首先安排具有最高通过概率的测试，测试顺序为 t_3、t_4、t_2、t_1，预期测试时间为 12.1。而在执行所有测试直到完成的情况下，总测试时间不取决于测试顺序，即 $\tau_1 + \tau_2 + \tau_3 + \tau_4 = 15$（更多细节可以在第 14 章，"缺陷感知测试调度"中找到）。

Edbom 和 Larsson[57]采用另一种面向缺陷的调度方法，其中给出了时间约束（由 ATE 存储器深度给定），这种调度方法的目的是选择并调度测试向量以使测试质量最佳。Edbom 和 Larsson 方法中的假设是由于测试数据量增加，在无法施加所有测试向量的情况下，重要的是选择对提高系统质量贡献最大的测试向量。在该方法中，每个内核都和 Larsson 等人[168, 169, 174]附带缺陷概率方法中测试的内核相同。不同的是，Edbom 和 Larsson[57]假设第一个测试向量会检测到比后来施加的测试向量更多的故障。Edbom 和 Larsson[57]将故障检测近似表示为指数曲线（图 9.27）。

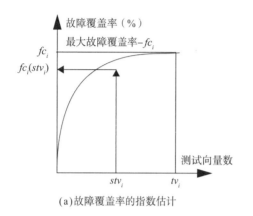

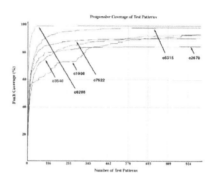

(a)故障覆盖率的指数估计　　　　　(b)某些ISCAS设计的实际故障覆盖范围

图 9.27

对于每个内核 i，CTQ_i（内核测试质量）为

$$CTQ_i = dp_i \times fc_i(stv_i) \tag{9.8}$$

对于具有 n 个内核的系统，STQ（系统测试质量）如下：

$$STQ = \sum_{i=1}^{n} CTQ_i \Big/ \sum_{i=1}^{n} dp_i \tag{9.9}$$

CTQ_i 值取决于缺陷概率（dp_i），并且根据指数函数随着施加的测试向量（stv_i）数量的增加而增加。

为了说明该方法，使用了 d695（来自 ITC' 02 基准[189, 190]的设计），如图 9.28 所示。如果已经施加所有测试向量，时间约束就会被设置为总时间的 5%。在图 9.28(a) 中，仅使用测试调度，不使用缺陷概率、故障覆盖率和测试向量选择，也就是说，仅对内核 2 和内核 5 进行测试。施加所有来自内核 2 的测试向量，以及 20% 来自内核 5 的测试向量。当施加 20% 内核 5 的测试向量后，时间约束限制了进一步的测试，测试终止。在这个例子中，这种方法的 STQ 值为 0.0322。在图 9.28(b) 中，考虑了测试调度和缺陷概率，但没有考虑故障覆盖率和测试向量选择，只选择一个内核进行测试（内核 7），施加了 54% 的测试向量。该方法的 STQ 值提高到 0.167。图 9.28(c) 在考虑测试调度、缺陷概率和故障覆盖率的情况下，STQ 提高到 0.203。如果将测试向量选择（每个内核的测试向量数量的选择）、缺陷概率和故障覆盖率全部考虑在内，则 STQ 值将提高到 0.440。如果允许使用更多的 TAM（图 9.28(e)、图 9.28(f)），STQ 值还可以增加。

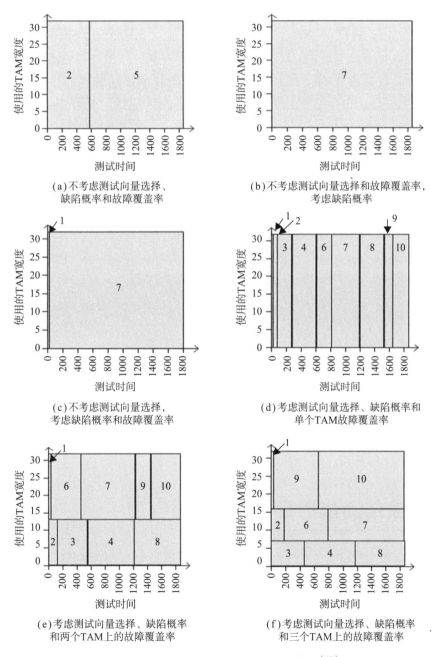

(a) 不考虑测试向量选择、
缺陷概率和故障覆盖率

(b) 不考虑测试向量选择和故障覆盖率，
考虑缺陷概率

(c) 不考虑测试向量选择，
考虑缺陷概率和故障覆盖率

(d) 考虑测试向量选择、缺陷概率和
单个 TAM 故障覆盖率

(e) 考虑测试向量选择、缺陷概率
和两个 TAM 上的故障覆盖率

(f) 考虑测试向量选择、缺陷概率
和三个 TAM 上的故障覆盖率

图 9.28　Edbom 和 Larsson 方法说明 [57]

STQ 与测试时间的关系如图 9.29 所示。随着测试时间的增加（施加所有测试向量时，时间约束变得更接近测试时间），STQ 值也增加。显然，施加所有测试向量时，STQ 值最高。但是，有趣的是，考虑缺陷概率和故障覆盖率后，使用测试向量选择和测试调度与不使用相比，可以在更短的测试时间内达到相同的 STQ 值。例如，对于同时考虑缺陷概率、故障覆盖率和测试向量选择的技术，在测试时间 20% 处的 STQ 值与仅考虑缺陷概率和故障覆盖率的技术在测试时间 50% 处的 STQ 值一样。这意味着，通过有效地选择测试向量，可以获得大量的测试时间。Edbom 和 Larsson 的方法在第 15 章 "ATE 存储器深度约束下的测试向量选择和测试调度的集成技术" 中有更详细的描述。

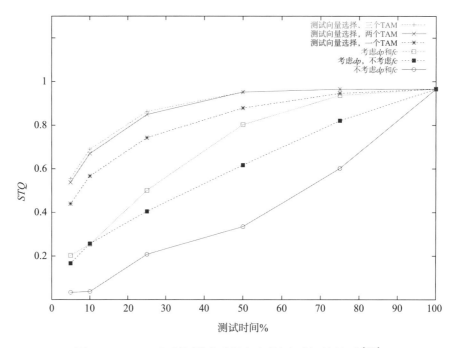

图 9.29 STQ（系统测试质量）与测试时间的关系[57]

9.4 最佳测试时间

测试调度的主要目标是以最小化测试时间的方式来组织测试。优化目标是找到测试时间最短，即最优测试时间的测试调度。本节讨论实现最佳测试时间的可能性和限制。

如果每个测试都有固定的测试时间和固定的测试资源，调度（装箱）问题是在不违反任何给定约束的情况下最小化测试时间，则该问题是 NP- 完全的。

请注意，顺序调度不是 NP- 完全的，并行测试调度只有在满足资源约束时才是 NP- 完全的。图 9.30 给出了一个示例，其中名为 testA 的测试具有固定的测试时间和固定的测试资源（固定的测试资源可以是测试功率或 TAM 线路）。图 9.30 还给出了为测试分配开始时间的调度方式。

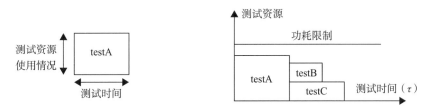

图 9.30 具有固定测试时间和固定测试资源的测试调度

最佳测试调度可以定义为具有最小空闲位的测试调度。但是，存在空闲位的测试调度从测试时间的角度来看，也可能是最佳测试调度。图 9.31 给出了一个带有两个测试（testA 和 testB）的示例。每个测试都有固定的测试时间和固定的 TAM 线使用量。这两个测试计划在 4 条 TAM 线上进行。这种调度方式的测试时间为 6 个时间单位（$\tau_A + \tau_B = 3 + 3 = 6$）。图 9.31 中的测试调度是最优的，即使它包含空闲位。从测试时间的角度来看，该解决方案是最优的，但从 TAM 线的角度来看显然不是最佳方案（使用 3 条 TAM 线也会产生相同的解决方案）。

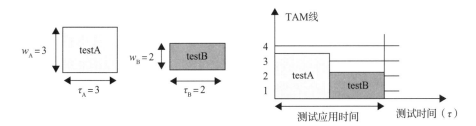

图 9.31 具有固定测试时间和固定资源使用测试的测试调度

假设没有空闲位，计算测试时间下限的一种方法是：

$$\tau_{\mathrm{opt}} = \frac{\sum_{\forall i} \tau_i \times r_i}{R_{\max}} \tag{9.10}$$

对于图 9.31 中的示例，$\tau_{\mathrm{opt}} = \dfrac{\tau_A \times w_A + \tau_B \times w_B}{N_{\mathrm{tam}}} = \dfrac{3 \times 3 + 3 \times 2}{4} = 3.75$。类似于式（9.10），当测试资源是测试功率时，Larsson 和 Peng[159, 161] 定义测试时间下限的计算如下：

$$\tau_{opt} = \frac{\sum_{\forall i} \tau_i \times p_i}{P_{max}} \tag{9.11}$$

式（9.10）和式（9.11）给出了测试时间下限的计算方式。为了获得接近下限的解决方案，如果可能，必须修改测试时间。

9.4.1　软核——无固定扫描链

对具有软核的系统来说，每个内核 i 都给出了多个扫描单元（触发器）ff_i、多个测试向量 tv_i 和 TAM 的宽度 N_{tam}。问题在于如何将每个内核中的触发器配置为扫描链，以及如何组织测试才能使测试时间最短。假设使用多路复用结构，也就是一次测试一个内核，并在测试时为每个内核提供完整的 TAM 宽度。

Aerts 和 Marinissen[5] 给出了内核 c_i 进行扫描测试的测试时间 τ_i，内核 c_i 的扫描单元（触发器）没有固定到扫描链中：

$$\tau_i = (tv_i + 1) \times \left\lceil \frac{ff_i}{n_i} \right\rceil + tv_i \tag{9.12}$$

在一个内核中，拥有 ff_i 个扫描触发器划分成的 n_i 条扫描链以及 tv_i 个测试向量。使用多路复用结构意味着 n_i 等于 N_{tam}（TAM 线的数量）。

图 9.32(a) 给出了一个有 16 个扫描触发器的内核示例，这些触发器被划分为 3 条扫描链（图 9.32(b)）。移入时间为 6（$=\lceil 16/3 \rceil$）个时间周期，在移出前一个测试向量的测试响应的同时，移入新的测试向量。这种流水线测试可以应用于除最后一个测试响应（图 9.32(c)）之外的所有测试向量。

对每个测试向量来说，不平衡扫描链（$\lceil ff_i/N_{tam} \rceil$）可能会引入空闲位。最坏的情况是每个内核的每个测试向量会有 $N_{tam}-1$ 个空闲位。这意味着使用测试向量测试的内核 i 的空闲位数为

$$tv_i \times (N_{tam} - 1) \tag{9.13}$$

对于具有 $|C|$ 个内核的系统，空闲位数由下式给出：

$$\sum_{i=1}^{|C|} tv_i \times (N_{tam} - 1) \tag{9.14}$$

如果 $N_{tam}-1$ 几乎等于 N_{tam}，则式（9.14）可以近似为

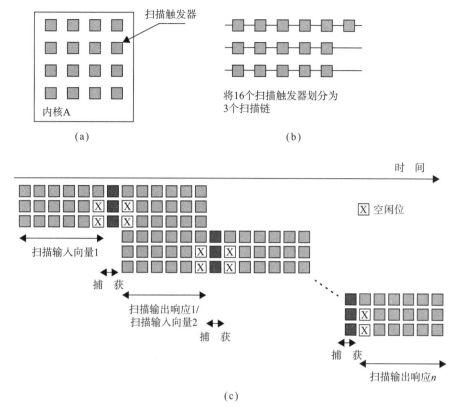

图 9.32 将扫描触发器配置为扫描链

$$\sum_{i=1}^{|C|} tv_i \times (N_{\text{tam}} - 1) \approx \sum_{i=1}^{|C|} tv_i \times N_{\text{tam}} \qquad (9.15)$$

为了最小化空闲位，式（9.14）实际上建议应该使 TAM 宽度最小化。

研究空闲位数量与非空闲位数量之间的关系是很有趣的。取式（9.12）并假设每个内核的最后一个测试向量的影响较小，即 $(tv_i + 1) \times \dfrac{ff_i}{N_{\text{tam}}} \gg tv_i$，可以对每个内核作如下简化：

$$(tv_i + 1) \times \left\lceil \frac{ff_i}{N_{\text{tam}}} \right\rceil + tv_i \approx (tv_i + 1) \times \left\lceil \frac{ff_i}{N_{\text{tam}}} \right\rceil \qquad (9.16)$$

假设测试向量的数量很多，$tv_i + 1 = tv_i$，式（9.16）可以进一步简化为

$$(tv_i + 1) \times \left\lceil \frac{ff_i}{N_{\text{tam}}} \right\rceil + tv_i \approx (tv_i + 1) \times \left\lceil \frac{ff_i}{N_{\text{tam}}} \right\rceil \approx tv_i \times \left\lceil \frac{ff_i}{N_{\text{tam}}} \right\rceil \qquad (9.17)$$

如果触发器的数量与 TAM 的宽度相比较高，则式（9.17）可近似为

$$\left(tv_i+1\right)\times\left\lceil\frac{ff_i}{N_{\text{tam}}}\right\rceil+tv_i\approx\left(tv_i+1\right)\times\left\lceil\frac{ff_i}{N_{\text{tam}}}\right\rceil\approx tv_i\times\left\lceil\frac{ff_i}{N_{\text{tam}}}\right\rceil\approx tv_i\times\frac{ff_i}{N_{\text{tam}}} \tag{9.18}$$

如果上面的简化是可以接受的，式（9.18）表明测试时间和 TAM 线的数量之间存在线性关系。因此，软核的测试调度问题就不那么重要了。将完整的 TAM 带宽分配给测试序列中的每个内核（多路复用结构）。

如果式（9.18）的简化不可被接受，则从式（9.12）开始，

$$\tau_i=\left(tv_i+1\right)\times\left\lceil\frac{ff_i}{N_{\text{tam}}}\right\rceil+tv_i \tag{9.19}$$

考虑空闲位和不考虑空闲位的差异（Δ）由下式给出：

$$\Delta_i=\left[\left(tv_i+1\right)\times\left\lceil\frac{ff_i}{N_{\text{tam}}}\right\rceil+tv_i\right]-\left[\left(tv_i+1\right)\times\frac{ff_i}{N_{\text{tam}}}+tv_i\right] \tag{9.20}$$

式（9.20）可简化为

$$\Delta_i=\left\lceil\frac{ff_i}{N_{\text{tam}}}\right\rceil-\frac{ff_i}{N_{\text{tam}}} \tag{9.21}$$

Δ_i 显然是极小的，因为 ff_i 可以被 N_{tam} 整除。当扫描触发器的数目远远大于 TAM 宽度（$ff_i \gg N_{\text{tam}}$）时，Δ_i 最小。

在 Larsson 和 Fujiwara[162, 163, 173] 的研究中，假设测试可以被分成更小的部分，即用于测试内核的一组测试向量 TV 可以被划分为 $\{tv_1, tv_2, \cdots, tv_m\}$，其中 $TV=\Sigma tv_i$，并且所有测试向量都会被施加到系统中。Larsson 和 Fujiwara 利用抢占式测试调度和可重构的封装器实现最合适的内核封装器配置。图 9.33 给出一个生成测试调度的示例，其中，在两个测试环节都对内核 3 进行测试。注意，内核 3 的 TAM 宽度在两个环节中是不同的。

作为实验，Larsson 和 Fujiwara 使用 ITC' 02 基准[189, 190]，假设所有内核都是软核。作为参考，Larsson 和 Fujiwara 利用 Aerts 和 Marinissen[5] 定义的测试时间的下限，不包括捕获周期和最后一个测试响应的移出：

$$\sum_{i=1}^{|C|}\frac{ff_i\times tv_i}{N_{\text{tam}}} \tag{9.22}$$

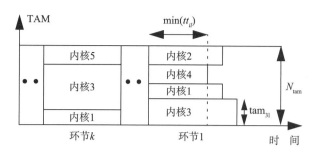

图 9.33 基于抢占式测试调度的环节

Larsson 和 Fujiwara 比较了三种技术，多路复用结构[5]、分布式结构[5]和抢占式测试调度。p93791 的实验结果如图 9.34 所示。分布式结构在低 TAM 宽度表现不佳的原因是该设计包含一些测试时间较短的小内核，这就是说，有一些分配了专用 TAM 线的内核，但这些内核使用这些 TAM 线的时间非常短。多路复用结构在高 TAM 带宽表现不佳的原因是 Aerts 和 Marinissen[5]对扫描链施加了限制，即必须至少包含 20 个触发器。

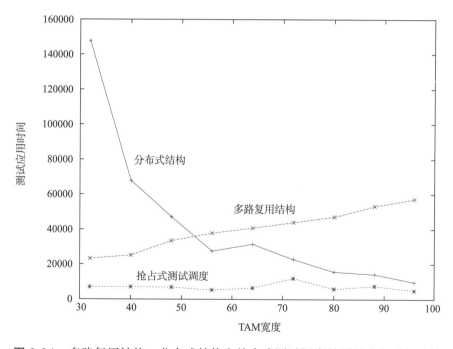

图 9.34 多路复用结构、分布式结构和抢占式测试调度的测试应用时间比较

设计 IC、p22810、p34392 和 p93791 的实验结果如图 9.35 所示，其中，对设计 IC 来说，每条扫描链包含至少 20 个触发器，p22810 至少 5 个触发器，p34392 至少 60 个触发器，p93791 至少 30 个触发器。图 9.35 显示了 Larsson 和 Fujiwara[162, 163, 173]提出的基于抢占测试调度得到的测试时间。它支持式（9.21）中的表述，即当 $ff_i \gg N_{\text{tam}}$ 时，空闲位数量会减少。

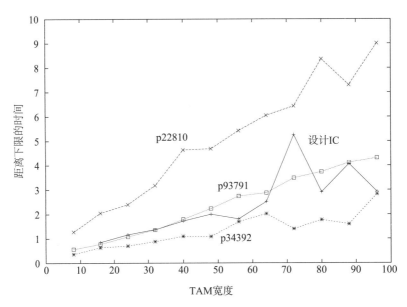

图 9.35　Larsson 和 Fujiwara 的测试时间分析[162, 163, 173]

9.4.2　硬核——固定数量的扫描链

硬核是指在为系统设计测试解决方案之前，扫描链的数量和长度就已经固定的内核，也就是说给定了固定数量的扫描链。测试时间与内核中 TAM 线（封装链）数量的关系如图 9.19 所示。从图 9.19 可以清楚地看到，在某些 TAM 宽度，与较低的 TAM 宽度相比，测试时间实际上并没有减少。

Larsson[177] 在 ITC' 02 基准 p93791 中分析了测试时间、TAM 宽度和内核 11 中的扫描链数量（图 9.36）。图 9.36 绘制了测试时间（w 条 TAM 导线为

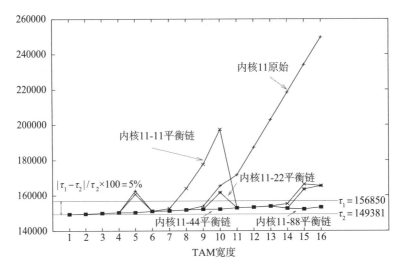

图 9.36　Larssonw 分析 p93791 中内核 11 的测试时间与 TAM 线数量的关系[177]

$\tau(w)$）乘以 TAM 线的数量（w），即（$\tau(w) \times w$）。内核 11 是 p93791 设计规范中指定的原始设计，平衡的内核 11 中的触发器被划分成 11 条平衡扫描链。平衡的内核 X 意味着扫描单元（触发器）被划分成 X 条平衡链（$X=11$、22、44 和 88）。随着扫描链数量的增加，$\tau(w) \times w$ 的线性关系越发明显。这意味着，通过仔细设计模块上的扫描链，可以实现近线性行为，调度问题就不那么重要了（如果只考虑测试时间和 TAM 线）。

9.5 集成测试调度和TAM设计

系统能否获得较短测试时间在很大程度上取决于测试调度和 TAM 设计。低带宽 TAM 以牺牲测试时间为代价降低布线成本。Larsson 等人[166, 176]提出了一种集成技术，对测试调度和 TAM 进行设计。在该方法中，考虑了以下几个约束。

9.5.1 测试时间和测试功耗

需要考虑的一个重要约束是测试功耗。测试功耗问题及其建模已在第 7 章讨论过。每个待测单元的功耗可以是固定的，也可以是非固定的。一种基于 Saxena 等人的假设的非固定测试功耗模型[241]已被 Larsson 等人[158, 159, 161, 164, 166, 176]（式（7.1））使用。

9.5.2 带宽分配

并行测试允许根据测试模块和测试资源的带宽限制，为每个测试灵活地分配带宽。内核 c_i 中逻辑块 b_{ij} 的测试 t_{ijk} 的测试时间由下式给出：

$$\tau'_{ijk} = \left\lceil \frac{\tau_{ijk}}{bw_{ij}} \right\rceil \tag{9.23}$$

测试功耗如下：

$$p'_{ijk} = p_{ijk} \times bw_{ij} \tag{9.24}$$

其中，bw_{ij} 是内核 c_i 中逻辑块 b_{ij} 的带宽[161]。

结合 TAM 成本和测试时间（式（9.23）），得到逻辑块 b_{ij} 的测试 t_{ijk} 的成本：

$$\mathrm{cost}\left(b_{ij}\right) = \sum_{\forall k} l_l \times bw_{ij} \times \beta + \tau_{ijk}/bw_{ij} \times \alpha \tag{9.25}$$

其中，$l_l = \left[source\left(t_{ijk}\right) \rightarrow c_i \rightarrow sink\left(t_{ijk}\right) \right]$；$k$ 是逻辑块中所有测试的索引。为了找到式（9.25）的最小成本，给出逻辑块 b_{ij} 的带宽 bw_{ij}：

$$\sqrt{\alpha/\beta \times \sum_{\forall k} \tau_{ijk} \Big/ \sum l_l} \tag{9.26}$$

当然，在选择 bw_{ij} 时，会考虑每个逻辑块的带宽限制。

9.5.3　测试调度

测试调度算法如图 9.37 所示。首先，确定所有逻辑块的带宽，根据关键字（时间、功耗或时间 × 功耗）对测试进行排序。当所有测试都安排好，最外层的循环终止。在内循环中，选择第一个测试，调用 create_tamplan，根据成本函数为测试选择或设计所需数量的 TAM 线。如果 TAM 很重要，则可以推迟测试以使用现有的 TAM，这是由成本函数决定的。满足所有约束条件后可以开始测试，先对 TAM 进行规划，然后对 TAM 进行优化。

```
for all blocks bandwidth = bandwidth(block)
sort the tests descending based on time, power
or timexpower
τ=0
until all tests are scheduled begin
    until a test is scheduled begin
        tamplan = create_tamplan(τ,test) // see
Figure 147 //
        τ' = τ+delay(tamplan)
        if all constraints are fulfilled then
            schedule(τ')
            execute(tam plan) // see Figure
148 //
            remove test from list
        end if
    end until
    τ=first time the next test can be sched-
uled
end until
order (tam) // see Figure  9.40 //
```

图 9.37　测试调度算法

9.5.4　TAM规划

在 TAM 规划阶段，算法会完成以下任务：

（1）创建 TAM 线。

（2）确定每个 TAM 的带宽。

（3）将测试分配给 TAM。

（4）确定每个测试的开始时间和结束时间。

与已公布的方法[164, 165]相比，测试调度算法的不同之处在于，在规划阶段，只确定 TAM 的存在，但不确定它的布线。

对一个选定的测试来说，成本函数用于评估所有选项（create_tamplan(τ', test），图 9.38）。测试开始时间（τ'）和 TAM 都是通过成本函数确定的，如果满足所有约束条件，则可以确定 TAM 的布线（tamplan）（图 9.39）。要计算利用节点延长 TAM 线的成本，需要计算额外的 TAM 线的长度。由于 TAM 上内核的顺序尚未确定，因此需要一种估计 TAM 线长度的技术。对大多数 TAM 来说，最大的布线成本来自于连接彼此最长距离的节点。其余节点可以用有限的额外成本（额外的布线）添加到 TAM 上。但是，对有大量节点的 TAM 来说，节点的数量很重要。

```
for all tams connecting the test source and test sink used
by the test, select the one with lowest total cost
  tam cost=0;
  demanded bandwidth=bandwidth(test)
  if bandwidth(test)>max bandwidth selected tam then
    demanded bandwidth=max bandwidth(tam)
    tam cost=tam cost+cost for increasing bandwith of tam;
  end if
  time=first free time(demanded bandwidth)
  sort tams ascending according to extension (τ, test)
  while more demanded bandwidth
    tam=next tam wire in this tam;
    tam cost=tam cost+cost(bus, demanded bandwidth)
    update demanded bandwidth accordingly;
  end while
  total cost=costfunction(tam cost, time, test);
```

图 9.38　TAM 评估

```
demanded bandwidth = bandwidth(test)
if bandwidth(test)>max bandwidth selected virtual tam then
  add a new tam with the exceeding bandwidth
  decrease demanded bandwidth accordingly
end if
time=first time the demanded bandwidth is free sufficient
long
sort tams in the tam ascending on extension (test)
while more demanded bandwidth
  tam=next tam in this tam;
  use the tam by adding node(test) to it, and mark it busy
  update demanded bandwidth accordingly;
end while
```

图 9.39　确定 TAM 布线

对 TAM 线长度的估计考虑两种情况。假设系统中的节点（源端测试、接收端测试和封装内核）均匀分布，即 $A=$ 宽度 × 高度 $=(N_x \times \Delta) \times (N_y \times \Delta)=N_x \times N_y \times \Delta^2$，其中，$N_x$ 和 N_y 分别代表 x 轴和 y 轴的内核数。两个节点之间的平均距离 Δ 的计算公式为

$$\Delta = \sqrt{A/\left(N_x \times N_y\right)} \qquad (9.27)$$

具有 k 个节点的 TAM 线 w_i 的估计长度 el_i 为

$$el_i = \max_{1 \le j \le k}\left[l\left(n_{\text{source}} \to n_j \to n_{\text{sink}}\right), \Delta \times (k+1)\right] \qquad (9.28)$$

也就是说，计算最长 TAM 线的长度和所有节点平均距离之和的最大值。例如，设 n_{furthest} 是最长 TAM 线的节点，n_{new} 是要添加的节点，则插入 n_{new} 后的预估布线长度由式（9.29）给出：

$$el_i' = \max\left\{\begin{array}{c} \min\left[\begin{array}{c} l\left(n_{\text{source}} \to n_{\text{new}} \to n_{\text{furthest}} \to n_{\text{sink}}\right) \\ l\left(n_{\text{source}} \to n_{\text{furthest}} \to n_{\text{new}} \to n_{\text{sink}}\right) \end{array}\right] \\ \Delta \times (k+2) \end{array}\right\} \qquad (9.29)$$

对 TAM 来说，为了实现所需带宽，延长是指 TAM 中所有 TAM 线延长的总和。测试 t_{ijk} 的 TAM 选择基于成本最低的 TAM，具体如下：

$$\left(el_1' - el_1\right) \times \beta + \text{delay}\left(\text{tam}_1, t_{ijk}\right) \times \alpha \qquad (9.30)$$

使用成本函数，可以在添加新的 TAM 和推迟现有 TAM 上的测试之间进行权衡。对于新创建的 TAM，测试延迟为 0（因为 TAM 上没有安排其他测试，测试可以在时间 0 开始），即 $\text{newcost}(t_{ijk}) = l\left[source(t_j) \to c_i \to sink(t_j)\right] \times \beta$。

9.5.5　TAM优化

创建系统的 TAM 线路，将每个测试都分配给一个 TAM，确定 TAM 带宽，并以不违反冲突和限制的方式为每个测试指定开始时间和结束时间。本节，我们讨论图 9.37 中的 TAM 优化，即 order(tam)。该方法基于 Caseau 和 Laburthe[38] 提出算法并在其基础上进行了简化。用 TG → [A, D] → SA 表示将内核 A 和内核 D 分配给同一个 TAM，但没有确定 [A, D] 的顺序（见式（9.25）），这就是本节的目标。

$$n_{\text{source}} \to n_1 \to n_2 \cdots \to n_n \to n_{\text{sink}} \qquad (9.31)$$

式（9.31）表示从 n_{source}（源端测试）到 n_{sink}（接收端测试）的 TAM 按 n_{source}，n_1，n_2，$\cdots$，n_n，n_{sink} 的顺序连接内核。

TAM 优化算法如图 9.40 所示。该算法适用于每个 TAM，最初在每种情况下，TAM 的节点（源端测试、封装内核和接收端测试）都会根据式（9.32）按照降序进行排序：

$$\text{dist}\left(n_{\text{source}},n_i\right)+\text{dist}\left(n_i,n_{\text{sink}}\right) \tag{9.32}$$

其中，函数 dist 给出两个内核之间的距离，或源端测试和内核之间的距离，或内核和接收端测试之间的距离，即

$$\text{dist}\left(n_i,n_j\right)=\sqrt{\left(x_i-x_j\right)^2+\left(y_i-y_j\right)^2} \tag{9.33}$$

首先，连接源端测试和接收端测试（图 9.40）。在要连接的节点列表的循环中，以式（9.34）的方式移除每个节点，然后添加到最终的列表中，从而使 TAM 布线距离最小化：

$$\min\left[\text{dist}\left(n_i,n_{\text{new}}\right)+\text{dist}\left(n_{\text{new}},n_{i+1}\right)-\text{dist}\left(n_i,n_{i+1}\right)\right] \tag{9.34}$$

其中，$1 \leqslant i < n$（TAM 上的所有节点）。

```
add test source and test sink to a final list
sort all cores descending according to Eq. 9.34
while cores left in the list
  remove first node from list and insert in the final list
  insert direct after the position where Eq. 9.32 is fulfilled
end while
```

图 9.40 TAM 的布线优化

有关上述方法的更多详细信息，请参阅第 11 章和第 12 章。

9.6 测试设计流程中的集成内核选择

基于内核的设计流程通常是从选择内核开始，然后设计测试解决方案，最后在生产之后对系统进行测试（图 9.41(a)）。在内核选择阶段，内核集成商选择适当的内核实现系统的预期功能。对于每个功能，都有许多内核可以选择，每个候选内核都有其规范，关于性能、功耗、面积和测试特性等。内核集成商

通过探索设计空间（搜索和组合内核）优化 SoC。一旦系统固定（内核选择完成），内核集成商就会设计 TAM 并根据每个内核的测试规范安排测试。在这样的设计流程中（图 9.41(a)），设计测试解决方案是内核选择后的下一个步骤。但是，即使每个内核的规范都是高度优化的，作为一个系统集成时，系统的全局测试解决方案很可能并没有高度优化。

另一方面，图 9.41(b) 中的设计流程将内核选择与设计测试解决方案整合在一起，在设计测试解决方案时就考虑内核选择带来的影响。在这样的设计流程中，考虑了全局系统对内核选择产生的影响，其优点是可以开发出更优化的测试解决方案。

图 9.41(b) 中的系统设计流程如图 9.42 所示，其中的内核类型在系统中是平面的，但还没有决定选择哪个内核用于设计。对于每个功能，都可能有多个内核满足要求。例如，对于 cpu_x，在图 9.42 中就有 3 个可选的处理器内核（cpu1、cpu2 和 cpu3）。

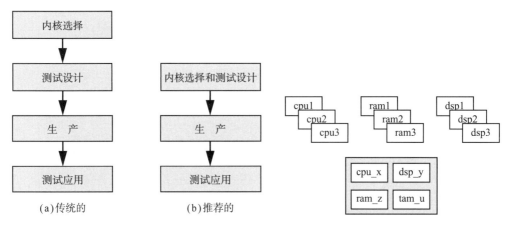

图 9.41　基于内核的设计环境中的设计流程　　图 9.42　系统设计

在 Larsson 等人[166, 176]提出的建模技术中，测试规范可以很灵活。每个待测单元有多个测试集，每个测试集都以一种很灵活的方式进行建模。例如，一个待测单元可以通过 3 个测试集进行测试。每个测试集对测试时间、测试功耗和测试资源（源端测试和接收端测试）都有自己的规范。例如，可以指定具有外部源端测试和内部接收端测试的测试。但是，每个待测单元都有其特定的测试。Larsson[175, 177]提出了一种技术，为每个待测单元都指定了一组测试集。这意味着每个待测单元都应该选择一个测试集。图 9.43 给出了示例。待测单元模块 B1 可以通过两个测试集 tB1.1、tB1.2，或通过测试集 tB1.3 进行测试。

```
[Blocks]
  #name        idle_pwr   pwr_grid      test_sets {} {} ...{}
  blockA1 0    p_grd1 { tA1.1 }{ tA1.2, tA1.3}
  blockA2 0    p_grd1 { tA2.1 }{ tA2.2 }
  blockB1 5    p_grd1 { tB1.1 tB1.2 } { tB1.3 }
```

图 9.43　允许选择测试集的扩展

Larsson[175, 177]的方法如图 9.44 所示，该方法的步骤如下：

（1）创建初始解决方案。

（2）测试调度和 TAM 设计。

（3）限制资源的标识。

（4）修改设计。

```
Create initial solution
  Do {
    Create test schedule and TAM
    Find limiting resources
    Modify tests at limiting resources
} Until no improvement is found
Return best solution
```

图 9.44　集成在测试方案设计中的内核选择

通过为每个待测单元选择最佳测试集来创建初始解决方案，在选择的过程中仅考虑测试集本身，也就是说站在局部视角创建初始解决方案。

创建初始解决方案之后，每个待测单元都有自己的测试，测试和 TAM 都有待设计。在设计时使用 Larsson 等人的方法[166, 176]。

要找出瓶颈或者限制资源。一个面向机器的甘特图，其中资源是机器，进程是测试，可以用来显示进程在机器上的分配[23]。如图 9.45 所示，测试 B2 需要 TG：r2 和 TRE：s2，TG：R2 和 TRE：S2 没有对解决方案产生限制，而所有使用程度超过 τ_{opt} 的资源都对解决方案产生了限制。源端测试 TG：r1 是关键，其次是接收端测试 TRE：s1。这两个测试资源显然是用于修改的候选资源。

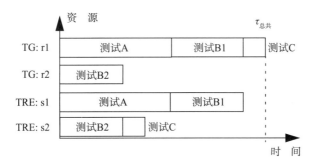

图 9.45　面向机器的甘特图[23]

对于使用限制资源的测试，TAM、测试集修改及一些新的扩展都是通过调整带宽实现的。对解决方案的改进会一直继续，直到找不到更好的解决方案为止（图 9.44）。

有关上述方法的更多详细信息，请参阅第 13 章。

9.7　进一步研究

我们已经讨论了测试调度、测试结构 (TAM)、测试冲突和测试功耗的影响。

9.7.1　结合测试时间与TAM设计最小化

接下来，在第 11 章和第 12 章中，将介绍测试时间成本和 TAM 布线成本最小化的技术。

9.7.2　测试设计流程中的内核选择

Larsson 提出了一种技术，其中系统的测试集尚未确定，见第 13 章。技术的主要思想是将已经处于内核集成阶段的测试解决方案设计包括在内。每个内核都有自己的性能规格、功耗规格，以及测试规格。为了用最小的成本（测试时间和 TAM 布线成本）设计测试解决方案，应该从系统级的角度考虑内核的选择、测试资源的划分和配置。之所以需要系统级的观点，是因为内核级的解决方案不会显示对整个系统的影响。

9.7.3　缺陷导向的测试调度

在大批量生产中，需要测试大量系统。有些是存在故障的，而只有无故障的（正确的）系统才能使用。在系统出现故障的情况下，不需要施加完所有测试再终止测试，而是在故障出现时立即终止测试，即失败就中止。因此，应该先测试高故障概率的内核，然后再测试较低故障概率的内核。中心思想就是将预期测试时间降至最低。

在第 14 章，给出了计算不同测试结构预期测试时间的公式，并通过实验说明了考虑每个待测单元（内核）的缺陷概率的重要性。在第 15 章，提出了一种在最大化测试质量的同时满足时间约束的系统测试集选择方法。

第3部分　SoC测试应用

第3部分是以下长论文的集锦:

- 第10章　"可重构的功耗敏感型内核封装器"基于国际测试会议(ITC' 03)[171]、亚洲测试研讨会(ATS' 03)[172],以及RTL和高级测试研讨会WRTLT' 02[167]上的论文。

- 第11章　"用于设计和优化SoC测试解决方案的综合框架",基于2001年欧洲设计自动化和测试(DATE)[158]、2001年计算机辅助设计国际会议(ICCAD)[160]和2002年电子测试:理论和应用杂志(JETTA)[164,165]上的论文。

- 第12章　"基于内核设计的高效测试解决方案"基于2002年亚洲测试研讨会(ATS)[166]和2004年计算机辅助集成电路设计学报[176]上的论文。

- 第13章　"片上系统测试解决方案设计流程中的内核选择"基于2004年国际测试资源研讨会(TRP)[175]和2004年国际测试会议(ITC)[177]上的论文。

- 第14章　"缺陷检测与测试调度"基于2003年国际测试综合研讨会(ITSW' 03)[168]、2003年电子电路和系统的设计与诊断(DDECS' 03)[169]和VLSI测试研讨会(VTS' 04)[174]上的论文。

- 第15章　"ATE内存约束下的测试向量选择和测试调度集成"基于一项提交给2004年亚洲测试研讨会(ATS)的工作[57]。

第10章 可重构的功耗敏感性内核封装器[1]

10.1 引 言[2]

在为基于内核的设计开发测试解决方案时,测试功耗和测试时间最小化(测试调度)已成为主要挑战。测试期间的功耗通常很高,因为我们希望在最短的时间内激活尽可能多的故障,如果为了缩短测试时间而同时安排很多测试,测试功耗也会增加。在本章,我们将证明测试访问机制 (TAM) 的测试调度等价于同一台机器上的独立进程调度,并利用已有的抢占式测试调度算法和可重构的内核封装器在线性时间内产生最优解。另外我们还提出了一种新的可重构功耗敏感型内核测试封装器,并讨论了其在优化功耗受限的片上系统测试调度中的应用。我们提出的这种封装器优点在于对每个内核都允许有可变数量的封装链,以及能够为每个内核选择适当的测试功耗。我们的调度技术会产生针对测试时间的最优解决方案,并以一种系统的方式选择封装器配置,从而最小化 TAM 布线和封装器逻辑成本。目前我们已经实现了该技术,实验结果表明方法是有效的。实验结果与理论计算下限相差不到 3%。

由于测试复杂 SoC(片上系统)所需的测试数据量不断增加,因此需要的测试时间较长。通过并行测试可以缩短测试时间,但必须考虑约束和功耗限制。并行测试导致系统的活跃度更高,从而产生更高的测试功耗。高测试功耗和测试时间最小化问题可以通过以下方法来解决:

(1)使用低功耗测试,测试系统的设计可以最大限度地减少测试功耗,从而允许在更高的时钟频率进行测试[68, 207, 230, 241]。

(2)测试调度,在考虑测试功耗限制和测试冲突的同时,以最小化测试时间的方式来组织测试[5, 41, 75, 74, 73, 100, 115, 113, 112, 114, 140, 141, 164]。

基于内核的设计由预定义的核心逻辑块、UDL(用户自定义逻辑)模块和

---

1)本章内容基于国际测试会议(ITC' 03)[171]、亚洲测试研讨会(ATS' 03)[72],以及 RTL 和高水平测试研讨会 WRLT' 02[167]上的论文。

2)这部分内容得到瑞典国家项目 STRINGENT 的支持。

互连组成。从测试的角度来看，所有待测单元，即核心逻辑块、UDL 模块和互连，都被定义为内核。TAM（测试访问机制）是连接 ATE（自动测试设备）和待测内核的一组线路，负责测试数据的传输。封装器是 TAM 和内核之间的接口，它可以处于三种模式：正常运行模式、内部测试模式或外部测试模式。内核可以被封装或解封装，也就是说，系统有两种类型的测试，封装内核的测试和未封装内核的交叉内核测试（互连测试）[191]。

在本章，我们提出了一种可重构的功耗敏感型（RPC）内核测试封装器。其优点是可以在内核层面调节测试功耗。我们还描述了 RPC 内核封装器在优化测试调度中的应用。本章的主要贡献如下：

（1）证明在 TAM 上对封装内核进行测试调度的问题等价于在同一台机器上的独立进程调度。

（2）使用可重构封装器[140]利用抢占式测试调度在线性时间[23]内产生有最佳测试时间的解决方案。

（3）扩展调度算法，处理封装内核测试和跨内核测试，同时在线性时间内产生最优解。

（4）结合 Saxena 等人[241]提出的门控子链方案和 Koranne[140]提出的可重构内核测试封装器，开发 RPC 内核测试封装器。

（5）将 RPC 内核测试封装器集成到抢占式测试调度方法中。

（6）制定一个功耗条件，如果满足，则确保抢占式测试调度方案能够为系统产生最优的测试时间。

RPC 内核测试封装器的主要优势是：

（1）可以在线性时间内获得最优测试时间。

（2）通过为每个内核分配最少的 TAM 线路来最小化 TAM 布线。

（3）以系统的方式选择并插入可重构封装器，以最小化配置的数量，从而最小化额外添加的逻辑块。

（4）可以单独调节每个内核的测试功耗，从而提高测试时钟速度。

（5）可以在系统层面调节测试功耗，测试功耗应保持在给定值内，以降低因过热损坏被测系统的风险。

（6）可以选择最佳的 TAM 尺寸。

（7）最小化 TAM 布线及使用 RPC 内核测试封装器的成本。

本章其余部分组织如下。10.2 节回顾了背景和相关工作，10.3 节介绍了可重构功耗敏感型测试封装器，10.4 节提出基于抢占式调度算法的最优抢占式测试调度技术[23]。在实验中，我们将可重构功耗敏感型测试封装器与以前的方法进行比较，并说明封装器的优点以及它在 10.5 节提出的调度方法中的使用。最后在 10.6 节给出结论。

10.2　背景和相关工作

图 10.1 给出了一个基于内核的系统示例，该系统由 5 个内核、一个 TAM 和一个 ATE（用作源端测试和接收端测试）组成。存储测试激励的源端测试和保存测试响应的接收端测试连接到 N_{tam} 条线宽的 TAM 上。源端测试通过 TAM 将测试激励灌入内核，内核产生的测试响应经由 TAM 传送至接收端测试。每个内核都有一种测试方式，例如，内核 1 会进行扫描测试。封装器是内核和 TAM 之间的接口，它的主要任务是将扫描链和内核中的封装器单元连接成一组封装链，这些封装链会连接到 TAM 上。有的内核有专用的封装器（例如，内核 1、2 和 3），称为封装内核，而没有专用封装器的内核（例如，内核 4、5）则称为未封装内核。内核测试是在封装内核上进行的测试，而跨内核测试则是在未封装内核上进行的测试。因此，内核测试和跨内核测试的执行是不同的。内核通过将其封装单元置于内部测试模式来执行内核测试，测试激励经由 TAM 直接从源端测试传送至内核。测试响应通过 TAM 从内核传送至接收端测试。未封装内核的测试（如图 10.1 中的内核 4），即跨内核测试，要求内核 1 的封装器和内核 2 的封装器都置于外部测试模式。然后，将测试激励从 TAM 的源端测试经由内核 1 的封装单元传送到内核 4。测试响应从内核 4 经由内核 2 的封装单元和 TAM 传送至接收端测试。

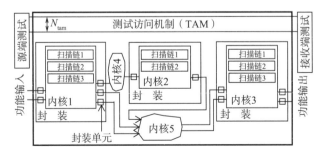

图 10.1　具有三个封装内核（1、2、3）和两个未封装内核（4、5）的示例系统

　　在图 10.1 的示例中，内核 1 和内核 4 的测试不能同时执行，因为这两个测试都需要内核 1 的封装器，但是封装器一次只能处于一种模式。一般来说，在测试调度过程中，必须考虑这样的测试冲突。测试冲突主要有两种类型：TAM 布线冲突和内核封装器冲突。

　　目前已经提出了几种测试调度技术[5, 41, 75, 74, 73, 100, 115, 113, 112, 114, 140, 141, 167, 164]。Chou 等人提出了一种适用于一般系统的技术，其中每次测试都有固定的测试时间和固定的测试功耗[41]。目标是在考虑测试冲突和测试功耗限制的同时，以最小化总测试时间的方式来组织测试[41]。测试时间通常可以修改。例如，在扫描测试中，可以通过调整配置扫描单元封装链的数量来修改内核的测试时间。内核中如果封装链数量不多，会减少占用的 TAM 线的数量，但代价是测试时间较长，反之亦然。目前已经提出了几种封装链配置和 TAM 线路分配算法，以最小化封装内核的测试时间[75, 74, 73, 100, 115, 113, 112, 114, 140, 141]。例如，Iyengar 等人[113]使用了 ILP（整数线性规划）方法。Koranne[140]引入一种可重构的封装器，其优点是允许每个封装内核都配置 N_{tam} 条封装链。为了最小化由于引入可重构封装器而增加的成本，在安排测试之前可以选择部分内核拥有可重构封装器。SoC 封装器配置困难的根本原因是测试时间与封装链的数量不成线性关系。图 10.2 显示了测试时间与封装链数量的关系，测试时间随着封装链数量的增加而减少。但是，它不是一个严格的线性函数，而是一个阶梯函数，其中某些点（封装链的数量）不会缩短测试时间。

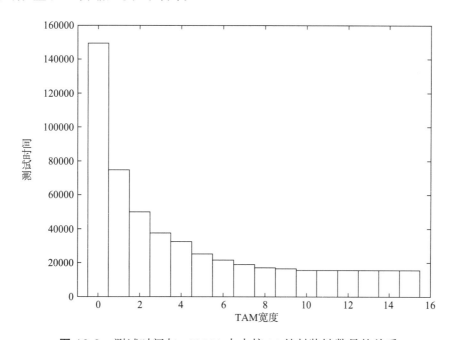

图 10.2　测试时间与 p93791 中内核 11 处封装链数量的关系

Iyengar 等人[115] 和 Huang 等人[100] 提出了几种在测试功耗限制下内核测试的调度技术，其中每次测试的功耗都是固定的。Nicolai 和 Al-Hashimi[207] 提出了一种将无用开关的数量降至最低的技术，Gerstendörfer 和 Wunderlich[68] 提出了一种在移位过程中断开扫描链与组合逻辑单元的技术，这两种技术都可以降低测试功耗，从而通过使用更高的时钟频率来缩短测试时间。出于同样的目的，Saxena 等人[241] 提出了一种门控子链方法。

10.3　可重构的功耗敏感型内核封装器

本文提出的 RPC 内核测试封装器结合了 Saxena 等人[241] 提出的门控子链方法和 Koranne[140] 提出的可重构封装器。Saxena 等人[241] 方法的基本思想是采用门控方案降低移位过程中的测试功耗。在图 10.3 中给出了一组扫描链，其中 3 条扫描链连接成一条单链。在移位过程中，所有扫描触发器都被激活，使得系统中的开关活跃度变高，从而导致高功耗。如果引入门控子链方案（图 10.4），则在移位过程中，3 条扫描链只有一条是激活的。这样做的优点是在扫描链和时钟树分布中减少开关活动，但是测试时间保持不变[241]。

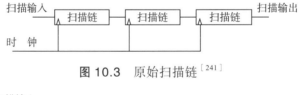

图 10.3　原始扫描链[241]

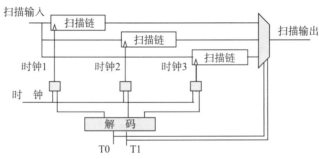

图 10.4　具有门控子链的扫描链[241]

与边界扫描、测试壳和 P1500 等方法不同，Koranne 提出的封装器允许多种封装链配置[140]。这样做主要的优点是在调度过程中增加灵活性。我们用一个具有 3 条扫描链的内核来说明该方法，这 3 条扫描链的长度分别为 {10，5，4}。这 3 条扫描链及其在封装链中的划分见表 10.1。

表 10.1　扫描链分区

TAM 宽度	封装链分区	最大长度
1	[10, 5, 4]	19
2	[(10), (5, 4)]	10
3	[(10), (5), (4)]	10

　　为每个 TAM 宽度（1、2 和 3）生成有向图（di-graph），其中，节点表示扫描链，节点 I 表示 TAM 输入（图 10.5）。在两个节点（扫描链）之间添加一条连线，表示两条扫描链已连接，阴影节点连接 TAM 输出。组合有向图是各单位有向图的结合。图 10.6 给出了将图 10.5 中 3 个有向图联合起来生成的组合有向图。组合有向图中每个节点（扫描链）的索引值给出了需要多路复用的信号数量。例如，长度为 5 的扫描链有两个输入，意味着多路复用器需要在 TAM 输入信号和长度为 10 的扫描链的输出之间进行选择。该示例的多路复用策略如图 10.7 所示。

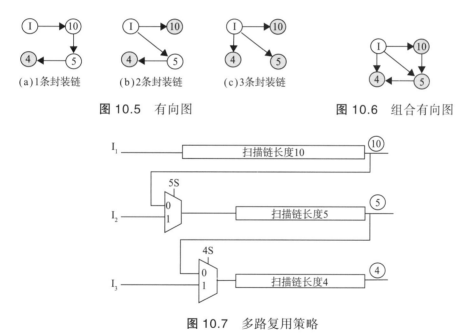

(a)1条封装链　　　(b)2条封装链　　　(c)3条封装链

图 10.5　有向图　　　　　　　　　图 10.6　组合有向图

图 10.7　多路复用策略

　　我们的方法分为两个步骤进行。首先，使用 Koranne 的方法生成可重构的封装器。其次，增加时钟门控，也就是说，将每条扫描链的输入连接到多路复用器上，并与 Koranne 提出的方法中连接每条扫描链的输出进行比较。使用表 10.1 中指定的扫描链来说明我们的方法。结果如图 10.8 所示，生成的控制信号见表 10.2。

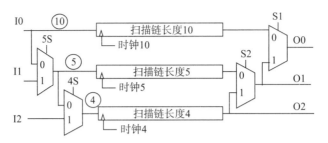

图 10.8　多路复用和时钟策略

表 10.2　控制信号

封装链	I0 I1 I2	5S 4S	S1 S2	时钟 10、时钟 5、时钟 4
3	0 0 0	1 1	0 0	1 1 1
2	0 0 1	1 x	0 0	1 0 0
	0 1 0	1 0	0 1	0 1 1
1	0 1 1	x x	0 x	1 0 0
	1 0 0	0 x	1 0	0 1 0
	1 0 1	0 0	1 1	0 0 1

此方法的优势在于，可以控制每个内核的测试功耗，并且不需要 Koranne 方法中的额外 TAM 布线，如图 10.9 所示。

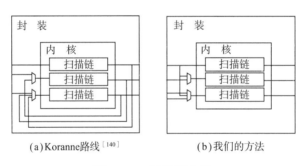

(a) Koranne 路线[140]　　　　　　(b) 我们的方法

图 10.9　封装器布线

可以在所有内核上使用 RPC 内核测试封装器，这会大大增加灵活性，因为我们可以重新配置封装器的封装器。但是，为了最大限度地降低成本，我们将从系统的角度选择内核和每个内核配置的封装器数量。

10.4　最佳测试调度

本节介绍功耗限制测试调度技术，该技术在安排内核测试和跨内核测试的同时，还可以在线性时间内产生最佳测试时间。另外，该方法还可以选择封装器配置。

10.4.1　内核测试的最佳测试调度

内核测试的测试调度问题等价于一台机器上的独立进程调度问题，因为内核 c_i（$i=1, \cdots, n$）中每个测试 t_i 的测试时间 τ_i 都独立于其他内核测试，并且每条 TAM 线 w_j（$j=1, 2, \cdots, N_{\text{tam}}$）都是独立传输测试数据[167]。对于给定的 TAM 宽度 N_{tam}，测试时间的 LB（下限）可以通过下式[23]计算：

$$LB = \max\left[\max(\tau_i), \sum_{i=1}^{n} \tau_i / N_{\text{tam}}\right] \qquad （10.1）$$

可以用抢占式测试调度算法在线性时间内（n 次测试就是 $O(n)$）解决一台机器上的独立进程调度问题[23]，依次给 TAM 线分配测试，可以以任意顺序进行分配，只要达到 LB 就将测试抢先分成两部分。将第二部分测试分配给从时间点 0 开始的下一条 TAM 线路。

用一个例子（图 10.10）来说明这个方法，该示例给出了 5 个内核及其测试时间。计算 LB 为 7（式（10.1）），由于所有测试的 $\tau_i \leqslant LB$，所以任何被抢占测试的两部分将不会重叠。调度过程如下，逐个进行测试，例如，从 c_1 的测试开始，该测试在线路 w_1 上时间点 0 处进行。在时间点 4，c_1 的测试完成，c_2 的测试开始。到达 LB，即时间点 7 时，将 c_2 的测试抢先分成两部分，安排其余测试在线路 w_2 上的时间 0 处开始。执行 c_2 的测试时，测试在线路 w_2 上的时间点 0 开始。在时间点 2，测试被抢占，在时间点 4 恢复。测试在时间点 7 结束。在测试被抢占时，将另一条线路分配给内核，并添加多路复用器用于线路选择。对 c_2 的测试来说，增加了多路复用器在 w_1 和 w_2 之间进行选择。

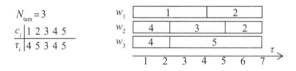

图 10.10　测试 t_2 不能中断的最优 TAM 分配和抢占式测试调度

在一般抢占式测试调度中，由于需要设置进程并保存其状态，所以会在每个抢占点处引入额外时间。在我们的例子中，机器就是 TAM 线路，不需要额外的时间来设置和保存状态。此外，在测试过程中，内核中除了测试之外不执行其他任务，即内核的状态可以保持不变。这样做的好处是，内核的状态已经设置完毕，可以立即开始测试。

假设一个内核中有一条长度为 l 的封装链（需要 l 个时间周期来执行新测试向量的移入和先前测试响应的移出）。如果在移入 l 个时间周期的 $x\%$ 时抢占测试，意味着当测试重新开始时，已经加载了 $x\%$ 的新测试向量，并且第一个移位过程所需要的时间周期减少了 $x\%$，即不存在由于设置和保存内核状态而产生的时间成本，所有测试都可以在 LB 处停止。

最后，在某些情况下，对于某些类型的存储器，例如 DRAM，测试不能被抢占。例如，假设测试 t_2 不能如图 10.10 所示一样被抢占。在这种情况下，达到 LB 时，抢占式测试调度算法在 LB 处（而不是在时间点 0 处）重新开始并向时间点 0 移动，调度结果如图 10.11 所示。请注意，测试 t_2 现在在时间点 4 ~ 5 期间使用一条线路，在时间点 5 ~ 7 期间使用两条线路，这就可以使用可重构的封装器了。下面将进一步讨论这种重叠。

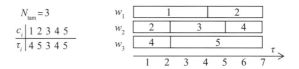

图 10.11　最优 TAM 分配和抢占式测试调度

10.4.2　最佳TAM利用率的转换

对系统中的一项测试来说，较长的测试时间可能会限制解决方案的生成，因为 LB 是由测试时间（式（10.1）中的 $\max(\tau_i)$）给出的。在这种情况下，可以通过分配更多的 TAM 线路来缩短测试时间，从而使封装链的长度变短。我们的方法很直接，从式（10.1）中去掉 $\max(\tau_i)$：

$$LB = \max \sum_{i=1}^{n} \tau_i / N_{tam} \qquad (10.2)$$

计算 LB 时，我们使用前述抢占式测试调度算法（图 10.10）。为了方便说明，我们使用相同的示例，但使用了更宽的 TAM（$N_{tam}=7$）。调度结果如图 10.12 所示。现在可以在使用线路（机器）时重叠测试。例如，测试 c_1 在时间点 0 ~ 1 期间使用线路 w_1 和 w_2，在时间点 1 ~ 3 期间仅使用线路 w_1。需要可重构的封装器来解决该问题。

通过两个步骤来解决重叠问题，即划分测试和插入可重构的封装器。在将 TAM 线路分配给所有测试之后，先确定分区，如图 10.12 所示。例如，对于 c_2 的测试，在测试的第一部分使用线路 w_3，第二部分使用线路 w_2 和 w_3。由此可以确定最初需要两条封装链，然后需要一条封装链。总而言之，内核 c_2 需要两种配置。图 10.13 给出了一个测试在测试时间内使用线路的一般划分。针对每个测试，算法分别指定开始时间 start_i 和结束时间 end_i。分区的数量就是配置

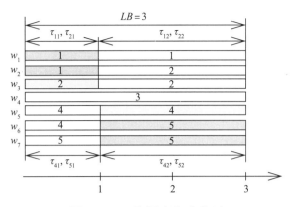

图 10.12　将调度方式分区

封装器的数量，每个测试的分区数量通过图 10.14 中的算法来计算。如果测试 t_i 的测试时间 τ_i 低于 LB，则只需要一种配置。如果 $\text{start}_i > \text{end}_i$，则可能需要多路复用器来进行线路选择。从算法中我们发现每个测试的最大分区数量是 3 个，这意味着在最糟糕的情况下，必须在每个内核使用 3 种配置。封装器尺寸在 $|C| \times 3 \times$ 技术参数的范围内（每个内核最多 3 种配置）。Koranne[140] 的方法，如果在所有内核中都添加可重构封装器，则添加的封装器尺寸由 $|C| \times N_{\text{tam}} \times$ 技术参数给出。

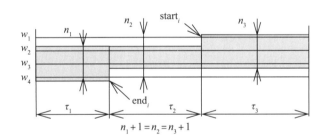

图 10.13　一般测试的带宽要求

抢占式测试调度算法假设机器上可以分配进程，并且进程时间随着机器数量的增加而线性减少。在测试中，这意味着测试时间会随着封装链数量的增加而线性减少。然而，如图 10.2 所示，在某些点，测试时间并不会随着封装链数量的增加而减少。一个主要原因是扫描链不平衡。进一步研究测试时间与封装链数量的关系，我们从设计 p93791 中提取内核 11，绘制线性测试时间的差异（x 条 TAM 线就是 $(\tau_x - \tau_1)/x$，其中，τ_1 是单条 TAM 线的测试时间），如图 10.15 所示。随着封装器数量的增加，与"测试时间是线性的"这一假设的差异也在增加。但是，请注意，当封装器的数量很少时，这个差异非常小，也就是说，一个有效的测试调度技术应该利用尽可能少的封装器。

```
for all t_i begin
  if τ_i ≤ LB then begin
    if start_i ≤ end_i then begin
      no pre-emption for t_i → no wrapper logic is added.
    end else begin
      the test is split into two parts at different wires →
      1 multiplexer is inserted.
    end
  end else begin
    if start_i ≤ end_i then begin
      one configuration needed from time point 0 to start_i,
      one configuration needed from time point start_i to end_i,
      one configuration needed from time point end_i to LB,
    end else begin
      one configuration needed from time point 0 to end_i,
      one configuration needed from time point end_i to start,
      one configuration needed from time point start_i to LB,
    end
  end
end
```

图 10.14 确定封装器逻辑的算法

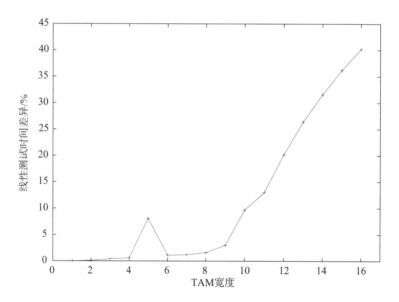

图 10.15 内核 11 在一组 TAM 宽度（封装器）上的测试时间

10.4.3 跨内核的测试调度

在内核测试中没有封装器冲突，因为每个内核都有专门的 TAM 接口。而对跨内核测试来说，没有专门的 TAM 接口，因此，必须考虑封装器冲突。

测试冲突可以用资源图来建模[41]。图 10.1 中的系统可以建模为图 10.16 中的资源图，其中的节点代表测试和资源。一个资源可以由内核和封装单元组成，这些单元很明确地被捕获。测试和资源（内核或封装单元）之间的连线表示在测试期间需要该资源。测试冲突是由于封装单元在同一时间只能处于一种模式，在内核测试阶段，封装单元为内部测试模式，而在跨内核测试阶段，则处于外部测试模式。在图 10.16 中，我们用（i）表示内核测试的内部测试模式，用（e）表示跨内核测试的外部测试模式。把该图分成两个资源图，一个用于内核测试，一个用于跨内核测试，这样就可以用 10.4.1 节的算法来安排所有内核测试。

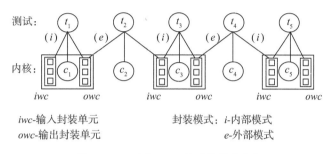

图 10.16　图 10.1 的系统资源图

对于跨内核测试，测试向量从 TAM 传送至置于外部测试模式的封装内核，再将测试向量传送至未封装内核（跨内核测试的目标）。测试响应在同样处于外部测试模式的封装内核中被捕获，然后被传送至 TAM。因此，一个跨内核测试会涉及 3 个内核。在图 10.1 中，通过将 c_1 和 c_2 的封装器设置为外部测试模式，在 c_4 进行跨内核测试，然后通过 c_1 的封装器将测试向量传送至 c_4，用 c_2 的封装器将 c_4 的测试响应传送到 TAM。这里展示了一对一映射的跨内核测试，c_1 的功能输出封装单元通过 c_4 连接到 c_2 的功能输入封装单元。

封装器输入单元和输出单元还有其他几种映射组合，包括一对多、多对一和多对多。这些映射涵盖所有组合，每个功能输入封装单元和功能输出封装单元只能出现在一个映射中，以及只能出现在一个测试集中。例如，在图 10.1 中，c_1 的功能输出封装单元不能既和 c_5 的功能输入封装单元在同一个测试集中，又和 c_3 的功能输入封装单元在另一个测试集中。但是，c_1 的功能输入封装单元可以与 c_3 和 c_5 的功能输入封装单元在同一个测试集中。某些情况下，一个封装内核的功能输入和功能输出可以连接到不同的内核。图 10.1 就给出了这样一个例子，c_1 的输出被划分为两组，一组由 c_2 和 c_4 使用，另一组由 c_3 和 c_5 使用。当封装器处于外部测试模式时，这些分区独立运行，不存在冲突。

我们在前面讲过，将测试划分为两个不同的阶段，即内核测试和跨内核测试，可以消除内核测试集和跨内核测试集之间的封装冲突。利用这一特性，将测试调度分为两个独立的部分，内核测试和跨内核测试。测试分区意味着将测试分为由 LB_{ct} 给出的内核测试部分和由 LB_{ict} 给出的跨内核测试部分。为了说明问题，我们以图 10.12 为例，假设 c_2 和 c_4 的测试是跨内核测试，执行 c_2 的测试需要并行 c_1 和 c_3 的测试，执行 C_4 的测试需要并行 c_3 和 c_5 的测试。内核测试在内核 c_1、c_3、c_5 中进行，跨内核测试则在内核 c_2、c_4 中进行。内核测试的下限 $LB_{ct} = (4+3+5)/3 = 4$，跨内核测试的下限 $LB_{ict} = (5+4)/3 = 3$，即 $LB = LB_{ct} + LB_{ict}$。图 10.17 中给出了一种测试调度方式。

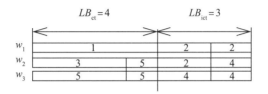

图 10.17　图 10.12 中调度方式分区

测试调度算法由以下 4 步构成：

（1）计算内核测试的下限 LB_{ct}。

（2）安排所有内核测试。

（3）计算跨内核测试的下限 LB_{ict}。

（4）安排所有跨内核测试。

该算法首先选择一个内核，在时间点 0 将其分配给 TAM 线路 0。如果内核的测试时间高于 LB，则使用新线路。测试时间不断减少，直到为 0，每次达到 LB，都会有一条新线路加入到测试中。创建分区时会使用测试的开始时间和结束时间。我们观察到，LB 定义了总测试时间，同时所有 TAM 线路都得到了充分利用，所有测试都在同一时间结束（图 10.12）。也就是说，即使将测试划分为两个分区（内核测试和跨内核测试），仍然可以产生最佳解决方案。

10.4.4　最佳功耗约束调度

Chou 等人引入了一个功耗模型，其中每个测试都用一个固定的功耗[41]。最近，Rosinger 等人[231] 提出了一个更详细的模型，功耗取决于电路中的开关活动，减少开关活动，功耗就会降低。Saxena 等人[241] 通过实验证明，将一条单一的扫描链细分为 3 条子链可以将测试功耗降低到大约三分之一。Rosinger 等人提出了一种同时降低移位和捕获功耗的技术。实验结果表明，在大多数情况下，功耗低于单一封装链的功耗除以分区数量的直观近似值[230]。在本章，我们使用基于 Saxena 等人实验结果的功耗模型，功耗取决于封装链分区的数量和长度。在我们的方法中可以很容易地采用一个更详细的功耗模型。

我们用一个例子来说明扫描链层面的测试功耗建模（图 10.18）。在图 10.18(a) 的内核中，3 条扫描链构成一条单一的封装链，给这条单一封装链分配一条 TAM 线。其结果是，虽然使用的线路最少，但测试时间和测试功耗都相对较高。在图 10.18(b) 中，使用 3 条 TAM 线（每条扫描链一条 TAM 线），使得测试时间减少，但测试功耗与图 10.18(a) 相同。最后，在图 10.18(c) 中，使用我们的方法实现了与图 10.18(a) 相同的测试时间，但测试功耗更低。这个例子中测试功耗的降低是由于每条扫描链都是按顺序加载的，而且每次激活的扫描链不超过一个。

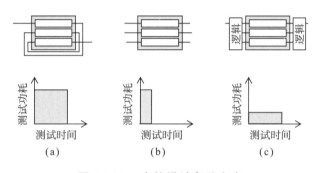

图 10.18　内核设计备选方案

我们的测试调度技术[167]通过给每个内核分配尽可能少的线，使每个内核的 TAM 线的数量最小化。这意味着每条封装链都包含大量扫描单元。这是一个优势，因为它最大限度地提高了在每条封装链上对扫描链进行把关的可能性，从而控制内核的测试功耗。

我们假设一个内核的测试功耗是均匀分布在扫描单元上的。计算一个系统功耗极限（P_{limit}）的算法见图 10.19。步骤 2，计算 LB；步骤 3，计算所需 TAM 线的最大数量；步骤 4，计算每条扫描链和封装单元的测试功耗；步骤 5 和步骤 6，总结具有最高测试功耗的 N_{tam} 值，也就是 P_{limit}。如果 P_{limit} 低于 P_{max}（$P_{limit} \leqslant P_{max}$），就可以实现最佳测试时间。

现在我们找到了 TAM 带宽和测试功耗之间的关系，在确定 TAM 带宽时可以使用它，即只要 $P_{limit} \leqslant P_{max}$，$N_{tam}$ 就可以增加。也可以提高测试时钟的频率，以便在 $P_{limit} \leqslant P_{max}$ 时尽量缩短测试时间。

1. Given: a system with *i* cores, where each core *i* consists of *ff*_i scanned flip-flops and wrapper cells partitioned into *j* partitions each of length *sc*_ij (including wrapper cells). The test time τ_i is computed as if all *ff*_i elements are connected to a single wrapper chain. The test power when all *ff*_i elements are active is given by p_i. N_{tam} is the TAM bandwidth.

2. Compute *LB* (*lower bound*) (algorithm in Section 4.3)

3. **For each** core *i* compute w_i as the maximal number of TAM wires that can be assigned to it assuming preemptive scheduling:

$$w_i = \left\lceil \frac{\tau_i}{LB} \right\rceil$$

4. **For each** scan-chain partition s_{ij} compute its power:

$$p_{ij} = \frac{p_i}{ff_i} \times sc_{ij}$$

5. **For all** cores: select the w_i scan elements with highest power value and sort them descending in a list *L*.

6. **For all** scan elements in L select the N_{tam} first and the P_{limit} is equal to the summation of the N_{tam} values.

图 10.19 计算功耗极限的算法

10.4.5 最大限度减少TAM布线

上面的测试调度方法可以使分配给每个内核的 TAM 线的数量最少。其优点是，即使平面布局未知，TAM 的布线成本也是最小的。如果平面布局已知，则可以进一步减少 TAM 布线，因为这种调度方法不需要对测试进行任何特殊排序。我们以图 10.10 中的系统为例，$N_{\text{tam}}=7$，调度方式如图 10.12 所示，其中内核按顺时针方向排序（和编号），如图 10.20 所示。这样做的好处是，相邻内核可以共享 TAM 线。例如，内核 2 在内核 1 使用完 w_2 后立即使用 TAM 线。相距较远的内核则不能共享 TAM 线，如内核 5 和内核 3。

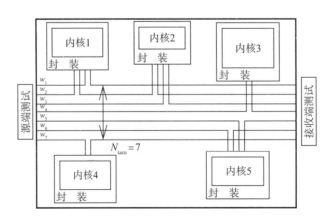

图 10.20 假设 5 个封装的内核为平面布局的示例系统

10.5 实验结果

我们已经证明，通过使用 RPC 内核测试封装器，测试调度问题可以在线性时间内得到解决。作为说明，我们使用设计 p93791 进行实验，这是最大的 ITC' 02 基准之一[189]。将我们的方法与 Goel 和 Marinissen[75, 74, 73]，Huang 等人[100]，Iyengar 等人[113, 112, 114]，Koranne[140]，Koranne 和 Iyengar[141] 提出的技术进行测试时间比较。在具体实现过程中，我们利用 Iyengar 等人提出的封装链算法[113]。与前述方法类似，假设所有测试都是内核测试，并且设计是平面布局的（没有层级结构）。结果收集在表 10.3 中。在某些情况下，前述方法的实验结果低于 Goel 和 Marinissen 计算的下限，这些结果将被排除，表 10.3 中用括号表示。7 个 TAM 带宽中，我们的方法找到了 6 个测试时间最短的解决方案。在另一种情况下，我们的方法是次优的。在图 10.21 中，所有方法的结果均显示为与下限的差异，即 $(\tau - LB)/LB \times 100$，图 10.22 中更详细地显示了最佳方法的下限差异。值得注意的是，大多数方法与下限的差异不到 10%（图 10.21），最佳方法与下限的差异不到 6%。而我们的方法在所有 TAM 带宽下与下限的差异都不到 3%。应当注意，测试时间的下限是基于这样一个假设计算的，即前一个内核的最后一个测试激励在 TAM 线上移出的同时，

表 10.3　p93791 的测试时间比较

方　法	测试时间						
	TAM=16	TAM=24	TAM=32	TAM=40	TAM=48	TAM=56	TAM=64
下限[75]	1746657	1164442	873334	698670	582227	499053	436673
枚举[113]	1883150	1288380	944881	929848	835526	537891	551111
ILP[113]	1771720	1187990	887751	(698583)	599373	514688	460328
Par eval[112]	1786200	1209420	894342	741965	599373	514688	473997
GRP[114]	1932331	131084	988039	794027	669196	568436	517958
Cluster[73]	–	–	947111	816972	677707	542445	467680
TRA[74]	1809815	1212009	927734	738352	607366	529405	461715
Binpack[97]	1791860	1200157	900798	719880	607955	521168	459233
CPLEX[140]	1818466	(1164023)	919354	707812	645540	517707	453868
ECTSP[140]	1755886	(1164023)	919354	707812	585771	517707	453868
ECTSP1[140]	1807200	1228766	967274	890768	631115	562376	498763
TB-serial[75]	1791638	1185434	912233	718005	601450	528925	455738
TR-serial[75]	1853402	1240305	940745	786608	628977	530059	461128
TR-parallel[75]	1975485	1264236	962856	800513	646610	540693	477648
K-tuple[141]	2404341	1598829	1179795	1060369	717602	625506	491496
我们的方法	1752336	1174252	877977	703219	592214	511925	442478

后面一个内核的第一个测试向量可以在同一条 TAM 线上移入[75]。在我们的方法中，没有考虑这样的优化。因此，我们的方法可以进一步优化。

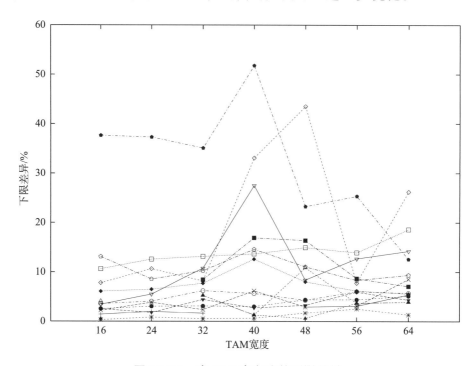

图 10.21　表 10.3 中方法的下限差异

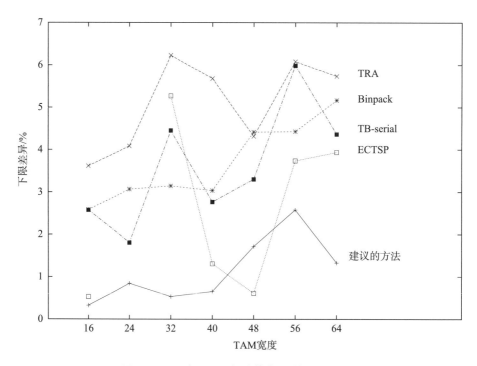

图 10.22　表 10.3 中最佳方法的下限差异

我们在表 10.4 中列出了使用可重构封装器产生的成本。成本的计算方法如下，对于分配了单一 TAM 带宽的内核，由于只需要一个带宽，所以其成本假设为 0。在某些情况下，只需要增加一个多路复用器来选择 TAM 线路，我们假设这种成本是 1。对于有 3 种配置的内核，假定成本等于 3。我们收集了每个进行扫描测试的内核和其他内核的成本。没有扫描链的内核的测试时间一般较短，只有在少数情况下需要额外的封装器逻辑单元。

表 10.4　p93791 中每个内核配置数（表 10.3）

TAM 带宽	测试时间	内核 c_i 的封装器逻辑单元												总　数
		c_1	c_6	c_{11}	c_{12}	c_{13}	c_{14}	c_{17}	c_{19}	c_{20}	c_{23}	c_{27}	c_{29}	没有扫描链的内核	
4	6997584	0	1	0	0	0	1	0	0	1	0	0	0	0	3
8	3498611	0	3	0	1	0	1	0	1	1	0	1	0	1	9
16	1752336	1	3	0	1	1	1	1	3	1	1	1		1	16
24	1174252	2	3	0	3	3	3	3	1	3	3	3	1	1	29
32	877977	2	3	1	3	3	3	3	3	3	3	3	3	1 + 1	35
40	703219	2	3	3	3	3	3	3	3	3	3	3	3	3 + 1	36
48	592214	2	3	3	3	3	3	3	3	3	3	3	3	3 + 2	37
56	511925	2	3	0	3	3	3	3	3	3	3	3	3	3 + 2 + 3	40
64	442478	2	3	1	3	3	3	3	3	3	3	3	3	3 + 3 + 3	42

我们还针对测试功耗做了实验。首先，我们说明了 RPC 内核测试封装器在内核 12 中的使用情况，假设在单一 TAM 线上有固定的测试时间（表 10.5）。测试时间保持不变，而测试功耗可以根据门控封装链的数量进行调整。增加的封装器逻辑单元取决于封装链的数量，它表明有多少分区需要被门控。我们的调度方法的一个优点是，给每个内核分配尽可能少的 TAM 线，这使得每个内核的门控封装链的数量和 TAM 线的数量之间的比值很高。换句话说，调节每个内核的测试功耗就更容易了。

表 10.5　以固定的测试时间（ = 1813502）和固定的 TAM 宽度（ = 1）在具有 RPC 封装器的内核 12 处（p93791）的测试功耗

封装链	测试功耗	封装器逻辑单元
1	4634	0
2	2317	1
3	1545	3
4	1159	4
5	927	5
6	773	6

　　将我们的方法与多路复用和分布式架构[5]进行比较。在多路复用结构中，所有内核都是按顺序测试的，每次都给每个内核提供全部带宽。在分布式结构中，每个内核都有其专用的 TAM 线。分布式结构对测试功耗很敏感，因为所有内核的测试是同时开始的。表 10.6 显示了测试结果。当 TAM 带宽低于内核的数量（在 p93791 中为 32）时，分布式结构不再适用。在 50000 的功耗限制下，分布式结构也不能使用，因为激活所有内核所需的功耗超过了功耗限制。在 20000 的功耗限制下，多路复用结构不适用，因为内核 6 的功耗达到 24674，超过 20000。我们的方法能够产生相同的测试时间，但是，为了对封装链进行门控，增加了封装器逻辑单元。

表 10.6　p93791 在不同功耗限制下的多路复用结构、
分布式结构和我们的方法的测试时间

P_{max}	TAM 宽度	多路复用结构	分布式结构	我们的方法
		测试时间	测试时间	测试时间
100000	4	7113317	不适用	6997584
	8	3625510	不适用	3498611
	16	1862427	不适用	1752336
	24	1262427	不适用	1174252
	32	1210398	5317007	877977
	40	1119393	1813502	703219
	48	660143	1126316	592214
	56	645698	907097	511925
	64	645682	639989	442478
50000	4	7113317	不适用	6997584
	8	3625510	不适用	3498611
	16	1862427	不适用	1752336
	24	1262427	不适用	1174252
	32	1210398	不适用	877977
	40	1119393	不适用	703219
	48	660143	不适用	592214
	56	645698	不适用	511925
	64	645682	不适用	442478
20000	4	不适用	不适用	6997584
	8	不适用	不适用	3498611
	16	不适用	不适用	1752336
	24	不适用	不适用	1174252
	32	不适用	不适用	877977
	40	不适用	不适用	703219
	48	不适用	不适用	592214
	56	不适用	不适用	511925
	64	不适用	不适用	442478

10.6　结　论

在本章我们提出了一种可重构的功耗敏感型内核测试封装器，并描述了它在抢占式测试调度中的应用。该封装器的主要优点是可以控制每个单独内核的测试功耗，可以为一个给定的内核测试实现多个 TAM 带宽。每个内核的测试功耗控制很重要，因为它允许在更高的时钟频率进行测试，可以用来进一步缩短测试时间。测试功耗控制也允许同时测试更多内核。另外，可变带宽也很重要，因为它增加了调度过程的灵活性。我们提出的测试调度方案的优点，除了在测试时间方面能够产生最佳的解决方案外，还考虑了跨内核测试，这些测试是用来测试未封装的待测单元，如互连和用户自定义的逻辑单元。

第11章 用于设计和优化SoC 测试解决方案的综合框架[1]

11.1 引 言[2]

本章我们提出一个设计 SoC 测试方案的综合框架，其中包括一套用于前期设计空间探索的算法，以及对最终方案的广泛优化。该框架涉及测试调度、测试访问机制设计、测试集选择和测试资源布局。在考虑测试冲突和功耗限制的同时，该框架能够使总的测试时间和测试访问机制的成本最小化。该框架的主要特点是提供了一个集成的设计环境来同时处理几个不同的任务，这些任务在传统框架中是作为独立问题来处理的。我们实现了一种用于前期设计空间探索的启发式算法，以及基于模拟退火算法的广泛优化。在几个不同基准和工业设计上的实验显示了该框架的实用性和有效性。

由于片上系统（SoC）设计的复杂性不断增加，测试是一个关键且耗时的问题。因此，为测试设计工程师提供支持，开发一个有效的测试解决方案是很重要的。

测试设计工程师开发测试解决方案的工作流程通常包括两个部分：前期设计空间探索和最终方案的广泛优化。在这个过程中，必须仔细考虑测试冲突和功耗限制。例如，由于共享测试资源，测试可能会冲突，而且必须控制测试功耗，否则可能会损坏系统。此外，外部测试器等测试资源支持的扫描链数量有限，测试内存也有限，这也带来了限制。

在测试调度、测试访问机制（TAM）设计和可测试性分析的技术开发方面，研究一直在进行。例如，Benso 等人[15] 提出了一个框架，以支持带有内建自测试（BIST）的 SoC 的测试解决方案。在本章，我们将几种方法结合起来并加以概括，以便为开发 SoC 测试解决方案创建一个综合框架。

（1）以最小化测试时间的方式来调度测试。

1）本章基于 2001 年欧洲设计自动化和测试（DATE）[158]、2001 年计算机辅助设计国际会议（ICCAD）[160] 和 2002 年电子测试：理论和应用杂志（JETTA）[164, 165] 上的论文。

2）这部分内容得到瑞典国家项目 STRINGENT 的支持。

（2）设计一个最小的 TAM。

（3）测试资源布局。

（4）为每一个具有测试资源的内核选择测试集。

上述任务集在单一算法中执行，该算法考虑了测试冲突、功耗限制和测试资源限制[158, 160, 157]，计算复杂度低，适合前期的设计空间探索。计算复杂度低是一个优势，因为该算法将被多次迭代使用。

Chakrabarty 证明了测试调度等同于开放车间调度[28]，而开放车间调度是已知的 NP- 完全问题，使用启发式算法是合理的。目前已经提出了几种启发式算法[5, 28, 25, 41, 65, 110, 202, 287]，但是，它们是使用相当小的基准进行评估的。对于这样的基准，可以使用基于混合整数线性规划（MILP）的技术[28]。这样做的缺点是求解 MILP 模型的复杂性，会随着测试数量的增加而迅速增长，这使得它不适用于大型工业设计。因此，我们基于模拟退火算法对测试调度和最终解决方案的 TAM 设计进行广泛优化[131]。我们已经在几个不同的基准和爱立信（Ericsson）公司由 170 个测试组成的设计上进行了实验，显示了方法的有效性和实用性。

本章的其余部分组织如下。11.2 节概述背景和相关工作，11.3 节介绍系统建模，11.4 节介绍影响测试解决方案的因素，11.5 节介绍启发式算法，11.6 节概述如何使用模拟退火算法，11.7 节总结实验结果，11.8 节给出结论。

11.2　背景和相关工作

测试调度的基本问题是为所有测试分配开始时间。为了最大限度地减少总测试时间，应该尽可能并行安排测试，同时也必须考虑各种类型的约束。

待调度的测试由源端测试（放置在片上或片外）处产生或存储的一组测试向量组成。测试响应在接收端测试（放置在片上或片外）处进行评估。施加测试时，可能发生测试冲突，在调度过程中必须加以考虑。例如，一个待测单元通常由多个测试集进行测试（通常需要外部测试集和片上测试集才能完成高测试质量）。如果需要对一个待测单元施加多个测试，则一次只能对其施加一个测试。

另外，必须考虑测试功耗的限制，否则可能会损坏系统。测试模式与正常操作相比，功耗通常更高[68]。例如，考虑一个以内存库形式组织的存储器。

正常运行期间，只有一个内存库被激活。但是，在测试模式，为了在尽可能短的时间内测试系统，希望同时激活尽可能多的内存库[41]。

使用不同的测试资源可能会对测试调度造成限制。例如，扫描链通常以 50 MHz 的最大频率运行，外部测试器会产生带宽限制[92]，因为外部测试器通常最多只能支持 8 条扫描链[92]，从而导致大型设计的总测试时间较长。此外，外部测试器的内存也有限制[92]。

Zorian 提出了一种针对完全 BISTed 系统的测试调度技术，该技术在考虑功耗限制的同时能够最小化测试时间[287]。测试按照环节安排，物理层面上彼此靠近的内核的测试被安排在同一个测试环节。在完全 BISTed 系统中，每个内核都有其专用的源端测试和接收端测试，所以测试之间可能不会有冲突，即测试可以并行调度。但是，在一般情况下，测试之间是可能发生冲突的。Garg 等人提出了一种最小化具有测试冲突的系统测试时间的测试调度技术[65]，针对基于内核的系统，Chakrabarty[28, 25] 提出了另一种测试调度技术。Chou 等人提出了一种分析测试调度技术，其中考虑了测试冲突和功耗限制[41]。资源图用于对系统进行建模，其中测试和资源之间的连线表示测试需要该资源，如图 11.1 所示。通过资源图中可以生成测试兼容性图（TCG）（图 11.2），每个测试都是一个节点，两个节点之间的连线表示测试可以并行调度。例如，可以同时安排 t_1 和 t_4 测试。每次测试都附有测试时间和测试功耗，最大允许的功耗是 10。测试 t_1 和 t_5 是兼容的，但是由于功耗限制，它们不能同时调度。

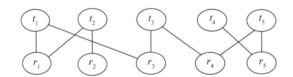

图 11.1　示例系统的资源图

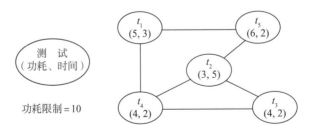

图 11.2　示例系统（图 11.1）的测试兼容性图（TCG）

另一种测试调度方法由 Muresan 等人提出，其中考虑了测试和功耗之间的约束[202]。我们倾向于即使一个测试环节中所有测试都没有完成，也可以通过允许开始新的测试来缩短测试时间。Iyengar 和 Chakrabarty 提出一种抢占式测试调度技术，一个待测单元的测试可以被中断并在以后恢复，也就是说，测试集被划分为几个测试集[110]。使用 Craig 等人的方案，调度技术可以归纳为[47]：

（1）非分区测试。

（2）从运行到完成的分区测试。

（3）分区测试。

图 11.3 中用 5 个测试（t_1，…，t_5）说明了分区之间的差异。Zorian[287] 和 Chou 等人[41] 提出的调度策略是非分区的（图 11.3(a)），Muresan 等人提出的策略是从运行到完成的分区测试（图 11.3(b)），Iyengar 和 Chakrabarty[110] 提出的方法则是分区测试（图 11.3(c)）。

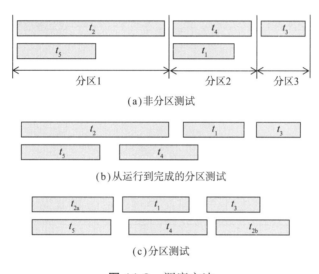

(a)非分区测试

(b)从运行到完成的分区测试

(c)分区测试

图 11.3　调度方法

测试的基础结构负责将测试向量从源端测试传送至待测内核，并将测试响应从待测内核传送至接收端测试。基础结构由两部分组成：一部分用于测试数据的传输，另一部分用于控制传输。在 Zorian[287] 提出的完全 BISTed 系统中，在物理上相互靠近的内核的测试被分在同一个测试环节。这样做的主要优点是，同样的控制结构可以用于测试环节中的所有测试，精简控制线路的布线。一般来说，系统不是只对每个待测单元使用 BIST 结构进行测试，因此需要一个 TAM[27, 30, 26, 212]。Chakrabarty 提出了一种用于分配 TAM 带宽的整数线性规划（ILP）方法[27, 30, 26]，Aertes 和 Marinissen[5] 分析了使用测试壳封装器对不同设计风格的系统进行测试访问的测试时间的影响。

　　为方便测试访问，内核可以放在封装器中，如边界扫描[19]、测试壳[187] 或 P1500[104, 186]。边界扫描技术是为 PCB 设计开发的，因存在移位过程导致其测试时间较长，对 SoC 设计来说，由于需要传输的测试数据量增加，边界扫描技术的表现更加糟糕。另一种方法是使用 Aertes 和 Marinissen 提出的架构（图 11.4），其中测试时间只取决于内核触发器的数量和测试向量的数量，也就是说，内核之间的数据传输是没有成本的[5]。这种菊花链结构使用时钟旁路，Marinissen 等人也提出了一个封装设计库，采用无时钟延迟的旁路结构[187]。

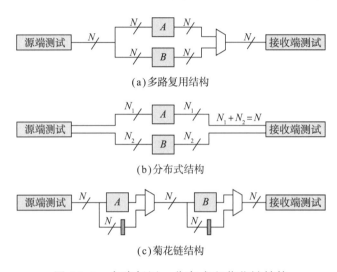

图 11.4　多路复用、分布式和菊花链结构

　　上述调度技术都假定所有待测单元都有选定的测试集。Sugihara 等人提出了一种选择测试集的技术，每个内核可以由一个来自外部测试器的测试集和一个用于该内核的专用测试生成器生成的测试集来测试[256]。

11.3　系统建模

　　本节介绍为待测 SoC 建模的形式化表示法。图 11.5 给出了一个待测系统示例，其中，每个内核都被放在一个封装器中，以方便测试访问。在每个内核中都添加了 DFT 技术，在这个例子中，所有内核都使用扫描技术进行测试。测试访问端口（TAP）用来连接外部测试器，例如源端测试和接收端测试，这些外部测试器都是在片上实现的[158, 157]。对系统施加几组测试，每个测试集都是在源端测试处产生或存储，测试响应在接收端测试处进行分析。

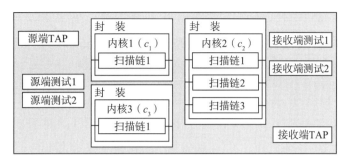

图 11.5　示例系统

图 11.5 中的系统可以建模成一个带测试的设计。

$$DT = (C, R_{source}, R_{sink}, p_{max}, T, source, sink, core, constraint, mem, bw)$$

其中，$C = \{c_1, c_2, \cdots, c_n\}$ 是一组有限的内核，每个内核 $c_i \in C$ 的特征在于空闲功率 $p_{idle}(c_i)$；$R_{source} = \{r_1, r_2, \cdots, r_p\}$ 是一组有限的源端测试；$R_{sink} = \{r_1, r_2, \cdots, r_q\}$ 是一组有限的接收端测试；p_{max} 是任意时间最大的允许功耗；$T = \{t_1, t_2, \cdots, t_o\}$ 是一组有限的测试，每个测试由一组测试向量构成。几个不同的测试形成一个内核测试（CT），每个内核 c_i 可以与几个不同的内核测试 CT_{ij}（$j = 1, 2, \cdots, l$）相关联。

每个测试 t_i 的特征如下：

（1）$\tau_{test}(t_i)$ 表示测试 t_i 的测试时间。

（2）$p_{test}(t_i)$ 表示测试 t_i 的测试功耗。

（3）$bw(t_i)$ 表示 t_i 所需的带宽。

（4）$mem(t_i)$ 表示测试向量存储所需的内存。

（5）$source$：$T \to R_{source}$ 定义源端测试。

（6）$sink$：$T \to R_{sink}$ 定义接收端测试。

（7）$core$：$T \to C$ 定义施加测试的内核。

（8）$constraint$：$T \to 2^C$ 定义需要测试的一组内核。

（9）$mem(r_i)$ 表示源端测试可用的内存 $r_i \in R_{source}$。

（10）$bw(r_i)$ 表示源端测试的带宽 $r_i \in R_{source}$。

每项测试都需要一个源端测试和一个接收端测试。在我们的模型中，每个测试都可以将任意类型的源端测试（片上或片外）与接收端测试（片上或片外）

相结合，这对于实现测试的高灵活性来说非常重要。为了进一步给予设计者探索不同测试组合的高度灵活性，可以为每个内核定义多个测试集（CT_{ij}），这些测试集中的每一个测试都可以用来测试该内核。

给定如图 11.5 所示的系统，其中每个内核 c_1、c_2、c_3 都有一个测试集 CT。对于内核 c_1，$CT_{11} = \{t_1, t_2\}$；对于 c_2，$CT_{21} = \{t_4, t_5\}$；对于 c_3，$CT_{31} = \{t_3\}$。t_1 和 t_3 需要片上源端测试 1，而 t_3 和 t_5 需要片上接收端测试 1。当 t_1 和 t_3 需要 r_3（源端测试 1），而 t_3 和 t_5 需要 r_4（接收端测试 1）时，采用图 11.1 的资源图和图 11.2 的测试兼容性图对系统进行建模。

11.4　SoC测试相关问题

本节我们将讨论搭建 SoC 测试框架所考虑的相关问题，同时从综合的角度来看待这些问题的重要性。

11.4.1　测试调度

测试调度问题可以看作在满足所有约束条件的情况下，将所有测试放在图 11.6 所示的调度图中。例如，测试 t_1 和测试 t_2 不能同时施加，因为它们是用来测试同一个内核 c_1 的。

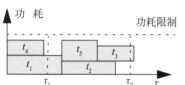

图 11.6　测试调度示例

我们的调度技术[158, 157]与 Zorian[287] 和 Chou 等人[41] 提出的方法基本区别是，在安排测试的同时设计 TAM，而 Zorian 和 Chou 等人不允许在一个环节的所有测试完成之前开始新的测试。这意味着，测试 t_3 不能像图 11.6 中那样调度。在 Muresan 等人[202] 提出的方法中，如果测试 t_3 的完成时间不晚于测试 t_2，就可以安排测试。

在我们的方法中，测试是否可以在一个环节中的所有测试完成之前开始（非分区测试）或不开始（分区测试，运行到完成）是可选的，优点是更灵活。

目的是让一个调度表 S 成为有序的测试集：

$$\left\{ S(t_i) < S(t_j) \middle| \tau_{\text{start}}(t_i) \leqslant \tau_{\text{start}}(t_j), i \neq j, \forall t_i \in S, \forall t_j \in S \right\}$$

其中，$S(t_i)$ 定义了测试 t_i 在调度表 S 中的位置；$\tau_{\text{start}}(t_i)$ 表示测试 t_i 开始的时间；$\tau_{\text{end}}(t_i)$ 是测试完成的时间 $\tau_{\text{end}}(t_i) = \tau_{\text{start}}(t_i) + \tau_{\text{test}}(t_i)$。

每个测试 t_i 在进入调度表 S 之前，必须确定测试数据传输的开始时间和线路。

如果测试 t_i 的测试时间与时间区间 $[\tau_1, \tau_2]$ 重叠，则让布尔函数 scheduled (i, τ_1, τ_2) 为真，即

$$\left\{ t_i \in S \wedge \neg \left[\tau_{\text{end}}(t_i) < \tau_1 \vee \tau_{\text{start}}(t_i) > \tau_2 \right] \right\}$$

图 11.7 中给出了一个例子来说明布尔函数 scheduled。

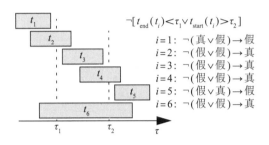

图 11.7　布尔函数 Scheduled

如果一个源端测试 r_i 在 τ_1 和 τ_2 之间被测试 t_j 使用，那么布尔函数 scheduled(r_i, τ_1, τ_2) 为真，即

$$\left\{ \exists t_j \in S \middle| r_i = source(t_j) \wedge \text{scheduled}(t_j, \tau_1 \tau_2) \right\}$$

如果在 τ_1 和 τ_2 之间安排了一个接收端测试 r_i（可以被任何测试使用），则使用类似的定义。布尔函数 scheduled$[constraint(t_i), \tau_1, \tau_2]$ 在以下情况下为真：

$$\left\{ \exists t_j \in S \middle| core(t_j) \in constraint(t_i) \wedge \text{scheduled}(t_j, \tau_1 \tau_2) \right\}$$

11.4.2　功　耗

一般来说，系统在测试模式的开关活动比正常运行模式要多。一个 CMOS 电路的功耗由静态部分和动态部分组成，后者占主导地位，可以用以下方式来描述：

$$p = C \times V^2 \times f \times \alpha$$

其中，给定设计的电容 C、电压 V 和时钟频率 f 是固定的[277]。另一方面，开关活动取决于系统的输入，在测试期间，这些输入是测试向量，因此功耗会因测试向量的不同而变化。

图 11.8 说明了两个测试 t_i 和 t_j 的测试功耗随时间 τ 的变化。$p_i(\tau)$ 和 $p_j(\tau)$ 分别表示两个兼容测试 t_i 和 t_j 的瞬时功耗，$P(t_i)$ 和 $P(t_j)$ 则为对应的最大功耗。

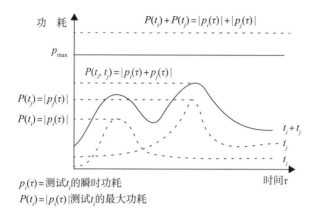

图 11.8　作为时间函数的功耗[41]

如果 $p_i(\tau) + p_j(\tau) < p_{\max}$，则两个测试可以同时安排。但是，很难获得每个测试向量的瞬时功耗。为了简化分析，通常为一个测试 t_i 中的所有测试向量分配一个固定功耗 $p_{\mathrm{test}}(t_i)$，这样当进行测试时，功耗在任何时刻都不超过 $p_{\mathrm{test}}(t_i)$。

$p_{\mathrm{test}}(t_i)$ 可以被指定为测试 t_i 中所有测试向量的平均功耗或所有测试向量的最大功耗。前一种方法可能过于乐观，导致测试调度不理想，超过测试功耗约束。后者可能太过悲观，但是，它能保证功耗满足约束条件。通常，在测试环境，每次测试的平均功耗和最大功耗之间的差异往往很小，因为目标是使电路活动最大化，以便在尽可能短的时间内进行测试[41]。因此，测试 t_i 的功耗 $p_{\mathrm{test}}(t_i)$ 的定义，通常是指当测试 t_i 单独应用于设备时的最大测试功耗（$P(t_i)$）。这种简化是由 Chou 等人[41] 提出的，并被 Zorian[287] 和 Muresan 等人使用[202]。我们的方法中也将使用这一假设。

用 $p_{\mathrm{sch}}(\tau_1, \tau_2)$ 表示 τ_1 到 τ_2 之间的峰值功耗：

$$\max\left\{\sum_{\forall t_i \mathrm{scheduled}(t_i, \tau)} p_{\mathrm{test}}(t_i) - p_{\mathrm{idle}}\big[\mathrm{core}(t_i)\big] + \sum_{\forall c_i \in C} p_{\mathrm{idle}}(c_i), \tau \in [\tau_1, \tau_2]\right\}$$

其中，$\mathrm{scheduled}(t_i, \tau) = \mathrm{scheduled}(t_i, \tau, \tau)$。

作为一个例子，将函数 $p_{\mathrm{sch}}(\tau_1, \tau_2)$ 应用于图 11.6 中具有 5 个测试的系统的调度表，其中 τ_1 和 τ_2 如图 11.6 所示，返回 $p_{\mathrm{test}}(t_2) + p_{\mathrm{test}}(t_5) + p_{\mathrm{idle}}(c_3)$，即 τ_1 和 τ_2 之间的峰值功耗。

在我们的方法中，测试最大功耗不应超过功耗限制 $p_{\max}$，即 $p_{\mathrm{sch}}(0, \infty) \leqslant p_{\max}$。

11.4.3 源端测试限制

一个源端测试的带宽通常是有限的。例如，外部测试器一次支持的扫描链数量可能是有限的[92]。可用引脚的数量也可能是有限的。对每个源端测试来说，这些信息都会在带宽属性中给出。

函数 $bw_{alloc}(r_i, \tau_1, \tau_2)$ 给出在 τ_1 和 τ_2 之间为源端测试 r_i 分配的最大 TAM 线路数量，即

$$\max\left\{\sum_{\forall t_j \text{scheduled}(t_j,\tau) \wedge r_i=\text{source}(t_j)} \left|t_{\text{wires}}(t_j)\right|, \tau \in [\tau_1, \tau_2]\right\}$$

例如，在图 11.9 中，一个源端测试 r_1 使用 w_2 和 w_3 线给测试 t_5 供电。在这个例子中，$bw(r_1) = 6$，$bw_{alloc}(r_i, \tau_1, \tau_2) = 4$，因为 t_3 和 t_5 使用 w_2 和 w_3，t_2 使用 w_5 和 w_6。

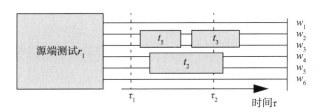

图 11.9 TAM 分配

测试生成器（源端测试）通常会用一个存储器来存储测试向量。尤其外部测试生成器使用的存储器，其大小是有限的，可能给测试调度带来额外限制[92]。

函数 $mem_{alloc}(r_i, \tau_1, \tau_2)$ 给出在 τ_1 和 τ_2 之间为一个给定的源端测试 r_i 分配的内存，即

$$\max\left\{\sum_{\forall t_j \text{scheduled}(t_j,\tau) \wedge r_i=\text{source}(t_j)} mem(t_j), \tau \in [\tau_1, \tau_2]\right\}$$

11.4.4 测试集选择

一个测试集会被附上测试功耗、总测试时间、带宽要求和内存要求。每个测试集所需的源端测试和接收端测试也会被定义。在 Sugihara 等人提出的方法中，每个待测单元可以由两个使用专用 BIST 资源的测试集和一个外部测试器进行测试[256]。在我们的方法中，假设每个待测单元可以使用任意数量的测试集，

其中每个测试集可以通过任意类型的测试资源来指定。例如，我们允许不同待测单元的不同测试集使用同一个测试资源。这样做主要的优点是设计者可以定义和探索更广泛的测试集。由于测试资源是为所有测试集定义的，所以可能会对不同的测试集进行比较，这种比较不仅体现在测试向量的数量上，还体现在测试资源方面。

对于每个待测单元，设计者定义了一个内核测试集，其中每个测试集都是一组测试向量。例如，如果给内核 c_1 以下测试集 $CT_{11} = \{t_1, t_2\}$，$CT_{12} = \{t_6\}$，$CT_{13} = \{t_7, t_8, t_9\}$，则必须选择 CT_{11}、CT_{12} 或 CT_{13} 中的一个，并且必须安排所选测试集中的所有测试，不能再安排其他测试集中的测试。

11.4.5　测试访问机制

测试基础设施在待测系统中传输和控制测试数据。可以用边界扫描技术来实现，但是存在测试时间长的问题，而且系统中要传输的测试数据量大，我们假定基础设施由测试线组成，这意味着增加了从源端测试到内核以及从内核到接收端测试所需的测试线的数量。但是，将测试向量从源端测试传送到内核的时间和将测试响应从内核传送到接收端测试所需的时间却被忽略了，这意味着测试时间是由每个内核的测试向量和设计特性决定的。

在一个源端测试和一个内核之间或一个内核和一个接收端测试之间添加 TAM，并且测试数据必须通过另一个内核 c_i，可以选择以下几种布线方式：

（1）通过内核 c_i 并且使用其透明模式。

（2）通过内核 c_i 的可选旁路结构。

（3）绕过内核 c_i，不把它连接到 TAM 上。

图 11.10(a) 针对图 11.5 示例系统进行建模，并说明了替代方案 1 和 2（图 11.10(b)）相比替代方案 3（图 11.10(c)）的优势，在前两种情况下可以重复使用 TAM，但是，当内核处于透明模式或像测试壳[186]那样使用其旁路结构时，可能会引入一个延迟。另一方面，Marinissen 等人最近提出了一个封装单元库，有可能设计 TAM 宽度的非时钟旁路结构[187]，使得设计变得更灵活。在下文中，我们假设旁路可以用这种非延迟机制来解决。

设计 TAM 时，必须解决以下两个问题：

（1）TAM 的设计和布线。

（2）使用 TAM 的测试调度。

为了最大限度地减少布线，我们希望减少线路的数量，同时缩短线路的长度。但是，这样做会增加系统的测试时间。例如，对于 System S[25]（表11.1），我们添加了平面布局（每个内核的 x，y 坐标）。最少的 TAM 布线是指从 TAP 开始的一条单线，连接所有内核然后在 TAP 结束。但是，这样的布线会导致总测试时间变长，因为不可以并行施加测试，所有测试都必须按顺序进行。

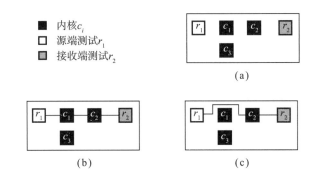

图 11.10 使用图 11.5 中的示例说明 TAM 设计备选方案

表 11.1 System S 中内核的测试数据

内 核	索引 i	外部实验周期 e_i	BIST 周期 b_i	坐 标	
				x	y
c880	1	377	4096	10	10
c2670	2	15958	64000	20	10
c7552	3	8448	64000	10	30
s953	4	28959	217140	20	30
s5378	5	60698	389214	30	30
s1196	6	778	135200	30	10

可以将系统（图 11.5 中的示例系统或 System S）建模为一个有向图，$G=(V, A)$，其中 V 由一组内核（待测单元）C、一组源端测试 R_{source} 和一组接收端测试 R_{sink} 组成[158, 157]，即 $V=C \cup R_{source} \cup R_{sink}$。两个顶点 v_i 和 v_j 之间的弧 $a_i \in A$ 表示一个 TAM（线路），在这里可以将测试数据从 v_i 传送到 v_j。最初，系统中不存在 TAM，即 $A=\phi$。但是，如果可以使用功能性基础设施，TAM 可以在一开始被包括在 A 中。测试线路 w_i 是边 $\{(v_0, v_1)，\cdots，(v_{n-1}, v_n)\}$ 之间的路径，其中，$v_0 \in R_{source}$，$v_n \in R_{sink}$。Δy_{ij} 定义为 $|y(v_i)-y(v_j)|$，Δx_{ij} 定义为 $|x(v_i)-x(v_j)|$，$x(v_i)$ 和 $y(v_i)$ 分别为顶点 v_i 的 x 坐标和 y 坐标，顶点 v_i 和 v_j 之间的距离为

$$\text{dist}\left(v_i, v_j\right) = \sqrt{\left(\Delta y_{ij}\right)^2 + \left(\Delta x_{ij}\right)^2}$$

在 τ_1 至 τ_2 时间段使用线路 w_i 时，布尔函数 scheduled(w_i, τ_1, τ_2) 为真，即

$$\left\{\exists t_j \in S \mid w_i \in tam\left(t_j\right) \wedge \text{scheduled}\left(t_j, \tau_1, \tau_2\right)\right\}$$

其中，$tam(t_j)$ 是为测试 t_j 分配的一组 TAM 线路。

每个顶点都存储了北、东、南、西四个方向最近的内核信息。函数 south(v_i) 给出了 v 以南最近的顶点：

$$\text{south}\left(v_i\right) = \left\{v_i \middle| \left(\frac{\Delta y_{ij}}{\Delta x_{ij}} > 1 \vee \frac{\Delta y_{ij}}{\Delta x_{ij}} < -1\right), y\left(v_j\right) < y\left(v_i\right), i \neq j, \min\left[\text{dist}\left(v_i, v_j\right)\right]\right\}$$

函数 north(v_i)、east(v_i) 和 west(v_i) 的定义与此类似。当且仅当以下情况为真时，函数 insert(v_i, v_j) 会从顶点 v_i 到顶点 v_j 插入一条有向弧：

$$\left\{\text{south}\left(v_i, v_j\right) \vee \text{north}\left(v_i, v_j\right) \vee \text{west}\left(v_i, v_j\right) \vee \text{east}\left(v_i, v_j\right)\right\}$$

其中，如果 $v_j = \text{south}(v_i)$，则 south(v_i, v_j) 为真。函数 closest(v_i, v_j) 给出了 v_i 附近的一个顶点 v_k，它与 v_j 的距离最短。函数 add(v_i, v_j) 按照以下方式添加从 v_i 到 v_j 的弧：

（1）找到 $v_k = \text{closest}(v_i, v_j)$。

（2）添加一条从 v_i 到 v_k 的弧。

（3）如果 $v_k = v_j$，终止，否则令 $v_i = v_k$ 并转到（1）。

一条路径的总长度是所有单边长度之和。图 11.11 就是一个例子，其将示例系统（图 11.5）的测试线定义为路径并说明了测试线的长度计算方式（内核 c_3 不包含在这条路径中）。

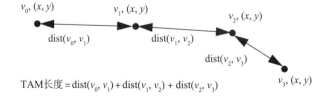

图 11.11　计算 TAM 长度

11.4.6　测试平面规划

在 Sugihara 等人提出的方法中，每个待测单元都由一个使用专用 BIST 资源的测试集和一个外部测试器进行测试[256]。但是，允许共享测试资源，如果一个 BIST 资源由几个内核共享，那么测试平面规划就不是小事。

例如，如果示例设计中的两个内核（图 11.5）都使用一个片上源端测试和接收端测试，那么将源端测试放在一个内核上，接收端测试放在另一个内核上是最可行的。

在测试最初，可能没有放置测试资源。在下一节会介绍我们的算法如何在这种情况下确定测试资源的位置。

11.5　启发式算法

在本节，上面讨论的问题被结合成一个算法。该算法假设测试最初是根据一个密钥 k 进行排序的，该密钥描述了功耗（p）、测试时间（t）或功耗 × 测试时间（$p \times t$）。

T 是测试的有序集合，这些测试是基于密钥 k 排序的。如果调度方法使用运行至完成的分区测试，那么函数 nexttime(τ_{old}) 给出了下次安排测试的可能时间：

$$\{\tau_{end}(t_i)|\min[\tau_{end}(t_i)], t_{old} < \tau_{end}(t_i), \forall t_i \in S\}$$

如果使用非分区测试，函数 nexttime(τ_{old}) 定义为

$$\{\tau_{end}(t_i)|\max[\tau_{end}(t_i)], t_{old} < \tau_{end}(t_i), \forall t_i \in S\}$$

图 11.12 中描述的系统测试算法基本上可以分为以下 4 个部分：

（1）约束检查。

（2）测试资源布局。

（3）测试访问机制设计和布线。

（4）测试调度。

当每个内核都有一个内核测试（CT），从而使所选测试集内的所有测试都得到安排时，主循环就会终止。对测试集中的测试进行循环，在循环的每次选

```
Sort T according to the key (p, t or p×t);
S=∅; τ=0;
until ∀b_{pq}∃CT_{pq}∀t_s∈S do
    for all cur in T do
        v_a=source(cur);
        v_b=core(cur);
        v_c=sink(cur);
        τ_{end}=τ+t_{test}(cur);
        if all constraints are satisfied then begin
         ¬scheduled(v_a, 0, t_{end}) floor-plan v_a at v_b;
         ¬scheduled(v_c, 0, t_{end}) floor-plan v_c at v_b;
         for all required test resources begin
            new=length of a new wire w_j connecting v_a, v_b and v_c;
            u=number of wires connecting v_a, v_b and v_c not
                scheduled from τ to τ_{end};
            v=number of wires connecting v_a, v_b and v_c;
            for all min(v-u, bw(cur))wires w_j
                extend=extend+length of an available wire(w_j);
            if (bw(cur)>u)
                extend=extend+new×(par-u);
                move=par(v_a)×min{dist(v_a, v_b),dist(v_b, v_c)};
                if (move≤min{extend, new×bw(cur)})
                    v_x, v_y=min{dist(v_a, v_b), dist(v_b, v_c)}, dist(v_a, v_b)>0,
                        dist(v_b,v_c)>0
                    add par(v_a) wires between v_x and v_y;
                    if (v_x=source(cur)) then floorplan v_a at v_b;
                    if (v_y = sink(cur)) then floorplan v_c at v_b;
         end
         for r = 1 to bw(cur)
            if there exists a not scheduled wire during τ to τ_{end}
                connecting v_a, v_b and v_c it is selected
            else
                if (length of a new wire < length of extending a wire w_j)
                    w_j=add(v_a, v_b)+add(v_b, v_c);
                else
                    extend wire;
            schedule cur and remove cur from T;
        end;
    τ = nexttime(τ).
```

图 11.12　系统测试算法

代中，都要检查测试曲线（cur）。另外，还要检查是否满足所有约束条件，即是否可以安排测试 cur 在时间 τ 处开始，在 $\tau_{end} = \tau + \tau_{test}$ 处结束。

（1）$\neg\exists t_f(t_f \in CT_{ij} \wedge t_f \in S \wedge cur \notin CT_{ij})$ ，检查当前调度的内核没有使用另一个内核的测试集。

（2）$p_{sch}(\tau, \tau_{end}) + p_{test}(cur) < p_{max}$ ，检查测试功耗没有违反功耗限制。

（3）$\neg \text{scheduled}(v_a, \tau, \tau_{end})$ ，检查没有在 τ 到 τ_{end} 期间安排源端测试。

（4）$\neg \text{scheduled}(v_c, \tau, \tau_{end})$ ，检查没有在 τ 到 τ_{end} 期间安排接收端测试。

（5）$\neg$ scheduled[$constraint$(cur), τ, τ_{end}]，检查测试所需的所有内核在 τ 到 τ_{end} 期间是否可用。

（6）检查源端测试 v_a 的可用带宽，是否满足 $bw(v_a) > bw(\text{cur}) + bw_{alloc}(v_a, \tau, \tau_{end})$。

（7）检查源端测试 v_a 的可用内存，是否满足 $mem(v_a) > mem(\text{cur}) + mem_{alloc}(v_a, \tau, \tau_{end})$。

接下来检查测试资源的布局，如果测试资源是片上资源，但是没有放置在系统中，那就是在内核 c_i 中。如果测试资源布局是平面的，则要确定资源是否需要被移动。

确定测试资源的位置后，开始对测试访问机制进行设计和布线。基本的问题是，是否可以使用现有的线路还是必须增加新的线路。如果没有连接所有内核，则由于可能移动测试资源，将重新计算添加全新连接的距离。

使用 System S[25] 的启发式算法（表 11.1）产生的结果如图 11.13 和图 11.14 所示。图 11.13 中的 TAM 线 1 ~ 5 对应图 11.14 中的 TAM 线 1 ~ 5。例如，b_5 是内核索引 5（s5378）的 BIST 测试，e_5 是 s5378 的外部测试（注意，BIST 测试 b_i 不需要 TAM，但它们被放在图 11.14 中以说明它们何时会被安排）。

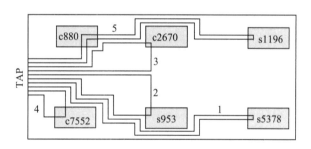

图 11.13　使用 System S 的启发式算法进行 TAM 设计

为了与其他方法相比较，上述算法的计算复杂度不包括测试访问机制的设计，主要来自于对测试和两个循环的排序。排序可以用 $O(n \times \log n)$ 算法来进行。最坏的情况是，每次循环迭代中只有一个测试被安排，这时的计算复杂度为

$$\sum_{i=0}^{|T|-1}\left(|T|-i\right)=\frac{n^2}{2}+\frac{n}{2}$$

最坏情况下总的测试时间是 $n \times \log n + n^2/2 + n/2$，即 $O(n^2)$。作为对比，Garg 等人[65] 和 Chakrabarty[25] 的方法最坏情况下的计算复杂度都是 $O(n^3)$。

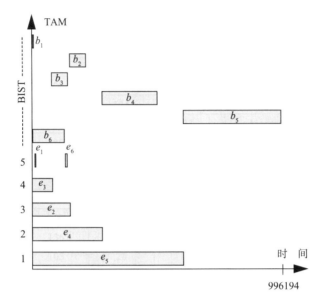

图 11.14　使用 System S 的启发式算法进行 TAM 调度

11.6　模拟退火算法

在本节，我们概述模拟退火（SA）技术，并描述它在测试调度和 TAM 设计中的应用。Kirkpatrick 等人[131] 提出的技术中使用了爬坡机制来避免陷入局部最优。

11.6.1　模拟退火算法概述

SA 算法（图 11.15）从一个初始解开始，稍加修改后产生一个邻近解。算法会对新解的成本进行评估，如果它比以前的解好，就保留新的解。更差的解可以在一定的概率下被接受，通过一个被称为温度（Temperature）的参数进行控制。

优化过程中，温度会降低，接受较差解的概率随着温度值的降低而降低。温度值接近 0 时，优化终止。

```
1:      Construct initial solution, x^now;
2:      Initial Temperature: T=TI;
3:      while stop criteria not met do begin
4:          for i = 1 to TL do begin
5:              Generate randomly a neighboring solution
                    x'∈ N(x^now);
6:              Compute change of cost function
                    ΔC=C(x')-C(x^now);
7:              if ΔC≤0 then x^now=x'
8:                  else begin
9:                      Generate q = random(0, 1);
10:                     if q<e^{-ΔC/T} then x^now=x'
11:                 end;
12:         end;
13:         Set new temperature T=α×T;
14:     end;
15:     Return solution corresponding to the minimum
            cost function;
```

图 11.15　模拟退火算法

11.6.2　初始解和参数选择

我们使用启发式算法，在综合测试框架内根据功率对测试进行初始排序（使用时间、功率 × 时间的结果在相同的成本中进行优化），并创建初始解[158, 157]。图 11.13 和图 11.14 是为 System S 产生初始解的一个例子。

参数中的初始温度 TI、温度长度 TL 和温度降低系数 $α$（$0 < α < 1$）都是根据实验确定的。

11.6.3　测试调度中的邻近解

在只考虑测试调度的情况下，即不考虑 TAM，或者 TAM 作为一种固定资源，我们通过从现有调度方案中随机选择一个测试并尽快安排它，并且和原本调度方案中的安排位置不同，来创建一个邻近的解决方案。例如，给定一个图 11.6 所示的测试调度方案，其资源图如图 11.1 所示，测试兼容性图如图 11.2 所示，我们随机选择一个测试创建相邻的解决方案，例如 t_1。我们应该尽快安排 t_1，但在满足所有约束条件的情况下，不能使用和原来一样的开始时间。在原来的方案中，测试 t_1 在时间 0 开始，直到 t_3 结束前都不会存在新的满足所有约束的起点。现在我们将 t_1 安排在 t_3 结束时的位置，在这种情况下，修改后的测试时间增加了（脱离了可能的局部最小值），但是这只是暂时的，因为在下一次迭代中，可能会有测试被安排在时间 0（以前是 t_1）。

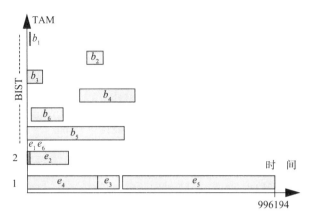

图 11.16   使用 SA 的 System S 测试调度

11.6.4   测试调度和TAM设计中的邻近解

当测试时间和 TAM 设计都要最小化时，可以随机增加或删除一条 TAM 线来创建邻近解，然后将测试安排在修改后的 TAM 上。

随机增加一条 TAM 线，则随机选择一个测试，并从源端测试增加一条 TAM 线到施加该测试的内核，然后再从内核到接收端测试。例如，如果 System S（表 11.1）中的 e_3 被选中，则增加一条 TAM 线从 TAP 到内核 c7552，再从 c7552 到 TAP。随机删除一条 TAM 线也采用类似的方法，但是要确保所有测试都能被施加。

11.6.5   成本函数

测试调度 S 和 TAM A 的成本函数是

$$C(S, A) = \beta_1 \times T(S) + \beta_2 \times L(A)$$

其中，$T(S)$ 是一连串测试 S 的总测试时间；$L(A)$ 是 TAM 的总长度；β_1，β_2 是设计者指定的系数，用于确定测试时间和 TAM 成本的权重。

调度方案 S 的测试时间 $T(S)$ 是

$$T(S) = \left(\forall t_i \left\{ \max \left[t_{\text{end}}(t_i) \right] \right\}, t_i \in S \right)$$

TAM A 的长度 $L(A)$ 由下式给出：

$$\sum_{w_i \in A} \sum_{j=0}^{|w_i|-1} \text{dist}(v_j, v_{j+1}), v_j, v_{j+1} \in w_i$$

模拟退火算法为 System S 产生的测试调度方案 S（图 11.16），测试时间 $T(S)$ 是 996194（测试 e_5 的结束时间），TAM 长度（图 11.17）是 160。与启发式算法[158]相比，测试时间相同，TAM 长度则从 320 减少到 160。

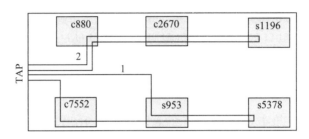

图 11.17　在 System S 上使用 SA 的 TAM 设计

11.7　实验结果

11.7.1　基　准

我们使用 System S[25]（附录 1）和 ASIC Z 设计（附录 1）。我们还使用扩展的 ASIC Z 设计，其中每个内核由两个测试集（一个外部测试、一个 BIST）和一个与相邻内核之间的互连测试[157]进行测试，一共有 27 项测试。

我们使用 Muresan 等人[202]提出的一个带有 10 个测试的设计和一个工业设计。最大的设计来自爱立信[160, 157]，其由 8 个 DSP 加上额外的逻辑单元和内存库组成。基准的所有数据可以在附录 1 中找到。

对于具体实现，我们简化系统模型中的 TAM 线设计，只允许每个测试有一条 TAM 线。讨论算法时，我们使用 our1、our2 和 our3，分别对应基于测试功耗（p）、测试时间（t）、测试功耗 × 测试时间（$p \times t$）的初始排序。

除非特别说明，我们会使用运行至完成的分区测试，对于成本函数 $\beta_1 = \beta_2 = 1$，我们使用 Sun Ultra10，450MHz 的 CPU 以及 256MB 的 RAM 内存。

11.7.2　测试调度

我们将算法（非分区测试）与 Zorian[287] 和 Chou 等人[41]提出的非分区测试方法进行比较。使用与 Chou 等人相同的假设，结果见表 11.2。结果显示我们的方法（our1、our2 和 our3）在所有情况下都能得到一个拥有 3 个测试环节（ts）且测试时间为 300 个时间单位的测试调度方案，比 Zorian 的方法好 23%，比 Chou 等人的方法好 9%。

表 11.2　ASIC Z 测试调度

	Zorian		Chou 等人		our1，our2，our3	
	内　核	时　间	内　核	时　间	内　核	时　间
1	RAM1，RAM4，RF	69	RAM1，RAM3，RAM4，RF	69	RL2，RL1，RAM2	160
2	RL1，RL2	160	RL1，RL2	160	RAM1，ROM1，ROM2	102
3	RAM2，RAM3	61	ROM1，ROM2，RAM2	102	RAM3，RAM4，RF	38
4	ROM1，ROM2	102				
测试时间		392		331		300

在 System S 中，没有给出功耗限制，因此只能使用 our2。我们的方法发现最佳解决方案是在 1 秒后使用运行至完成的分区测试，见表 11.3（第 1 组）。

表 11.3　测试调度结果

设　计	方　法	测试时间	与 SA 的差异 /%	CPU 时间 /s
System S[25]	最优解	1152180	–	–
	Chakrabarty	1204630	4.5	–
	our2（t）	1152180	0	1
工业设计	最优解	1077	–	–
	设计者	1592	47.8	–
	our1（p）	1077	0	1
	our2（t）	1077	0	1
	our3（$p \times t$）	1077	0	1
Muresan[202]	SA	25	–	90
	Muresan[202]	29	16	–
	our1（p）[158]	28	12	1
	our2（t）[158]	28	12	1
	our3（$p \times t$）[158]	26	4	1
ASIC Z（1）	SA	262	–	74
	our1（p）	262	0	1
	our2（t）	262	0	1
	our3（$p \times t$）	262	0	1
ASIC Z（2）	SA	274	–	223
	our1（p）[158]	300	10	1
	our2（t）[158]	290	6	1
	our3（$p \times t$）[158]	290	6	1
扩展 ASIC Z（3）	SA	264	–	132
	our1（p）	313	18	1
	our2（t）	287	9	1
	our3（$p \times t$）	287	9	1
爱立信	SA	30899	–	3260
	our1（p）	37336	20	3
	our2（t）	34762	12	3
	our3（$p \times t$）	34762	12	3

使用工业设计的结果见表 11.3（第 2 组），工业设计者给出的解决方案消耗 1592 个时间单位，我们的方法 our1、our2 和 our3 可以实现 1077 个时间单位的测试时间，是最佳方案，比设计者的解决方案好 32.3%。

使用 Muresan 设计的结果见表 11.3（第 3 组），Muresan 等人的方法的测试时间是 29 个时间单位，我们的方法 our1、our2 和 our3 可以实现 28、28 和 26 个时间单位，都是在 1s 内产生的。SA（$TI=400$，$TL=400$，$\alpha=0.97$）运行 90s 后可以将时间压缩到 25 个时间单位。

不考虑 ASIC Z 上的空载功耗时，我们的方法 our1、our2 和 our3（表 11.3 中第 4 组）的测试时间都是 262 个时间单位。SA（$TI=400$，$TL=400$ 和 $\alpha=0.97$）找不到更好的解决方案。

在考虑空载功耗的实验中（表 11.3 第 5 组），我们的方法 our1、our2 和 our3 的测试时间分别为 300、290 和 290 个时间单位，都是在 1s 内产生的。SA（$TI=400$，$TL=400$，$\alpha=0.99$）产生了一个 274 个时间单位的解决方案，需要 223s，也就是改进了 6%～10% 的成本。

不考虑空载功耗时，在扩展 ASIC Z 上的结果是 313（our1）、287（our2）和 287（our3）个时间单位（表 11.3 中第 6 组），也都在 1s 内产生。SA 运行了 132s 后优化（$TI=TL=400$，$\alpha=0.97$）产生的解决方案成本为 264 个时间单位，即改进了 9%～18% 的成本。

使用爱立信设计的结果（表 11.3 第 7 组）是 37336、34762、34762 个时间单位，分别由我们的方法 our1，our2 和 our3 产生（在 3s 内）。SA 算法（$TI=200$，$TL=200$，$\alpha=0.95$）在 3260s 后产生了一个 30899 个时间单位的解决方案。

11.7.3　测试资源布局

在 ASIC Z 设计中，所有内核都有自己专用的 BIST 结构。我们假设所有 ROM 共享一个 BIST 结构，所有 RAM 存储器共享另一个 BIST 结构，其余内核都有自己专用的 BIST 结构。

11.7.4　测试访问机制设计

假设对 ASIC Z 来说，所有测试都基于扫描（每个内核有 1 条扫描链），并且都通过一个最多允许 8 条扫描链同时运行的外部测试器来施加。表 11.4 收集了考虑空载功耗后使用我们的方法 our1、our2 和 our3 的结果。测试调度方案和用 our3 实现的 TAM 调度如图 11.18 所示。测试访问机制的总长度是 360 个时间单位，布局布线如图 11.19 所示。所有解决方案都在 1s 内产生。

表 11.4　ASIC Z 的结果

方　法	测试时间	TAM 成本
our1（p）	300	360
our2（t）	290	360
our3（$p \times t$）	290	360

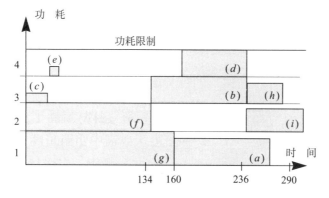

图 11.18　ASIC Z 的测试调度方式

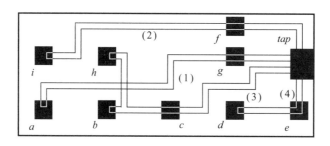

图 11.19　带测试数据访问机制的 ASIC Z

11.7.5　测试调度和 TAM 设计

我们使用 System S 和 ASIC Z 进行实验，证明整合测试调度和 TAM 设计的重要性。ASIC Z 是完全 BIST 的，但是，在这个实验中，我们假设所有测试都通过一个能够同时支持几个测试的外部测试器来施加。我们使用了两种方法，Naive1 和 Naive2。Naive1 使用的 TAM 设计最小，在一个环路中连接所有内核，Naive2 则使用大规模 TAM，每个内核都有自己专用的 TAM。

对于成本函数，我们令 ASIC Z 的 $\beta_1 = \beta_2 = 1$，令 System S 的 $\beta_1 = 1/1000$，$\beta_2 = 1$，结果收集在表 11.5 中。Naive1 生成了一个低成本的 TAM 设计，因为所有测试都要按顺序安排，所以测试时间很长，导致总成本变高。使用大规模 TAM 设计的 Naive 总成本也很高。这种大规模 TAM 提供了更多的灵活性，但是，设计中的其他约束限制了它的使用。启发式算法（our1、our2 和 our3）的结果更好，表明了综合考虑 TAM 设计和测试调度的重要性。使用启发式算法为 System S（表 11.1）实现的 TAM 设计（图 11.13）和测试调度方案（图 11.14）在 1s 内计算得到的测试时间为 996194，TAM 长度为 320。SA（$TI=TL=100$，$\alpha=0.99$）运行 1004s 后也产生一个测试调度方案（图 11.16）和一个 TAM 设计（图 11.17），测试时间为 996194，TAM 长度为 160，即 TAM 改进了 50%。对于 ASIC Z，SA（$TI=TL=100$，$\alpha=0.97$）在运行 855s 后产生一个成本为 514 的解决方案（334 为测试时间，180 为 TAM 长度）。

表 11.5 TAM 设计和测试调度

方 法	System S			ASIC Z		
	时 间	TAM	总 共	时 间	TAM	总 共
Naive1	1541394	100	1641	699	110	809
Naive2	996194	360	1356	300	500	800
our1（p）	–	–	–	300	360	660
our2（t）	996194	320	1316	290	360	650
our3（$p \times t$）	–	–	–	290	360	650
SA	996194	160	1156	334	180	514

表 11.6 给出了启发式算法与 SA 的比较结果，例如，启发式算法 our1 在 1s 后产生 ASIC Z 的解决方案，总成本为 660（测试时间为 300，TAM 长度为 360）。与 SA 优化相比，使用快速启发式算法（在所有情况下）的测试时间结果要好 10% ~ 13%，但 TAM 结果要差得多，SA 方法能优化 21% ~ 28% 的总成本。

扩展 ASIC Z 的实验结果见表 11.6（第 2 组）。启发式算法 our1 在 1s 后产生一个解决方案，测试时间为 313，TAM 成本为 720，总成本为 1033。SA 优化法（$TI=TL=100$，$\alpha=0.97$）在 4549s 后产生一个解决方案，测试时间为 270，TAM 成本为 560。在这个实验中，SA 法的总成本更好（14% ~ 24%），测试时间成本（6% ~ 16%）和 TAM 成本（18% ~ 29%）也更好。爱立信设计的实验结果收集在表 11.6（第 3 组）。启发式算法 our1 得出的解决方案的测试时间为 37336，TAM 成本为 8245，用时 81s。$\beta_1=1$、$\beta_2=2$ 时，总成本为 53826。SA（$TI=TL=100$，$\alpha=0.95$）在运行 15h 后优化产生的解决方案，测试时间为 33082，TAM 成本为 6910。在所有情况下，SA 都产生了更好的结果。对于测试时间，SA 的改进范围是 5% ~ 11%，对于 TAM 成本，改进范围则是 19% ~ 35%，总成本改进范围在 10% ~ 15%。

在所有 SA 实验中，与启发式算法相比，其计算成本是非常高的。对 SA

的参数进行更精细的调整可以减少成本，大规模优化只用于最终设计，因此高计算成本是可以接受的。

表 11.6　启发式算法和 SA 的比较

方　法		SA	our1	our2	our3
ASIC Z	测试时间 与 SA 的差异	334 –	300 –10%	290 –13%	290 –13%
	成　本 与 SA 的差异	180 –	360 100%	360 100%	360 100%
	总成本 与 SA 的差异	514 –	660 28%	650 21%	650 21%
	比较成本 与 SA 的差异	855s –	1s –85400%	1s –85400%	1s –85400%
扩展 ASIC Z	测试时间 与 SA 的差异	270 –	313 16%	287 6%	287 6%
	成　本 与 SA 的差异	560 –	720 29%	660 18%	660 18%
	总成本 与 SA 的差异	830 –	1033 24%	947 14%	947 14%
	比较成本 与 SA 的差异	4549s –	1s –454800%	1s –454800%	1s –454800%
爱立信	测试时间 与 SA 的差异	33082 –	37336 11%	34762 5%	34762 5%
	成　本 与 SA 的差异	6910 –	8245 19%	9350 35%	8520 23%
	总成本 与 SA 的差异	46902 –	53826 15%	53462 14%	51802 10%
	比较成本 与 SA 的差异	15h –	81s –66567%	79s –68254%	62s –86996%

11.8　结　论

对于像 SoC 这样的复杂系统，由于涉及的因素很多，测试设计者很难开发出有效的测试解决方案。工作流程由两个部分组成，前期的设计空间探索和最终解决方案的大规模优化。本章，我们提出了一个适用于这两个部分的框架，该框架综合考虑了测试调度、测试访问机制设计、测试集选择和测试资源布局，在满足测试冲突和测试功耗限制的同时最小化测试时间和测试访问机制的规模。对于早期的设计空间探索，我们实现了一种计算成本较低的算法，该算法适合多次迭代使用。对于最终的解决方案，可以进行大规模优化，我们提出并实现了基于模拟退火算法的测试调度和测试访问机制设计技术。我们已经在一些基准和工业设计上进行了实验，显示出方法的实用性和有效性。

第12章 基于内核设计的高效测试解决方案[1]

12.1 引 言[2]

一个复杂系统的测试方案需要设计一个测试访问机制（TAM），用于测试数据的传输，以及一个在 TAM 上进行测试数据传输的测试调度方案。与布线成本低但测试时间长的简单 TAM 相比，大规模的 TAM 可以有效减少总测试时间，代价是布线成本较高。也可以通过并行加载测试向量来减少待测单元的测试时间，进而提高测试的并行化程度。但是，这种测试时间的减少往往会增加测试功耗，所以必须进行控制，因为超过功耗限制可能会损坏被测系统。此外，测试的执行需要测试资源，考虑测试资源或其他冲突，测试并不一定能并行执行。本章，我们提出了一种用于测试调度、测试并行化和 TAM 设计的综合技术，在考虑测试冲突和功耗限制的同时，使总的测试时间和 TAM 布线成本最小化。该技术的主要特点体现在计算时间的效率和对系统测试行为建模的灵活性，以及对互连、未封装内核和用户自定义逻辑单元测试的支持。我们的方法已经实现，并在一些基准和工业设计上进行了实验，证明该方法能以低计算成本产生高质量的解决方案。

设计方法和半导体工艺技术的进步使得我们可以在一个芯片上实现很多功能，这种芯片被称为片上系统（SoC）。在基于内核的设计方法中，一组内核，即预先定义和预先验证的设计模块，使用用户自定义逻辑（UDL）和互连集成为一个系统。通过这种方式，可以有效地开发复杂的系统，但是，系统的复杂性会导致测试数据量激增，因此测试解决方案的设计必须考虑以下问题：

（1）如何设计一个在系统中传输测试数据的基础设施，即测试访问机制（TAM）。

（2）如何设计一个测试调度方案，在考虑测试冲突和功耗限制的情况下尽量缩短测试时间。

1）本章内容基于 2002 年亚洲测试研讨会（ATS）[166] 和 2004 年计算机辅助集成电路设计学报[176] 上的论文。

2）这部分内容得到瑞典国家计划 STRINGENT 的支持。

　　SoC 设计中的待测单元是内核、UDL 和互连。内核通常会和预先定义的测试方法及测试集一起交付，而 UDL 和互连的测试集要在测试调度和 TAM 设计之前生成。待测单元的测试向量通常存储或创建在源端测试中，测试响应则在接收端测试中进行存储或分析。TAM 是源端测试、待测单元和接收端测试之间的连接。通过同时施加几个不同的测试集，可以最大限度地缩短测试时间，但是必须考虑测试冲突和功耗限制。

　　设计 SoC 测试方案的工作流程主要分为两个部分：前期的设计空间探索以及最终解决方案的大规模优化。对于前者，我们已经提出了一个综合测试调度和 TAM 设计的方法，可以最小化测试时间和 TAM 成本[158, 165]。该方法的优点是计算成本低，在早期设计空间探索阶段可以反复使用。对于最终解决方案的大规模优化，我们提出了一个基于模拟退火算法的方法，该方法只用了几次就证明了其计算成本高是合理的[160, 165]。我们还提出了一种在功耗限制下的综合测试调度和扫描链分区（测试并行化）的技术[161]。对于具有可变测试时间的待测单元，如扫描测试的内核，测试并行化的问题是确定并行加载的扫描链数量，即确定每个待测单元的测试时间，以使系统的总测试时间最短，同时还要考虑测试功耗限制。

　　本章，我们提出一种整合测试调度、测试并行化（扫描链分区）和 TAM 设计的技术，目的是在考虑测试冲突和功耗限制的同时，使总测试时间和 TAM 布线成本最小，缩小设计空间探索和大规模优化之间的差距，也就是说，针对测试时间和 TAM 布线以相对较低的计算成本产生高质量的解决方案。

　　我们提出的方法支持：

　　（1）互连测试。

　　（2）用户自定义逻辑块的测试。

　　（3）未封装内核的测试。

　　（4）考虑源端测试的内存限制。

　　（5）考虑源端测试和接收端测试的带宽限制。

　　（6）在内核中嵌入内核。

　　我们的技术已经在几个基准上进行了实验，包括爱立信的大型工业设计，它由 170 个测试集进行测试。实验结果表明，该技术可以处理用不同测试方法进行测试的系统，也就是说我们的技术并不局限于基于扫描的系统。

本章的组织结构如下。12.2 节给出背景介绍和相关工作概述，12.3 节讨论和描述所考虑的测试问题，12.4 节介绍综合了测试调度、测试并行化和 TAM 设计的方法，12.5 节给出实验结果，12.6 节给出结论。

12.2　背景和相关工作

可以通过尽可能并行执行测试来最小化系统的总测试时间。测试调度的基本思想是确定每个测试集应该在什么时候执行，主要目标是最小化总测试时间，同时必须考虑各种冲突和功耗限制。例如，在任何时候，每个待测单元只能施加一个测试集。功耗限制也必须仔细考虑，否则被测系统可能会被损坏。

可以用 Craig 等人的方法对调度技术进行分类[47]：

（1）非分区测试。

（2）运行至完成的分区测试。

（3）分区测试。

图 12.1 中用 5 个测试集（t_1, …, t_5）说明了这些技术之间的差异，其中矩形的长度对应各测试集的测试时间。在非分区测试中（图 12.1(a)），测试集被分组到测试环节中，只有前一个环节的所有测试集执行完，才允许新的测试开始。运行至完成的分区测试的测试调度方法不将测试集分组到测试环节中，因此新的测试可以在任何时间开始（图 12.1(b)）。最后，在分区测试或抢占

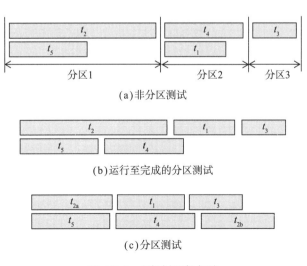

(a)非分区测试

(b)运行至完成的分区测试

(c)分区测试

图 12.1　测试调度方法

式测试中，测试可以被中断，并在稍后恢复，如图 12.1(c) 中的测试 t_2，它被分成了两个分区。

一组测试向量被称为测试集，一个系统通常通过施加某些测试集来进行测试。对于每个测试集，都需要一个源端测试和一个接收端测试。源端测试是存储或生产测试集的地方，源端测试可以放在片上或片外。接收端测试是存储或分析测试响应的地方。接收端测试可以像源端测试一样，放在片上或片外。如果一个特定的待测单元的源端测试和接收端测试都放在片上，通常将其称为内建自测试（BIST）。片上源端测试的一个例子是线性反馈移位寄存器（LFSR）或存储器，片外源端测试的一个例子是自动测试设备（ATE）。使用 ATE 作为源端测试和接收端测试的主要优点是，每个待测单元可以使用相对较小的测试集；缺点是自动测试设备的速度慢，内存有限[92]。另一方面，像 LFSR 这样的片上源端测试，不需要大规模的全局测试基础设施，如果每个待测单元都有其专用的 LFSR，这一点尤其正确。LFSR 的缺点是通常需要一个相对较大的测试集，导致测试时间变长，测试功耗也会升高。

源端测试和接收端测试可以几个待测单元共享。而每个待测单元都由一个或多个测试集进行测试。一个系统可能包含几个源端测试和接收端测试。测试基础设施 TAM 用来连接源端测试、待测单元和接收端测试，将测试向量从源端测试传送到待测单元，并将测试响应从待测单元传送到接收端测试。

Zorian 提出了一种基于非分区测试的测试调度技术（图 12.1(a)），该技术适用于每个待测单元都有专用的片上源端测试和片上接收端测试的系统[287]。在该方法中，一个测试集分配固定的测试时间和固定的测试功耗。目标是最小化总的测试时间和 TAM 布线，同时确保任何时候的总测试功耗都低于给定的功耗限制。TAM 布线的最小化是通过基于平面布局的测试分组来实现的，即相邻内核的测试被安排在同一测试环节。分组的好处是，同一测试环节执行的所有测试集可以共享 TAM 线。最近 Wang 等人针对具有专用 BIST 的存储器提出了一种基于运行至完成的分区测试的测试调度技术[275]。

Chou 等人[41] 提出了一种分析性测试调度方法，也适用于非分区测试，在 Zorian 的方法中，每个测试集分配固定的测试时间和固定的测试功耗。测试冲突通常使用资源图进行建模。基于资源图，可以生成测试兼容性图，覆盖表用来确定哪些测试安排在同一测试环节中进行。Muresan 等人[202] 提出了一种测试调度技术，其假设与 Chou 等人相同。为了提高测试调度的灵活性，使用了运行至完成的分区测试。

在上述所有方法中，每个待测单元都有专用的测试集，并有固定的测试时间。Sugihara 等人提出了一种为待测单元选择测试集的技术，其中每个待测单元可以由一个使用片外源端测试和片外接收端测试的测试集，以及一个使用片上源端测试和片上接收端测试的测试集来测试[256]。目的是在片上资源（源端测试和接收端测试）和片外资源（源端测试和接收端测试）的测试向量数量之间找到一个平衡点。如果一个测试资源一次只能生成一个待测单元的测试向量，那么共享测试资源就可能引入冲突。Chakrabarty 也提出了一种测试调度技术，用于由两个测试集测试的系统，一个 BIST 测试集和一个存储在 ATE 中的测试集[28, 25]。Chakrabarty 还考虑了共享测试总线进行测试数据传输时可能出现的冲突，以及待测单元之间共享 BIST 资源的问题。

测试基础设施用来运输测试数据，即测试向量和测试响应。先进的微控制器总线结构（AMBA）就是其中一种方案，所有测试集都在一条单一的总线上按顺序进行调度[88]。另一种总线方案是由 Varma 和 Bhatia 提出的[267]，没有将所有 TAM 线放在一条总线上，而是让几组 TAM 线构成几条测试总线。每条测试总线上的测试，就像 AMBA 上一样，按顺序调度。但是，不同总线上的测试同时执行。Aerts 和 Marinissen 也提出了三种结构：

（1）多路复用结构，所有测试按顺序调度。

（2）分布式结构，所有测试都在其专用的 TAM 线上同时安排。

（3）菊花链结构，所有测试同时安排，一旦一个内核的测试完成，该内核就会通过一个时钟缓冲器来进行旁路[5]。

其中，顺序测试调度一个常见的缺点是，互连测试会有点麻烦。

顺序测试调度的好处是，每次只激活一个测试集，而且每次只有一个待测单元中会有开关活动，这就减少了测试功耗。在并行测试中，几个内核的测试可以在同一时间进行。在分布式结构中，所有内核的测试都是同时开始的，这意味着所有内核同时激活，从而导致很高的测试功耗。在菊花链方法中，所有内核也被安排在同一时间启动，测试向量通过内核进行流水线处理。从测试时间的角度来看，菊花链测试的想法是有效的，但是，从测试功耗的角度来看，它会导致频繁的开关活动。Saxena 等人提出了一种技术，通过使用门控子链方案来降低基于扫描的设计中的测试功耗[241]。实验结果表明，相比于原始设计，带有门控子链的设计的测试时间保持不变，但测试功耗会因门控子链数量的增加而减少。

内核测试封装器是内核和 TAM 之间的接口。一个标准的内核封装器，如 P1500 或测试壳有 4 种模式，正常运行、内部测试、外部测试和旁路[104, 188]。一个系统中的测试可以被归纳为封装内核测试和未封装的内核测试。封装内核测试是指在配备有专用 TAM 接口（封装器）的内核进行的测试，未封装的内核测试则是指在没有专用封装器的内核进行的测试。这时一个新的冲突就出现了，即测试封装器冲突。目前已经提出几种方法用于封装内核测试。Iyengar 等人提出一种内核测试技术，假设一个固定的 TAM 带宽被划分为一组固定的 TAM，问题是如何以最小化总测试时间的方式将内核分配给这组 TAM[113]。每个 TAM 上的测试都是顺序调度的，测试可以分配到系统中的任何一个 TAM 上。为了使该方法适用于大型工业设计，Iyengar 等人提出使用启发式算法而不使用整数线性规划（ILP）[112]。

Iyengar 等人[114]、Goel 和 Marinissen[73, 74, 75]、Huang 等人[97]、Koranne[139] 以及 Koranne 和 Iyengar[141] 提出了几种为内核测试分配 TAM 线路的方法。Hsu 等人[96]和 Huang 等人[100] 也提出了在功耗限制下的 TAM 线路分配技术，用于功耗固定但是测试时间可变的测试。Iyengar 等人提出了一种考虑了层级冲突的技术[118]。Cota 等人提出了一种用于 TAM 设计和测试调度的方法[43]。测试数据可以在专用 TAM 以及功能总线上传输。为了进一步探索设计空间，该方法允许对功能总线进行重新设计和扩展。

12.3　测试问题

本节，我们介绍测试问题及其建模。

12.3.1　测试时间

本章，我们使用一个测试时间模型，假设在给定的范围内，测试时间与分配给待测单元的 TAM 线数量之间存在线性关系。在我们的模型中，假设设计者为每个内核都指定了一个带宽范围。这意味着每个待测单元都要选择一个带宽，该带宽在最小带宽和最大带宽范围内，测试时间与给定范围内的 TAM 带宽存在线性关系。

待测单元的测试时间定义为施加测试向量所需的时间。对于一些测试方法，测试时间是固定的，而对于如基于扫描的测试，测试时间可以修改。修改是通过测试并行化实现的。例如，对于一个有若干扫描链的内核，这些扫描链形成一条单链，然后连接一条 TAM 线。对内核的测试是通过移入测试向量进行的，当扫描链被填满时，施加一个捕获周期，然后移出测试响应。因此，测试时间主要消耗在移位过程。为了缩短移位时间，在前一个测试向量的测试响应移出的同时，可以移入一个新的测试向量。为了进一步缩短移位时间，这些扫描链可以连接成几条封装链，每条封装链连接一条 TAM 线。例如，图 12.2 中的 n 条扫描链连接成 m 条封装链（$n \geq m$），新的测试向量的加载可以在 m 条封装链中同时进行。

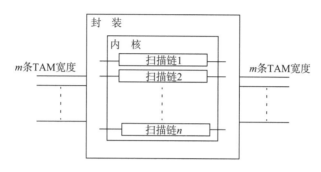

图 12.2　内核扫描链设计

Iyengar 等人[113]已经解决了封装链形成的问题，一个内核的总测试时间由下式给出：

$$\tau_e = \left[1 + \max\left(s_i, s_o\right)\right] \times p + \min\left(s_i, s_o\right) \qquad (12.1)$$

其中，s_i 是用于扫描输入的最长封装链；s_o 是用于扫描输出的最长封装链；p 是测试向量的数量。

测试时间的精确计算需要一种算法来确定内核的封装链数量，如 Iyengar 等人提出的算法。需要注意的是，即使能够精确计算每个待测单元的测试时间，上述公式也没有考虑由时钟旁路结构引入的系统级的影响，当 TAM 线变长时，这种时钟旁路结构会在测试壳中使用。由于在系统层面应用该公式并不能得出准确的测试时间，为了减少计算成本，我们建议对测试时间进行近似计算：

$$\tau_a = \left\lceil \frac{\tau_{e1}}{m} \right\rceil \qquad (12.2)$$

其中，τ_{e1} 是假设只有单一封装链时的测试时间；m 是分配给内核的 TAM 线数量，其在设计者指定的范围内。

我们分析了精确测试时间（τ_e）和近似测试时间（τ_a）计算之间的关联性。

使用 ITC'02 基准[189] 中最大的工业设计之一 p93791 来说明我们的分析。我们提取 p93791 中 12 个基于扫描的内核。该设计的关键数据见表 12.1。分析的目的是检查测试时间的精确计算和我们提出的测试时间的近似值之间的相关性，同时找出测试时间和封装链数量之间存在非线性关系的可能原因。

表 12.1　基于扫描的内核在设计 p93791 中的特性

内　核	测试向量	输　入	输　出	双向端口	扫描链	最短扫描链	最长扫描链
1	409	109	32	72	46	1	168
6	218	417	324	72	46	500	521
11	187	146	68	72	11	17	82
12	391	289	8	72	46	92	93
13	194	111	31	72	46	173	219
14	194	111	31	72	46	173	219
17	216	144	67	72	43	145	150
19	210	466	365	72	44	97	100
20	416	136	12	72	44	181	132
23	234	105	28	72	46	1	175
27	916	30	7	72	46	50	68
29	172	117	50	0	35	185	189

内核 1、6 和 11 的分析结果见表 12.2，内核 12、13 和 14 的分析结果见表 12.3，内核 17、19 和 20 的分析结果见表 12.4，内核 20、23 和 27 的分析结果见表 12.5。对于每个内核不同情况下的封装链（TAM 宽度）1 ~ 16，我们使用 Iyengar 等人[113] 提出的封装链分区算法来计算精确测试时间。对于每个 TAM 宽度，我们还计算了近似测试时间（τ_a）以及精确测试时间和近似测试时间之间的差异。从表 12.2 ~ 表 12.5 的结果中我们观察到，对于低 TAM 宽度，τ_e 和 τ_a 之间的差异极小。随着 TAM 宽度的增加，τ_e 和 τ_a 之间的差异也在增加。在各内核中，内核 11 的情况是最糟糕的。因此，我们对内核 11 进行观察，得出两个结果：扫描链的数量是 11，而 TAM 带宽在 1 ~ 16，扫描链的长度相当不平衡；最短的扫描链长度是 17 个触发器，而最长的扫描链则由 82 个触发器组成。我们对内核 11 做了 4 个新的扫描链分区（表 12.6），即

（1）balanced.11，为 11 条扫描链进行尽可能平衡的重新设计。

（2）balanced.22，扫描链的数量增加到 22 个，并且尽可能地使分区平衡。

（3）balanced.44，扫描链的数量增加到 44 个，并且尽可能地使分区平衡。

（4）balanced.88，扫描链的数量增加到 88 个，并且尽可能地使分区平衡。

表 12.2　p93791 中内核 1、6、11 的精确测试时间和
近似测试时间的比较，差异按 $|\tau_e - \tau_a|/\tau_e \times 100$ 计算

TAM 宽度	内核 1			内核 6			内核 11		
	测试时间 τ_e	测试时间 τ_a	差异 /%	测试时间 τ_e	测试时间 τ_a	差异 /%	测试时间 τ_e	测试时间 τ_a	差异 /%
1	2862952	2862952	0	5317007	5317007	0	149381	149381	0
2	1431714	1431476	0.02	2658613	2658504	0.004	74784	74691	0.12
3	954862	954317	0.06	1809815	1772336	2.1	49981	49794	0.4
4	740459	715738	3.3	1358456	1329252	2.1	37580	37345	0.6
5	573163	572590	0.1	1126316	1063401	5.6	32513	29876	8.1
6	494049	477159	3.4	907097	886168	2.3	25177	24897	1.1
7	431729	408993	5.3	793217	759572	4.2	21608	21340	1.2
8	370639	357869	3.4	679337	664626	2.2	18977	18673	1.6
9	318561	318106	0.14	674957	590779	12.5	17105	16598	3.0
10	308319	286295	7.1	565457	531701	6.0	16538	14938	9.7
11	305449	260268	14.8	561077	483364	13.9	15603	13580	13.0
12	248049	238579	10.6	455738	443084	2.8	15603	12448	20.2
13	246409	220227	10.6	451577	409001	9.4	15603	11491	26.4
14	244359	204497	16.3	451358	379786	15.9	15603	10670	31.6
15	191464	190863	0.3	447197	354467	20.8	15603	9959	36.2
16	186549	178935	4.1	341858	332313	2.8	15603	9336	40.2

表 12.3　p93791 中内核 12、13、14 的精确测试时间和
近似测试时间的比较，差异按 $|\tau_e - \tau_a|/\tau_e \times 100$ 计算

TAM 宽度	内核 12			内核 13			内核 14		
	测试时间 τ_e	测试时间 τ_a	差异 /%	测试时间 τ_e	测试时间 τ_a	差异 /%	测试时间 τ_e	测试时间 τ_a	差异 /%
1	1813502	1813502	0	1893564	1893564	0	1893564	1893564	0
2	906947	906751	0.02	946880	946782	0.01	946880	946782	0.01
3	604799	604501	0.05	639989	631188	1.4	639989	631188	1.4
4	453892	453376	0.1	480479	473391	1.5	480479	473391	1.5
5	363774	362700	0.3	395654	378713	4.3	395654	378713	4.3
6	302596	302250	0.11	320969	315594	1.7	320969	315594	1.7
7	259492	259072	0.16	278654	270509	2.9	278654	270509	2.9
8	227337	226688	0.29	242384	236696	2.3	242384	236696	2.3
9	217951	201500	7.5	235754	210396	10.8	235754	210396	10.8
10	182278	181350	0.51	200069	189356	5.4	200069	189356	5.4
11	181887	164864	9.4	193439	172142	11.0	193439	172142	11.0
12	151689	151125	0.4	165749	157797	4.8	165749	157797	4.8
13	145823	139500	4.3	159509	145659	8.7	159509	145659	8.7
14	145431	129536	10.9	153269	135255	11.8	153269	135255	11.8
15	145431	120900	16.9	152879	126238	17.4	152879	126238	17.4
16	114060	113344	0.6	123434	118348	4.1	123434	118348	4.1

表 12.4　p93791 中内核 17、19、20 的精确测试时间和
近似测试时间的比较，差异按 $|\tau_e-\tau_a|/\tau_e \times 100$ 计算

TAM 宽度	内核 17			内核 19			内核 20		
	测试时间 τ_e	测试时间 τ_a	差异 /%	测试时间 τ_e	测试时间 τ_a	差异 /%	测试时间 τ_e	测试时间 τ_a	差异 /%
1	1433858	1433858	0	1031266	1031266	0	3193678	3193678	0
2	717181	716929	0.04	515843	515633	0.04	1597047	1596839	0.01
3	483258	477953	1.1	343904	343755	0.04	1065003	1064559	0.04
4	358699	358465	0.07	258027	257816	0.08	798940	798419	0.07
5	290128	286772	1.2	206553	206253	0.15	639256	638736	0.08
6	257361	238976	7.1	179524	171878	4.3	551690	532280	3.5
7	225028	204837	9.0	156728	147324	6.0	477047	456240	4.4
8	192912	179232	7.1	134801	128908	4.4	416582	399210	4.2
9	161664	159318	1.5	114775	114585	0.17	361121	354853	1.7
10	160579	143386	10.7	111164	103127	7.2	346109	319368	7.7
11	130849	130350	0.4	94095	93751	0.4	291064	290334	0.25
12	129331	119488	7.6	90077	85939	4.6	286061	266140	7.0
13	128680	110297	14.3	85444	79328	7.2	271466	245668	9.5
14	128029	102418	20.0	83133	73662	11.4	261458	228120	12.8
15	97215	95591	1.7	68992	68751	0.35	216005	212912	1.4
16	97215	89616	7.8	67506	64454	4.5	215588	199605	7.4

表 12.5　p93791 中内核 23、27、29 的精确测试时间和
近似测试时间的比较，差异按 $|\tau_e-\tau_a|/\tau_e \times 100$ 计算

TAM 宽度	内核 23			内核 27			内核 29		
	测试时间 τ_e	测试时间 τ_a	差异 /%	测试时间 τ_e	测试时间 τ_a	差异 /%	测试时间 τ_e	测试时间 τ_a	差异 /%
1	1836917	1836917	0	2869269	2869269	0	1161619	1161619	0
2	918609	918459	0.02	1435093	1434635	0.03	584201	580810	0.6
3	612618	612306	0.05	957346	956423	0.1	389582	387206	0.6
4	475404	459229	3.4	718007	717317	0.1	292187	290405	0.6
5	367758	367383	0.1	588713	573854	2.5	232497	232324	0.07
6	317719	306153	3.6	480507	478212	0.5	194963	193603	0.7
7	277534	262417	5.4	418151	409896	2.0	166241	165946	0.2
8	240874	229615	4.7	365882	358659	2.0	161235	145202	9.9
9	204440	204102	0.16	341123	318808	6.5	130090	129069	0.8
10	200689	183692	8.5	303526	286927	5.5	129057	116162	10.0
11	194579	166992	14.2	279684	260843	6.7	128884	105602	18.1
12	160739	153076	4.8	248506	239106	3.8	97568	96802	0.8
13	160504	141301	12.0	248506	220713	11.2	96879	89355	7.8
14	156979	131208	16.4	232000	204948	11.7	96879	82973	14.4
15	122898	122461	0.35	217328	191285	12.0	96706	77441	19.9
16	120554	114807	4.8	187067	179329	4.1	96533	72601	24.8

表 12.6　内核 11 上改进的扫描链划分

	扫描链	扫描链
原　始	11	82 82 82 81 81 81 18 18 17 17 17
balanced.11	11	53 53 53 53 52 52 52 52 52 52 52
balanced.22	22	27 27 27 27 26 26 26 26 26 26 26 26 26 26 26 26 26 26 26 26 26 26
balanced.44	44	14 14 14 14 13 13 13 13 13 13 13 13 13 13 13 13 13 13 13 13 13 13 13 13 13 13 13 13 13 13 13 13 13 13 13 13 13 13 13 13 13 13 13 13
balanced.88	88	7 7 7 7 7 7 7 7 7 7 7 7 7 7 7 7 7 7 7 7 7 7 7 7 7 7 7 7 7 7 7 7 7 7 7 7 7 7 7 7 7 7 7 6 6 6 6 6 6 6 6 6 6 6 6 6 6 6 6 6 6 6 6 6 6 6 6 6 6 6 6 6 6 6 6 6 6 6 6 6 6 6 6 6 6 6 6

表 12.7 中收集了对原始内核 11 和 4 个平衡设计版本的实验结果。在 TAM 宽度为 1 ~ 16 的范围内进行实验，对于内核 11 的每个版本，在每个 TAM 宽度，都计算了精确测试时间、近似测试时间以及二者之间的差异。对于原始设计，近似测试时间和精确测试时间平均相差 12.1%。对于 balanced.11，也就是原始设计的平衡版本，这个平均值下降到 5.7%。如果扫描链的数量像 balanced.22 那样增加到 22，平均差异只有 2.7%，扫描链的数量增加到 44，平均差异下降到 1.5%。进一步将扫描链的数量增加到 88 条，即 balanced.88，在我们实验的 TAM 带宽下，平均差异不会再下降了。分析表明，以平衡方式设计内核的扫描链，并采用相对较多的扫描链，会使得测试时间和 TAM 宽度之间接近线性关系。

表 12.7　内核 11（表 12.6）的精确测试时间和
近似测试时间的比较，差异按 $|\tau_e - \tau_a|/\tau_e \times 100$ 计算

TAM 宽度	原　始			balanced.11		balanced.22		balanced.44		balanced.88	
	τ_a	τ_e	差异 /%	τ_e	差异 /%	τ_e	差异 /%	τ_e	差异 /%	τ_e	差异 /%
1	149381	149381	0	149381	0	149381	0	149381	0	149381	0
2	74691	74784	0.1	74784	0.1	74784	0.1	74784	0.1	74784	0.1
3	49794	49981	0.4	49981	0.4	49981	0.4	49981	0.4	49981	0.4
4	37345	37580	0.6	37579	0.6	37579	0.6	37579	0.6	37579	0.6
5	29876	32513	8.1	32135	7.0	30065	0.6	30064	0.6	30064	0.6
6	24897	25177	1.1	25177	1.1	25177	1.1	25177	1.1	25177	1.1
7	21340	21608	1.2	21806	2.1	21618	1.3	21608	1.2	21608	1.2
8	18673	18977	1.6	20487	8.9	18976	1.6	18976	1.6	18976	1.6
9	16598	17105	3.0	19739	15.9	16905	1.8	16909	1.8	16909	1.8
10	14938	16538	9.7	19739	24.3	16161	7.6	15219	1.8	15219	1.8
11	13580	15603	13.0	13903	2.3	13903	2.3	13903	2.3	13903	2.3
12	12448	15603	20.2	12775	2.6	12775	2.6	12775	2.6	12775	2.6
13	11491	15603	26.4	11839	2.9	11831	2.9	11835	2.9	11836	2.9
14	10670	15603	31.6	11090	3.8	10903	2.1	10903	2.1	10898	2.1
15	9959	15603	36.2	11086	10.2	10899	8.6	10147	1.9	10147	1.9
16	9336	15603	40.2	10338	9.7	10337	9.7	9582	2.6	9582	2.6
平均值			12.1		5.7		2.7		1.5		1.5

应该注意的是，我们使用的 TAM 带宽在 1 ~ 16 的范围内。很明显，对于只有几个扫描单元的小内核，线性依赖关系并不成立。但是，我们的建模是在设计者指定的范围内假设有线性依赖关系。

12.3.2 测试功耗

与正常运行期间相比，测试期间的功耗通常更高。原因是需要更频繁的开关活动，以便让每个测试向量能够检测尽可能多的故障。如果每个测试向量都能够测试大量故障，就可以最大限度地减少测试向量的数量，缩短测试时间。问题是，产生的高测试功耗可能会损坏系统。因此，在安排测试的时候，需要控制总的测试功耗。为了分析测试功耗，我们需要一个功耗模型。Chou 等人[41]通过为每个测试集给定一个固定的测试功耗引入测试功耗模型。图 12.3 给出了一个例子，显示了执行两个测试 t_i 和 t_j 时，测试功耗是如何随时间 τ 变化的，$p_i(\tau)$ 和 $p_j(\tau)$ 分别是两个测试 t_i 和 t_j 的瞬时功耗，而 $P(t_i)$ 和 $P(t_j)$ 是相应的最大功耗。在 $p_i(\tau) + p_j(\tau) < p_{max}$ 的情况下，两个测试可以安排在同一时间。但是，每个测试向量的瞬时功耗很难得到。为了简化分析，为一个测试 t_i 中的所有测试向量分配固定功耗 $p_{test}(t_i)$，这样当测试进行时，任何时刻的功耗都不超过 $p_{test}(t_i)$。$p_{test}(t_i)$ 还可以被指定为测试 t_i 中所有测试向量的平均功耗，或测试 t_i 中所有测试向量的最大功耗。前一种方法可能过于乐观，导致测试调度不理想，超过了测试功耗的限制。后者可能过于悲观，但是它保证了测试功耗始终满足约束条件。在测试环境，每次测试的平均功耗和最大功耗的差异往往很小，因为目标是使电路活动最大化，以便能在最短的时间内进行测试[41]。因此，一个测试 t_i 的功耗 $p_{test}(t_i)$ 通常定义为当测试 t_i 单独应用时的最大测试功耗（$P(t_i)$）。

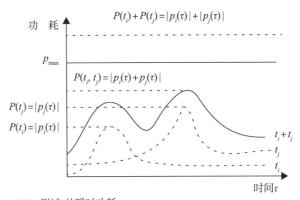

$P_i(\tau) = $ 测试 t_i 的瞬时功耗

$P(t_i) = |p_i(\tau)| = $ 测试 t_i 的最大功耗

图 12.3 作为时间函数的测试功耗[41]

这种简化是由 Chou 等人[41]提出的，并被 Zorian[287]和 Muresan 等人[202]使用，我们的方法也使用这个假设。

12.3.3　并行测试的测试功耗

测试功耗取决于开关活动。在基于扫描的系统的测试期间，开关活动不仅在测试向量的施加过程及捕获周期中出现，在新测试向量移入而先前测试向量的测试响应移出的移位过程中也出现。Saxena 等人[241]提出了一个门控子链方案，以减少移位过程中的测试功耗。给出一组如图 12.4 所示的扫描链，其中 3 条扫描链构成一条单链。在移位过程中，所有扫描触发器都处于活动状态，导致系统中的开关活动和功耗都很高。如果引入 Saxena 等人提出的门控子链方案（图 12.5），在移位过程中每次只有 3 条扫描链中的一条处于活动状态，而其他扫描链则被关闭，那么关闭的扫描链中就没有开关活动。示例中的测试时间（图 12.4 和图 12.5）是相同的，门控子链方案中的开关活动减少了，同时时钟树分布的活动也减少了[241]。Saxena 等人[241]的实验结果表明，与图 12.4 的原始方案相比，使用图 12.5 中具有 3 个子链的门控方案，测试功耗可以减少到三分之一。我们使用基于 Saxena 等人实验结果的通用模型，该模型表明测试时间和测试功耗之间存在线性依赖关系。如果一个内核中存在 x 条扫描链，就可以形成 x 条封装链。在这种情况下，由于移位过程最小化，测试时间也会减少，但是，由于 x 条扫描链同时活动，测试功耗会最大化。另一方面，如果假设所有扫描链都连接成一条单一的封装链，测试时间会增加，但测试功耗可以通过对 x 条扫描链的门控来降低。对于功耗建模，和测试时间建模的方法一样。

图 12.4　原始扫描链[241]

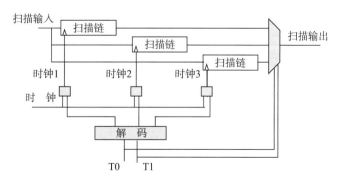

图 12.5　具有门控子链的扫描链[241]

我们在一条封装链上分配测试时间和测试功耗。随着分配的 TAM 线数量的变化，假设测试时间和测试功耗在指定范围内存在线性变化。

12.3.4　源端测试限制

一个源端测试的带宽通常是有限的。例如，一个外部测试器一次只支持有限数量的扫描链[92]。源端测试的内存也可能给测试带来限制[92]，而且源端测试的可用引脚数量也是有限的。在我们的模型中，用一个固定值来表示源端测试和接收端测试的最大带宽。用同样的方法也可以表示源端测试存储测试向量的内存。

12.3.5　测试冲突

我们已经讨论了测试功耗、带宽限制、内存限制和 TAM 线路共享导致的冲突。这些都是在测试调度中需要考虑的冲突。另外还有一些冲突是提前已知的，接下来我们将讨论这一类测试冲突。这些冲突是测试过程中的干扰导致的，测试过程包括对互连和 UDL 的测试。当系统包含嵌入内核中的内核时，也有可能出现冲突[118]。

一般来说，为了执行一个测试，需要一组待测单元。待测单元往往可以事先指定。明确指定测试冲突的好处是，可以给设计者提供探索不同设计的可能性。与在工具中内置测试冲突的方法相比，我们的技术更加灵活。

我们将使用图 12.6 中的例子来说明未封装内核的测试和测试干扰。这个例子包括一个源端测试和一个接收端测试，以及 3 个内核（c_1、c_2 和 c_3），其中，内核 c_1 由两个待测单元 b_{11} 和 b_{12} 组成，内核 c_2 由两个待测单元 b_{21} 和 b_{22} 组成，内核 c_3 由两个待测单元 b_{31} 和 b_{32} 组成。c_1 和 c_2 有连接 TAM 的接口，也就是说，它们被放在封装器中。如上所述，我们称这样的内核为封装内核，而像 c_3 这样没有专门接口到 TAM 的内核，则被称为未封装内核。在封装内核上进行的测试被称为封装内核测试，在未封装内核上进行的测试则被称为未封装内核测试。对待测单元 b_{32} 中的 UDL 测试就是一个未封装内核测试。为了对 b_{32} 进行测试，测试向量通过 TAM 从源端测试 r_1 传送到封装内核 c_1。c_1 的封装器置于外部测试模式，只要封装器处于外部测试模式，就不能在 c_1 上进行内核测试。测试向量从 c_1 的封装器传送到待测单元 b_{32}。测试响应在 c_2 的封装器上被捕获，它和 c_1 一样，被置于外部测试模式。测试响应从 c_2 的封装器通过 TAM 传送到接收端测试 s_1。c_1 的待测单元 b_{11}、b_{12} 以及 c_2 的待测单元 b_{21}、b_{22} 的测试不能与 b_{32} 的测试同时进行。在我们的模型中，将其指定为一个冲突列表 $\{b_{11}, b_{12}, b_{21}, b_{23}\}$。

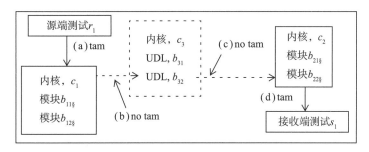

图 12.6 未封装内核的测试和测试干扰示意图

对 b_{32} 的测试可能会对其他待测单元的测试产生影响，如 b_{31}。在我们的方法中，明确列出了所有为了执行测试而需要的待测单元。如果 b_{31} 在测试 b_{32} 的过程中受到干扰，b_{31} 也会被包括在冲突列表中。

明确列出所有测试冲突的一个好处是，可以对层级结构进行建模，例如内核嵌入到内核中的情况。层级建模技术通常会隐式地对冲突进行建模。在我们的方法中，不存在这种隐式建模方式，因此需要较长的冲突列表。

12.3.6 测试访问机制设计

在我们的设计流程中，假设系统最初没有 TAM 线。当系统中的测试数据需要传输时，才会添加 TAM 线。一般来说，所有的源端测试、接收端测试都要和封装内核相连接。

在对 TAM 线路的建模过程中，假设每条 TAM 线都和其他 TAM 线相互独立。也就是说，我们没有将 TAM 线路划分成不同的子集。同时假设 TAM 线上的数据传输延迟可以忽略不计，并且不考虑在长 TAM 线上引入最终旁路结构的时间影响。

在对内核和测试资源布局进行建模的过程中，我们假设对每个内核和测试资源进行单点分配，即给出坐标 (x, y)。实际布局模型会比单点分配更复杂，模型越详细计算复杂性越高。为了进一步说明这一点，可以参考图 12.7 中符合 P1500 标准的内核概念图。注意这只是一个概念性的视图。例如，输入不一定非要放在左手边，输出也不一定非要放在右手边。一个比单点模型更精细的布局模型需要一种方法来确定连接线的位置。另外，一个更精细的布线模型还必须考虑内核的尺寸，因为在封装器内布线是有成本的。

此外，一个更复杂的模型应该能够处理在将扫描链连接成一组封装链的过程中产生的接线问题。也就是说，这个模型应该考虑到每个扫描输入和扫描输出在内核上的确切位置。在此基础上，还需要建立一个针对不同类型内核的模

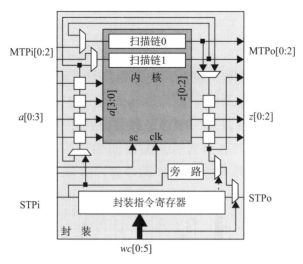

图 12.7　符合 P1500 标准的内核概念图[186]

型。一个内核配备一个内置的旁路结构或一个特殊的透明模式可以减少布线，但是在对测试时间建模时需要有额外的考虑，因为透明模式可能需要几个时钟周期来将测试数据从内核输入传送至其输出。另外，透明模式也有几种可能的实现方式，每一种方式都需要一定数量的时钟周期，并且每一种方式都会消耗一定的功率。因此，我们决定使用单点模式进行建模。

12.3.7　系统建模

我们在前面讨论了 SoC 测试问题及其建模。本节将介绍系统建模和测试设计工具的输入规范。

在以前的系统建模[158, 160, 165]基础上，我们开发了一个模型，一个带有测试的设计 DT，用给定的测试方法和增加的测试资源对 SoC 系统进行建模，如图 12.8 所示，DT 表示如下：

$$DT = (C, T, R_{source}, R_{sink}, p_{max})$$

其中，$C = \{c_1, c_2, \cdots, c_n\}$ 是一个有限的内核集合。

（1）内核 $c_i \in C$ 的位置用 (x_i, y_i) 表示，每个内核由一组有限的逻辑块组成，即 $c_i = \{b_{i1}, b_{i2}, \cdots, b_{im_i}\}$，其中 $m_i > 0$ $\{i = 1, 2, \cdots, n\}$。

（2）逻辑块 $b_{ij} \in B$ $\{i = 1, 2, \cdots, n; j = 1, 2, \cdots, m_i\}$ 的特征如下：

· $minbw_{ij}$ 表示最小带宽。

· $maxbw_{ij}$ 表示最大带宽。

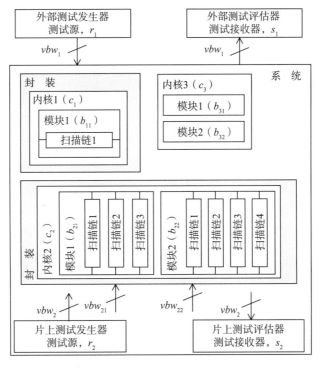

图 12.8　示例系统建模

两者分别为一个逻辑块的最小可能带宽和最大可能带宽。

（3）逻辑块 b_{ij} 有一个有限的测试集 $b_{ij} = \{t_{ij1}, t_{ij2}, \cdots, t_{ijo_{ij}}\}$，其中，$o_{ij} > 0$ $\{i = 1, 2, \cdots, n; j = 1, 2, \cdots, m_i\}$，每个测试 $t_{ijk} \in T$ $\{i = 1, 2, \cdots, m_i, k = 1, 2, \cdots, o_{ij}\}$ 的特征如下：

· τ_{ijk} 表示测试时间（在 TAM 带宽 1 的情况下）。

· p_{ijk} 表示测试功率（在 TAM 带宽 1 且使用门控子链方案的情况下）。

· mem_{ijk} 表示存储测试向量所需的内存。

· cl_{ijk} 表示带有测试所需逻辑块的约束列表。

（4）$R_{source} = \{r_1, r_2, \cdots, r_p\}$ 是一个有限的源端测试集合，其中，每个源端测试 $r_i \in R_{source}$ 的特征如下：

· (x_i, y_i) 表示布局位置。

· vbw_i 表示向量带宽。

· $vmem_i$ 表示向量内存。

（5）$R_{sink} = \{s_1, s_2, \cdots, s_q\}$ 是一个有限的接收端测试集合，其中，每个接收

端测试 $s_i \in R_{sink}$ 的特征如下：

- (x_i, y_i) 表示布局位置。

- rbw_i 表示响应带宽。

- source：$T \to R_{source}$ 定义源端测试。

- sink：$T \to R_{sink}$ 定义接收端测试。

- p_{max} 表示任何时候允许的最大功耗。

图 12.9 概述了针对示例系统（图 12.8）设计的测试工具的输入规范。系统的功耗限制在 [Global Constraints] 中给出，在 [Cores] 中给出了每个内核的位置 (x, y)，并列出了每个内核的所有逻辑块。在 [Generators] 中给出了每个源端测试的位置 (x, y)、可能的带宽，以及测试向量存储器。在 [Evaluators] 中给出了每个接收端测试的位置 (x, y) 和最大允许带宽。对于每个测试，如果是用于测试互连或内核与另一个内核之间的 UDL，在 [Tests] 中会指定测试标识符、测试功耗（pwr）、测试时间（time）、源端测试（tpg）、接收端测试（tre）、最小带宽（minbw）、最大带宽（maxbw）、内存要求（mem），以及其他一些选项。例如，测试 t_2 是内核 c_1 和 c_2 之间的

```
# Example design
[Global Constraints]
MaxPower = 25
[Cores] identifier x y {block1, block2, ..., block n}
       c1  10  30  {b11}
       c2  10  20  {b21, b22}
       c3  20  30  {b31, b32}
[Generators] identifier x y maxbw memory
          r1  10  40  3       100
          r2  10  10  1       100
[Evaluators] identifier  x y maxbw
          s1  20 40 4
          s2  20 10 4
[Tests] identifier pwr time tpg tre minbw maxbw mem ict
       t1     10  15   r1 s1  1      2       10    no
       t2     5   10   r1 s2  2      4       5     c2
   // for all tests in similar way
       t12   15  20  r1  s2  2       2       2     no
[Blocks] #Syntax: identifier idle pwr {test1, test2, ..., test n}
          b11   1     {t1, t2, t3}
          b21   1     {t4, t5}
   // for all blocks in similar way
          b32   2     {t11, t12}
[Constraints] Syntax: test {block1, block2,..., block n}
            t1 {b11}
            t2 {b11, b21, b22, b31, b32}
   // constraint for all tests in similar way
            t12 {b11}
```

图 12.9 图 12.8 所示系统的测试规范

UDL 逻辑或互连的未封装内核测试（图 12.9）。测试 t_2 需要至少两条 TAM 线，但不能超过 4 条。测试 t_2 的源端测试是 r_1，接收端测试是 s_2。测试 t_2 的测试向量需要存储在 r_1 的 5 个单元中。在 [Blocks] 中指定对每个逻辑块进行的测试，在 [Constraints] 中列出施加测试所需的逻辑块。注意，在我们的方法中可以为每个逻辑块指定空载功耗，但为了简化讨论，它被排除在上述系统建模之外。

这个模型的优点是，可以用大量的测试（扫描测试以及非扫描测试，如延迟、时序和串扰测试）和约束条件为系统建模。例如，

（1）未封装内核测试，为了测试互连和 UDL。

（2）任何测试资源的组合，例如，源端测试是片上的，而接收端测试是片外的，反之亦然。

（3）逻辑块（待测单元）中任意数量的测试。

（4）源端测试的内存要求。

（5）测试资源的带宽限制。

（6）允许对逻辑块之间的约束进行建模，如嵌入内核中的内核。

假设系统中没有 TAM，我们的方法增加一组 TAM（tam_1，tam_2，$\cdots$，tam_n），其中，tam_i 是一组有一定带宽的 TAM 线。假设我们可以任意划分连接到一组封装内核的 TAM，也就是说，不局限于一次将 TAM 中的所有 TAM 线分配给一个内核，或者给一个内核分配专用的 TAM 线。如果需要，还可以扩展 TAM 线的子集。

将 TAM 建模为一个有向图 $G=(N, A)$，其中节点 $n_i \in N$，对应 C、R_{source} 或 R_{sink} 的元素。两个节点 n_i 和 n_j 之间的弧 $a_{ij} \in A$，表示存在由一组弧组成的一条线 w_k。例如，从 c_1 到 c_3 经过 c_2 的线 w_1 是由两个弧组成的 $\{a_{12}, a_{23}\}$。

将内核分配给 TAM 线意味着连接一个源端测试 n_{source}、一组内核（n_1，n_2，$\cdots$，n_n）和一个接收端测试 n_{sink}，表示为

$$n_{source} \rightarrow [n_1, n_2, \cdots, n_n] \rightarrow n_{sink} \tag{12.3}$$

其中，[] 表示这些节点（封装内核）被包含（分配）到 TAM 中，但是没有排序。

测试线 w_j 的长度 l_j 由下式给出：

$$\text{adist}\left(n_i, n_1\right) + \sum_{k=2}^{n} \text{adist}\left(n_{k-1}, n_k\right) + \text{adist}\left(n_n, n_1\right) \tag{12.4}$$

其中，$n_i = n_{\text{source}}$；$n_1 = n_{\text{sink}}$。函数 adist 给出两个节点之间的曼哈顿距离，即

$$\text{adist}\left(n_i, n_j\right) = \left|x_i - x_j\right| + \left|y_i - y_j\right| \tag{12.5}$$

tam_i 由一组 TAM 线构成，布线成本由以下公式给出：

$$\text{tamlength}_i = l_i \times \text{bandwidth}_i \tag{12.6}$$

其中，l_i 是 TAM 的长度；bandwidth_i 是 TAM 的宽度。系统中 TAM 的总布线成本由以下公式给出：

$$c_{\text{tam}} = \sum_{\forall i} \text{tamlength}_i \tag{12.7}$$

一个测试方案的总成本为 $\alpha \times$ 测试时间 $+ \beta \times c_{\text{tam}}$，其中，测试时间是总的测试时间，$c_{\text{tam}}$（上面有过定义）是总的布线成本，$\alpha$ 和 β 是设计者指定的系数，用来确定测试时间和 TAM 成本的权重。

12.4 我们的方法

本节介绍整合了测试调度、测试并行化和 TAM 设计的方法。对于一个给定的带有测试的平面规划系统，如 12.3.7 节的模型，我们要做到以下几点：

（1）确定所有测试的开始时间。

（2）确定每个测试的带宽。

（3）将测试分配给 TAM 线。

（4）确定 TAM 的数量。

（5）确定每个 TAM 的带宽。

（6）确定每条 TAM 的布线。

在考虑各种约束和功耗限制的同时，使测试时间和 TAM 成本最小化。请注意，确定了测试的开始时间和带宽，测试的结束时间就已经隐式地确定了。与以前的方法[158, 160, 161, 165] 相比，我们的方法有以下改进：

（1）测试调度。在以前的方法[158, 165]中，选定一个测试并满足所有约束条件后，就可以设计一个 TAM。这种技术是以牺牲 TAM 成本为代价来使测试时间最短。在我们的方法中，使用一个包含测试时间和 TAM 成本的成本函数来指导测试调度过程。

（2）测试并行化。以前的方法[161]中描述的技术使每个测试的带宽最大化，这可以使测试时间变短，缺点是 TAM 成本较高。在我们的方法中，用一个精心设计的成本函数来指导算法。

（3）TAM 设计。在以前的方法[158, 165]中，考虑施加一个测试且存在一个可用的 TAM 时，选择该 TAM。如有需要则进行扩展以尽量减少额外的 TAM 成本。该方法的一个缺点在图 12.10 中进行说明，其中，扩展的 D 用虚线连接（图 12.10(a)）。我们的方法将 D 包含在 A、C、D、B 中，这种布线没有额外的成本（图 12.10(b)）。

(a)以前的方法　　　　　　　　(b)我们的方法

图 12.10　TAM 设计

一个测试方案的成本函数定义为 $\alpha \times$ 测试时间 $+ \beta \times c_{\mathrm{tam}}$，其中，测试时间是总的测试时间，$c_{\mathrm{tam}}$ 是 TAM 的成本，α 和 β 是设计者定义的系数，用于确定测试时间和 TAM 成本的权重。基于每个测试和 TAM 设计，用成本函数来指导我们的方法。成本函数针对使用 tam_l 的测试 t_{ijk}：

$$c = \alpha \times \tau_{\mathrm{start}} + \beta \times \mathrm{tamlength}_l \qquad (12.8)$$

其中，τ_{start} 是测试 t_{ijk} 开始的时间；$\mathrm{tamlength}_l$ 是 TAM 布线的成本（式（12.6））；设计者指定的系数 α 和 β 用于设置测试时间和 TAM 成本的权重。式（12.8）在测试调度算法中用于选择每个测试的开始时间和 TAM。

12.4.1　带宽分配

并行测试允许根据测试模块和测试资源的带宽限制，为每个测试灵活地分配带宽。内核 c_i 中逻辑块 b_{ij} 的测试 t_{ijk} 的测试时间由下式给出：

$$\tau'_{ijk} = \left\lceil \frac{\tau_{ijk}}{bw_{ij}} \right\rceil \qquad (12.9)$$

测试功耗由下式给出：

$$p'_{ijk} = p_{ijk} / bw_{ij} \qquad\qquad (12.10)$$

其中，bw_{ij} 是内核 c_i 中逻辑块 b_{ij} 的带宽[161]。

结合 TAM 成本和测试时间（式（12.9）），得到逻辑块 b_{ij} 的测试 t_{ijk} 的成本：

$$\mathrm{cost}(b_{ij}) = \sum_{\forall k} l_l \times bw_{ij} \times \beta \times \tau_{ijk} / bw_{ij} \times \alpha \qquad\qquad (12.11)$$

其中，$l_l = [source(t_{ijk}) \rightarrow c_i \rightarrow sink(t_{ijk})]$；$k$ 是逻辑块中所有测试的索引。为了找到式（12.11）的最小成本，给出逻辑块 b_{ij} 的带宽 bw_{ij}：

$$\sqrt{\alpha/\beta \times \sum_{\forall k} \tau_{ijk} \Big/ \sum l_l} \qquad\qquad (12.12)$$

当然，在选择 bw_{ij} 时，我们还要考虑每个逻辑块的带宽限制。

12.4.2　测试调度

我们的测试调度算法如图 12.11 所示。首先，确定所有逻辑块的带宽，根据一个关键字（时间、功耗或时间 × 功耗）对测试进行排序。当所有测试都安排好，最外层的循环终止。在内循环中，选择第一个测试，调用 create_tamplan，根据成本函数为测试选择或设计所需数量的 TAM 线。如果 TAM 很重要，为了使用现有的 TAM，测试可以推迟，这是由成本函数决定的。如果所有约束条件得到满足，便安排测试，并使用 12.4.3 节的技术进行 TAM 规划。最后，根据 12.4.5 节的技术，对 TAM 进行优化。

```
for all blocks bandwidth = bandwidth(block)
sort the tests descending based on time, power or timexpower
τ=0
until all tests are scheduled begin
    until a test is scheduled begin
        tamplan = create_tamplan(τ,test) // see Figure 207 //
        τ' = τ+delay(tamplan)
        if all constraints are fulfilled then
            schedule(τ')
            execute(tam plan) // see Figure 208 //
            remove test from list
        end if
    end until
    τ=first time the next test can be scheduled
end until
order (tam) // see Figure 210 //
```

图 12.11　测试调度算法

12.4.3　TAM规划

在 TAM 规划阶段，我们的方法完成以下工作：

（1）创建 TAM。

（2）确定每个 TAM 的带宽。

（3）将测试分配给 TAM。

（4）确定每个测试的开始时间和结束时间。

与以前的方法相比，我们的方法不同之处在于，在规划阶段，只确定 TAM 的存在，但不确定其布线。

对于一个选定的测试，成本函数用于评估所有选项（create_tamplan（τ', test），图 12.12）。利用成本函数可以确定测试开始时间（τ'）和 TAM，如果所有约束条件都满足，则可以确定 TAM 的布线（tamplan，图 12.13）。

```
for all tams connecting the test source and test sink used by the
test, select the one with lowest total cost
  tam cost=0;
  demanded bandwidth=bandwidth(test)
  if bandwidth(test)>max bandwidth selected tam then
    demanded bandwidth=max bandwidth(tam)
    tam cost=tam cost+cost for increasing bandwith of tam;
  end if
  time=first free time(demanded bandwidth)
  sort tams ascending according to extension (τ, test)
  while more demanded bandwidth
    tam=next tam wire in this tam;
    tam cost=tam cost+cost(bus, demanded bandwidth)
    update demanded bandwidth accordingly;
  end while
  total cost=costfunction(tam cost, time, test);
```

图 12.12　TAM 评估

```
demanded bandwidth = bandwidth(test)
if bandwidth(test)>max bandwidth selected virtual tam then
  add a new tam with the exceeding bandwidth
  decrease demanded bandwidth accordingly
end if
time=first time the demanded bandwidth is free sufficient long
sort tams in the tam ascending on extension (test)
while more demanded bandwidth
  tam=next tam in this tam;
  use the tam by adding node(test) to it, and mark it busy
  update demanded bandwidth accordingly;
end while
```

图 12.13　确定 TAM 布线

为了计算利用节点延长 TAM 线的成本，需要计算额外的 TAM 线的长度。由于 TAM 上内核的顺序不确定，所以需要一种估计 TAM 线长度的技术。对大多数 TAM 来说，最大的布线成本来自于连接彼此最长距离的节点。其余节点可以用有限的额外成本（额外的布线）添加到 TAM 上。但是，对有大量节点的 TAM 来说，节点的数量很重要。

对 TAM 线长度的估计考虑两种情况。假设系统中的节点（源端测试、接收端测试和封装内核）均匀分布，即 $A = $ 宽度 $\times$ 高度 $= (N_x \times \Delta) \times (N_y \times \Delta) = N_x \times N_y \times \Delta^2$，其中，$N_x$ 和 N_y 分别代表 x 轴和 y 轴的内核数。因此，两个节点之间的平均距离 Δ 用下式计算：

$$\Delta = \sqrt{A / (N_x \times N_y)} \tag{12.13}$$

具有 k 个节点的 TAM 线 w_i 的估计长度 el_i 为

$$el_i = \max_{1 \leqslant j \leqslant k} \left[l(n_{source} \to n_j \to n_{sink}), \Delta \times (k+1) \right] \tag{12.14}$$

也就是说，计算最长 TAM 线的长度和所有节点平均距离之和的最大值。例如，设 $n_{furthest}$ 是最长 TAM 线的节点，n_{new} 是要添加的节点，则插入 n_{new} 后的预估布线长度由下式给出：

$$el_i' = \max \left\{ \begin{array}{l} \min \left[\begin{array}{l} l(n_{source} \to n_{new} \to n_{furthest} \to n_{sink}) \\ l(n_{source} \to n_{furthest} \to n_{new} \to n_{sink}) \end{array} \right] \\ \Delta \times (k+2) \end{array} \right\} \tag{12.15}$$

对于一个 TAM，为了实现所需带宽，延长是指 TAM 中所有 TAM 线延长的总和。测试 t_{ijk} 的 TAM 选择基于成本最低的 TAM。

$$(el_l' - el_l) \times \beta + \text{delay}(\text{tam}_l, t_{ijk}) \times \alpha \tag{12.16}$$

通过成本函数，可以权衡是增加一个新的 TAM 还是推迟现有 TAM 上的测试。对于新创建的 TAM，测试的延迟是 0（因为 TAM 上没有安排其他测试，测试可以在时间点 0 开始），即 $\text{newcost}(t_{ijk}) = l[source(t_j) \to c_i \to sink(t_j)] \times \beta$。

12.4.4　示　例

我们通过一个有 4 个内核的例子来说明 TAM 规划，每个内核都有一个逻辑块（待测单元）。这 4 个内核的位置如图 12.14(a) 所示。假设每个逻辑块进行一个测试，每个逻辑块都有固定的测试时间。在这个例子中，所有测试都使用相同的测试资源（源端测试和接收端测试），并且没有带宽限制。假设根据测试时间对测试进行初始排序，即 A、D、B、C，并且假设每个测试的首次调度都会成功（没有限制性约束，即只要一个测试被选中，就可以进行调度），成本函数（$\alpha : \beta$）在图 12.14(b) 中设置为 1∶3，在图 12.14(c) 中设置为 2∶3。表 12.8 说明了两种情况下的 TAM 设计，其结果见图 12.14(b) 和图 12.14(c)。在 $\alpha = 1$，$\beta = 3$ 的情况下，首先进行步骤 1，测试 A 被选中（列表中的第一个）。由于原本的设计中没有 TAM，创建一个新 TAM 的成本是 90，TG 与 A 和 A 与 SA 的距离（TG → A → SA）是 10 + 10 + 10 = 30，乘以 tam 系数（β）3。这是一个新的 TAM，意味着测试没有延迟，测试 A 被安排在时间 0 ~ 50 进行。第 2 步进行测试 D，可以扩展步骤 1 中创建的 TAM，或者创建一个新的 TAM。分别计算这两个选项。新建 TAM 的成本，TG → A → SA 是 150，而 T1 的扩展成本，TG → [A, D] → SA 是 110，计算过程是 TAM 扩展 20 × 3，TAM 延迟 50 × 1。TAM 上的延迟是由于 A 在 0 ~ 50 期间占据 TAM。

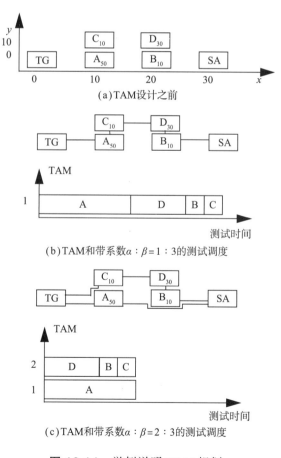

图 12.14 举例说明 TAM 规划

最终该算法选择利用现有的 TAM。当所有测试都被分配到 TAM 上时，产生的 TAM 和测试调度方案如图 12.14(b) 所示。

对于图 12.14(c)，由于成本函数不同（$\alpha=2$，$\beta=3$），产生的解决方案也不同（见表 12.8）。这个例子说明了综合考虑测试时间和 TAM 设计的重要性。图 12.14(b) 中是一个单一的 TAM，测试时间较长，而在图 12.14(c) 中，创建了两个 TAM，可以缩短测试时间。

在这个例子中，假设只有一条 TAM 线。而在更复杂的系统中，存在更多数量的 TAM 线。我们的方法会独立处理每条 TAM 线，当需要为测试选择 TAM 线时，可以探索所有的可能性。

表 12.8 TAM 规划说明

成本函数	步骤	测试/模块	长度	TAM 选项	成本	选定 TAM 的调度	选定的 TAM
$\alpha=1$, $\beta=3$	1	A	50	New: TG → A → SA	$30 \times 3+0 \times 1=90$	0 ~ 50	New: TG → A → SA
	2	D	30	New: TG → D → SA T1: TG → [A, D] → SA	$50 \times 3+0 \times 1=150$ $20 \times 3+50 \times 1=110$	0 ~ 50 ~ 80	T1: TG → [A, D] → SA
	3	B	10	New: TG → B → SA T1: TG → [A, D, B] → SA	$30 \times 3+0 \times 1=90$ $0 \times 3+80 \times 1=80$	0 ~ 50 ~ 80	T1: TG → [A, D, B] → SA
	4	C	10	New: TG → C → SA T1: TG → [A, D, B, C] → SA	$50 \times 3+0 \times 1=150$ $0 \times 3+90 \times 1=80$	0 ~ 50 ~ 80	T1: TG → [A, D, B, C] → SA
$\alpha=2$, $\beta=3$	1	A	50	New: TG → A → SA	$30 \times 3+0 \times 2=90$	0 ~ 50	T1: TG → A → SA
	2	D	30	New: TG → D → SA T1: TG → [A, D] → SA	$50 \times 3+0 \times 2=150$ $20 \times 3+50 \times 2=160$	0 ~ 30	T2: TG → D → SA
	3	B	10	New: TG → B → SA T1: TG → [A, B] → SA T2: TG → [D, B] → SA	$30 \times 3+0 \times 2=90$ $0 \times 3+50 \times 2=100$ $0 \times 3+30 \times 2=60$	0 ~ 30 ~ 40	T2: TG → [D, B] → SA
	4	C	10	New: TG → C → SA T1: TG → [A, C] → SA T2: TG → [D, B, C] → SA	$50 \times 3+0 \times 2=150$ $20 \times 3+50 \times 2=110$ $0 \times 3+40 \times 2=80$	0 ~ 30 ~ 40 ~ 50	T2: TG → [D, B, C] → SA

12.4.5 TAM优化

前面我们为系统创建了 TAM 线路，将每个测试都分配给一个 TAM，确定 TAM 的带宽，并以不违反冲突的限制的方式为每个测试指定开始时间和结束时间。本节，我们讨论 TAM 优化，即图 12.11 中的 order(tam)。我们的方法基于 Caseau 和 Laburthe[38] 提出的算法并在其基础上进行了简化。用 TG → [A, D] → SA 表示将内核 A 和内核 D 分配给同一个 TAM，但 [A, D] 的顺序并没有确定（式（12.3）），这就是本节的目标。

$$n_{source} \to n_1 \to n_2 \cdots \to n_n \to n_{sink} \qquad (12.17)$$

式（12.17）表示从 n_{source}（源端测试）到 n_{sink}（接收端测试）的 TAM 按 n_{source}，n_1，n_2，$\cdots$，n_n，n_{sink} 的顺序连接内核。

图 12.15 中概述了 TAM 的优化算法。该算法适用于每个 TAM，最初在每种情况下，TAM 的节点（源端测试、封装内核和接收端测试）按降序排序，即

$$\text{dist}\left(n_{source},n_i\right)+\text{dist}\left(n_i,n_{sink}\right) \tag{12.18}$$

其中，函数 dist 给出两个内核之间的距离，或源端测试和内核之间的距离，或内核和接收端测试之间的距离，即

$$\text{dist}\left(n_i,n_j\right)=\sqrt{\left(x_i-x_j\right)^2+\left(y_i-y_j\right)^2} \tag{12.19}$$

首先，连接源端测试和接收端测试（图 12.15）。在要连接的节点列表的循环中，以式（12.20）的方式移除每个节点，然后添加到最终的列表中，从而使 TAM 布线距离最小化：

$$\min\left[\text{dist}\left(n_i,n_{new}\right)+\text{dist}\left(n_{new},n_{i+1}\right)-\text{dist}\left(n_i,n_{i+1}\right)\right] \tag{12.20}$$

其中，$1 \leq i < n$（TAM 上的所有节点）。

```
add test source and test sink to a final list
sort all cores descending according to Eq. 12.20
while cores left in the list
  remove first node from list and insert in the final list
  insert direct after the position where Eq. 12.18 is fulfilled
end while
```

图 12.15　TAM 的布线优化

我们用图 12.14(a) 中的 TAM，TG → [C, D, A, B] → SA 来说明这个算法，见表 12.9。第 0 步，对节点进行排序，C、D、A、B，并在 TG 和 SA 之间添加一个连接。第 1 步，在排序列表的循环中，选中 C 并将其插入 TG 和 SA 之间，相应地修改 TAM，TG → C → SA。节点 C 显然只能在源端测试和接收端测试之间插入。第 2 步，插入节点 D。D 可以按 TG → D → C → SA 或 TG → C → D → SA 的方式插入。可以用式（12.20）决定选择哪种方案，在这个例子中选择 TG → C → D → SA。这个算法会一直持续直到所有节点都被插入，最终得到一个 TAM：TG → A → C → D → B → SA。

表 12.9　TAM 布线优化示意

步骤	选择	先排序后选择	每个 TAM 分区的长度	先选择后排序	TAM 长度	仍在列表中
0	–	–		TG→SA	30	C, D, A, B
1	C	TG→SA	0	TG→C→S	14+22=36	D, A, B
2	D	TG→C→SA	18, 2	TG→C→D→SA	14+10+14=38	A, B
3	A	TG→C→D→SA	6, 14, 20	TG→A→C→D→SA	10+10+10+14=44	B
4	B	TG→A→C→D→SA	20, 14, 14, 6	TG→A→C→D→B→SA	10+10+10+10+10=50	–

12.4.6　复杂度

排除 TAM 设计时，测试调度最坏情况下的复杂度是 $O(|T|^3)$，其中，T 是测试集。在 TAM 设计中，有两个步骤，设计和优化。对于具有 n 个内核的 TAM，分配可以在 $O[|T| \times \log(|T|)]$ 复杂度完成，优化可以在 $O(|n|^2)$ 复杂度完成。如果假设每个内核由一个测试集测试的一个逻辑块（待测单元）组成，那么优化的复杂度是 $O(|T|^2)$。集成测试调度和 TAM 分配，TAM 优化在最后一步执行。因此，总复杂度为 $O[|T|^4 \times \log(|T|)]$。

12.5　实验结果

我们使用 Ericsson[160]、System L[158]、System S[25]、ASIC Z[287]、扩展 ASIC Z、一个名为 Kime[132] 的设计以及一个名为 Muresan[202] 的设计，实现我们的方法，并与之前提出的方法进行比较。关于所有基准的详细信息可以在参考文献[178] 和附录 1 中找到。

提到我们的方法时，除非另有说明，否则报告的结果都是基于对测试的初始排序生成的，排序基于 $t \times p$（测试时间 × 测试功耗），以前的方法称为 SA（模拟退火）[160, 165] 和 DATE[158, 165]。最终成本由成本函数决定，$\alpha \times$ 测试时间 $+\beta \times$ TAM 成本，其中，α 和 β 是设计者指定的系数，用于确定测试时间和 TAM 成本的权重（除非另有说明，使用 $\alpha=1$ 和 $\beta=1$），参见 12.4 节。

在实验中，我们使用奔腾 Ⅱ 350MHz 处理器和 128MB 内存。之前的方法 DATE 和 SA 的结果是在配有 450MHz 处理器和 256MB RAM 的 Sun Ultra Sparc 10 上产生的[158, 160, 165]。

12.5.1 测试调度

我们进行实验，将测试调度技术与以前的方法进行比较，结果见表 12.10。对于 Muresan 设计，最佳测试时间可以达到 25 个时间单位。Muresan 等人提出的方法产生了一个测试时间为 29 个时间单位的解决方案。DATE 方法需要 26 个时间单位，计算时间仅为 1s。SA 优化在 90s 后找到最优解，而我们的方法则在 1s 内找到。对于 Kime 设计、System S 和 System L，我们的方法以较低的计算成本找到了最优解。对于更大的爱立信设计，我们的方法在 5s 后找到最优解。模拟退火法也能找到最优解，但是计算成本很高。DATE 方法在 3s 后计算得到解决方案，但该解决方案与最佳解决方案相差 12.5%。

表 12.10 测试调度结果

设 计	方 法	测试时间	与最佳方法的差异 %	CPU 时间 /s
Muresan[202]	最佳的	25	–	–
	SA[160]	25	0	90
	Muresan[202]	29	16.0	–
	DATE[158]	26	4.0	1
	our (p)	25	0	1
Kime[132]	最佳的	318	–	–
	Kime 和 Saluja[132]	349	9.7	–
	DATE[158]	318	0	1
	our	318	0	1
System S[25]	最佳的	1152180		
	Chakrabarty SJF[28]	1204630	4.5	–
	DATE[158]	1152180	0	1
	our	1152180	0	1
System L[158]	最佳的	1077	–	–
	DATE[158]	1077	0	1
	our	1077	0	1
	Designer	1592	47.8	–
爱立信[160]	最佳的	30899	–	–
	SA[160]	30899	0	3260
	DATE[158] (t)	34762	12.5%	3
	our	30899	0	5

12.5.2 集成测试调度和TAM设计

我们在实验中整合了 TAM 设计和测试调度。对于每个基准（ASIC Z、扩展 ASIC Z、System S 和爱立信），都采用了我们的方法，使用基于 $t \times p$（测试时间 × 测试功耗）的排序方法对测试进行初始排序。实验的结果收集在表 12.11 中。在 ASIC Z 上，不考虑空载功耗时，SA 产生的解决方案的测试时间为 326 个时间单位，TAM 成本为 180，解决方案的总成本为 506。DATE 方法产生的解决方案具有比 SA 方法更好的测试时间，但是，TAM 成本更高，导致总成本更高。我们的方法产生的解决方案的测试时间与 DATE 方法在同一范围内，TAM 成本优于 DATE 方法，总成本也更低。我们的方法的计算成本与 DATE 方法在同一范围内。

表 12.11 集成测试调度和 TAM 设计的实验结果

设 计	方 法	测试应用时间		测试访问机制		总 共		CPU 时间
		测试时间 (τ)	与 SA 的差异 /%	TAM 成本 (tam)	与 SA 的差异 /%	总成本 $\alpha \times \tau + \beta \times$ tam	与 SA 的差异 /%	
ASIC Z	SA[160]	326	–	180	–	506		865
	DATE[158]	262	−19.6	300	66.7	562	11.1	< 1
	our ($t \times p$)	262	−19.6	280	55.6	542	7.1	< 1
	our (t)	262	−19.6	280	55.6	542	7.1	< 1
	our (p)	305	−6.4	240	33.3	545	7.7	< 1
扩展 ASIC Z	SA[160]	270	–	560	–	830	–	4549
	DATE[158]	287	6.3	660	17.9	947	14.1	< 1
	our ($t \times p$)	264	−2.2	480	−14.3	744	−10.4	< 1
	our (t)	264	−2.2	460	−17.9	724	−12.8	< 1
	our (p)	264	−2.2	480	−14.3	744	−10.4	< 1
System S	SA[160]	996194	0	160	–	1492194	–	1004s
	DATE[158] (t)	996194	0	320	100	1988194	33.2	< 1
	our ($t \times p$)	1152180	15.7%	100	−37.5	1462180	−2.0	< 1
	our (t)	1152180	15.7%	100	−37.5	1462180	−2.0	< 1
	our (p)	1152180	15.7%	100	−37.5	1462180	−2.0	< 1
爱立信	SA[160]	33082	–	6910	–	46902	–	15h
	DATE[158] ($t \times p$)	34762	5.1	8520	23.3	51802	10.4	62s
	our ($t \times p$)	30899	−6.6	6015	−13.0	42929	−8.5	10s
	our (t)	30899	−6.6	6265	−9.3	43429	−7.4	10s
	our (p)	30899	−6.6	6205	−10.2	43309	−7.7	10s

对于 ASIC Z 的扩展版本，与 SA 和 DATE 方法相比，我们的方法在所有情况下产生的测试方案的测试时间都比较短。此外，与 SA 和 DATE 方法相比，我们的方法的 TAM 成本更低，总成本也更低。

在 System S 的实验中，我们的 TAM 设计算法的效率得到了体现。在 SA 和 DATE 方法中，外部测试器可以同时支持几个测试[160]。我们的方法假设外部测试器只能同时支持 2 个测试，也就是说，我们有更多的限制。SA 方法产生的解决方案的 TAM 成本为 160，DATE 方法的 TAM 成本为 320，我们的方法则只有 100，并且我们的方法总成本评估为 1462180，而 SA 方法的总成本则为 1492194（$\alpha=1$ 和 $\beta=3100$）。

在爱立信实验中，我们在成本函数中令 $\alpha=1$，$\beta=2$。以前的方法没有限制外部测试器带宽[158,160,165]，在我们的方法中假设带宽限制为 12（因为有 12 条线路要分配）。

实验表明，我们的方法产生测试方案的计算成本较低。最终测试方案的测试时间在 DATE 方法的范围内，但是，TAM 成本相比 DATE 方法是降低的，总成本也一并降低。在许多情况下，我们的方法以较低的计算成本产生了接近 SA 方法的解决方案。

降低计算成本的好处是，给设计者提供了探索设计空间的可能性，因为每一次迭代消耗的计算成本都很低。针对爱立信设计，我们计算了一组设计方案的成本（表 12.12），并绘制在图 12.16 中。结果显示，当测试时间减少时，TAM 成本会增加。通常，设计者从极端点 $\alpha=0$，$\beta=1$（即只有 TAM 设计是重要的）和 $\alpha=1$，$\beta=0$（只有测试时间是重要的）开始。然后在不同的 α 和 β 值下创建新的解决方案。设计者会试图根据以前的运行结果以及对测试时间和 TAM 成本的检测，找到 α 和 β 的平衡。

表 12.12　爱立信设计方案

设计方案	a	b	测试时间	TAM 成本
1	1	0	30899	19030
2	1	15	31973	5745
3	1	30	31973	5865
4	1	45	32901	5975
5	1	60	30899	5705
6	1	90	34332	5445
7	1	125	44488	5355
8	1	250	71765	4235
9	1	500	99016	4015
10	1	1000	134706	3635
11	0	1	235084	3175

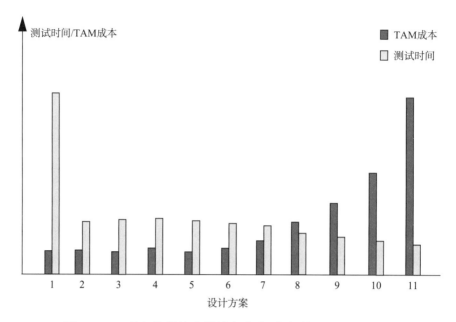

图 12.16 爱立信设计中设计方案的测试时间和 TAM 成本

12.5.3 测试调度、并行测试和TAM设计

在之前的实验中，我们假设每个测试集的测试时间是固定的。而在本实验中，我们允许修改每个测试集的测试时间。我们已经在 System L 设计上进行了结合测试调度、测试并行化和 TAM 设计的实验。结果收集在表 12.13 中。SA 和 DATE 方法由于不支持带宽高于 1 的 TAM，因此只给出了测试时间的结果（实验中忽略了 TAM 设计）。在我们的方法中，将带宽强制设为 1。

表 12.13 系统 L 在测试调度、TAM 设计和测试并行化方面的实验结果

方 法	测试应用时间	测试访问机制成本	CPU 时间 /s
SA[160]柔性测试时间	316	N.A.	38
DATE[158]柔性测试时间	316	N.A.	< 1
our（$\alpha=15500$：$\beta=1$）	316	18500	< 1
our（$\alpha=3000$：$\beta=1$）	318	9490	< 1
our（$\alpha=500$：$\beta=1$）	322	5140	< 1
our（$\alpha=100$：$\beta=1$）	343	2420	< 1
our（$\alpha=50$：$\beta=1$）	360	1750	< 1
our（$\alpha=10$：$\beta=1$）	399	1030	< 1
our（$\alpha=5$：$\beta=1$）	463	710	< 1
our（$\alpha=2$：$\beta=1$）	593	510	< 1
our（$\alpha=1$：$\beta=1$）	710	490	< 1
our（$\alpha=1$：$\beta=5$）	923	380	< 1
our*	1077	240	< 1

12.6　结　论

由于需要在片上系统（SoC）传输大量测试数据，缩短测试时间和设计高效的测试访问机制（TAM）变得越来越重要。在开发高效测试解决方案的过程中，必须同时考虑测试时间和 TAM 设计。一个简单的 TAM 会导致总测试时间变得很长，而一个大规模的 TAM 则会以更多的布线为代价来缩短测试时间。但是，一个大规模的 TAM 也可能并不会缩短测试时间，因为测试资源冲突和功耗限制会对其造成限制。我们提出了一种结合测试调度、测试并行化（扫描链分区）和 TAM 设计的综合技术，在考虑测试冲突和功耗限制的同时，使测试时间和 TAM 成本达到最小。利用我们的方法可以对各种测试进行建模，并对封装内核、未封装内核和用户自定义的逻辑块进行测试。我们已经实现了该方法，并进行了多次实验，以证明方法的效率。

第 13 章　片上系统测试设计流程中的内核选择[1]

13.1 引　言[2]

　　测试是为了确保生产出无故障的芯片。由于技术的发展，芯片可能出现的故障数量急剧增加，测试过程和测试设计也变得复杂，特别是 SoC 的测试。因此，在 SoC 设计流程中应该尽早考虑测试设计，开发出一个有效的测试解决方案。本章，我们提出一种在前期设计探索过程中整合测试设计的方法。与以前的方法相比，该技术可以在内核选择过程中评估不同的设计决策对系统最终测试方案的影响，这些决策涉及内核的选择和测试特性。我们的方法考虑了内核选择、测试调度、TAM（测试访问机制）设计、测试集选择和测试资源平面布局等问题，使得基于测试时间和 TAM 布线成本的加权成本函数最小化，同时考虑了测试冲突和测试功耗限制。测试期间的功耗通常高于正常运行期间的功耗，因为在测试期间需要高频的开关活动，以便在最短的时间内最大限度地测试故障。这样可能会导致待测系统在测试过程中被损坏，因此，必须考虑功耗限制。但是，功耗的建模很复杂，所以通常会使用只关注全局系统功耗限制的简单模型。本章，我们提出了一个新颖的三层功耗模型，系统、功耗网和内核。这样做的好处是既可以满足系统级的功耗限制，还可以避免在特定的内核和芯片中的某些区域出现热点。我们已经实现了该方法，并将其与基于估计的方法和计算成本较高的伪穷举法进行对比。实验结果表明，伪穷举法不能在合理的计算时间内产生结果，而基于估计的方法不能产生高质量的解决方案。我们的方法产生的结果接近于伪穷举法，计算成本又接近于基于估计的方法，即它可以用低计算成本产生高质量的解决方案。

　　本章其余部分组织如下，13.2 节是背景介绍，13.3 节是先前工作的概述，13.4 节是问题的提出和问题复杂性的讨论，13.5 节是测试问题和建模，13.6 节是算法和说明性的例子，实验结果在 13.7 节，结论在 13.8 节。

1）本章基于 2004 年国际测试资源研讨会（TRP）[175] 和 2004 年国际测试会议（ITC）[177] 上的论文。

2）这部分内容得到瑞典国家计划 STRINGENT 的支持。

13.2 背 景

技术的发展使得我们可以在一个芯片上放置一个完整的系统，即所谓的系统芯片或片上系统（SoC）。系统芯片必须经过测试以确保无故障运行，而且这类芯片的复杂性不断增加，器件尺寸小型化，晶体管数量增加，时钟频率高，这些因素都导致可能的故障点数量和故障类型急剧增加，需要大量的测试数据来进行高质量的测试。测试数据量大导致测试时间变长，因此，测试的规划和组织成为必须面对的挑战。

EDA（电子设计自动化）工具的开发是为了减少设计生产力的差距，即技术允许的设计与设计团队在合理的时间内能够生成的设计之间的差距。处理日益复杂系统的方法是在更高的抽象层级对系统进行建模。但是，在更高的抽象层级建模意味着可以看到的具体实现细节更少。问题是，器件尺寸的小型化使得具体实现细节变得非常重要。因此，我们提出了基于内核的设计方法，既能在合理的时间内设计复杂的系统，同时也能处理具体的实现细节[191, 84]。该方法的主要思想是，将预先设计和预先验证的逻辑块，即所谓的内核，由内核集成工程师集成到 SoC 中。内核供应商提供的内核可能有不同的来源，如来自不同的公司、复用以前的设计，或者是全新设计。测试设计工程师负责设计系统的测试方案，包括决定系统中每个内核测试数据的组织和施加（测试激励和测试响应）。使总测试时间最短通常是主要目标之一，因为它与测试成本高度相关，但增加的成本，如额外的布线等，也需要尽量最小化，同时还要考虑约束和冲突。

传统的设计流程是连续的，系统设计之后就是测试设计，最后一步是芯片生产和测试。基于内核的 SoC 设计方法包括两个主要步骤，一个是内核选择，内核集成工程师为系统选择合适的内核，另一个是内核测试设计，为系统创建测试解决方案，包括测试调度和测试数据传输基础设施的设计，即 TAM（测试访问机制）。这两个步骤传统上是依次进行的，一个接一个（图 13.1(a)）。对于这样的 SoC 设计流程，我们需要注意，在最初的设计步骤（内核选择）中，内核集成工程师可以在几个不同的内核中选择合适的内核以实现系统中的某个功能，这些内核通常来自不同的内核供应商。内核集成工程师根据每个内核规格中给出的设计特性，选择最适合系统的内核。这些内核可能不仅有不同的设计特点，而且有不同的测试特点（测试集和功耗）。例如，一个内核可能需要一个大型 ATE（自动测试设备）测试集，而另一个实现相同功能的内核可能只需要一个有限的 ATE 测试集和一个 BIST（内建自测试）测试集的组合。因此，选择哪一个内核会对整体测试方案产生影响。仅仅根据功能来选择最佳内核，会导致局部最优，考虑到系统的总成本，包括测试成本，这种选择方式不一定会产生全局最优解。换句话说，必须从系统的角度来考虑内核和 / 或测试分区的选择，以便找到一个全局优化的解决方案。这个特性意味着我们需要一个测试方案设计工具，可以在早期的内核选择过程中，探索和优化系统的测试方案（图 13.1(b)）。这样的工具可以帮助测试设计者回答内核集成工程师提出的问题："对于这个 SoC 设计，这些内核中哪一个最适合系统测试方案？"。

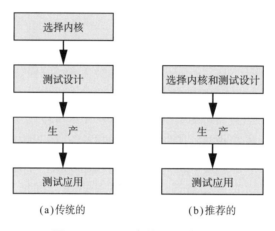

图 13.1　基于内核的设计流程

我们之前提出一种综合测试调度和 TAM 设计的技术，使得基于测试时间和 TAM 布线成本的加权成本函数最小化，同时考虑了测试冲突和测试功耗限制[176]。我们假设每个待测单元的测试是固定的，主要目标是，对于一个给定的系统，能够定义一个测试方案。另一方面，本章我们假设对于每个待测单元，都存在几个备选方案。我们提出了一种综合内核选择、测试集选择、测试资源平面布局、TAM 设计和测试调度的方法。这些流程都是高度相互依赖的。可以通过同时安排尽可能多的测试来缩短测试时间，但是，同时测试的可能性取决于连接测试资源（源端测试和接收端测试）的 TAM 大小。测试资源的位置对 TAM 线路的长度有直接影响。最后，为每个待测单元选择的测试集被划分到测试资源上，划分方式会影响 TAM 设计和测试调度。因此，这些问题必须综合考虑。

测试功耗问题正日益严重。为了缩短测试时间，人们开始探索测试的并行执行。但是，这可能会导致过高的功耗。我们提出的方法包括一个改进的功耗模型，考虑了全局系统级的功耗限制、功耗网级（热点）的局部限制，以及内核级的功耗限制。之所以建立这种更复杂的功耗模型，是因为系统是为在正常模式下运行而设计的，但是在测试模式，待测单元的激活方式与正常运行模式有很大不同。可能超过系统的功耗限制，或出现热点并损坏系统中的某个部分，或损坏内核。

我们提出的方法可用于探索 SoC 中的不同内核、每个待测单元的不同测试方案，以及测试资源的布局。随着设计的扩大，我们利用甘特图来限制搜索空间。我们已经实现了所提出的方法，并与基于估计的方法和伪穷举法进行对比。基于估计的方法很难产生高质量的解决方案，而伪穷举法的搜索空间过大，导致计算成本变高。我们提出的方法产生的解决方案，质量接近于伪穷举法，计算成本则接近于基于估计的方法。

13.3　相关工作

如上所述，技术的发展迫使人们引入基于内核的设计环境[84]。将可重复使用的逻辑块，也就是所谓的内核，组合成一个系统放在芯片上。基于内核的设计流程通常是，从内核的选择开始，然后设计测试方案，生产之后，对系统进行测试（图 13.1(a)）。在内核选择阶段，内核集成工程师选择适当的内核实现系统的预期功能。对于每个功能，通常有许多内核可供选择，每个候选内核都有其规格，包括性能、功耗、面积和测试特性等。内核集成工程师通过探索设计空间（搜索和组合内核）来优化 SoC 的性能。一旦系统被固定下来（内核被选中），测试设计工程师就会开始设计 TAM，并根据每个内核的测试规范来安排测试。在这样的设计流程中（图 13.1(a)），测试方案设计紧跟在内核选择之后。这意味着，即使每个内核的规格是高度优化的，当集成为一个系统时，系统的整体测试方案也不一定就是高度优化的。

另一方面，像图 13.1(b) 这样的设计流程，整合了内核选择步骤和测试方案设计步骤。其优点是，在设计测试方案时可以考虑内核选择带来的影响。在这样的设计流程中（图 13.1(b)），站在全局系统的角度考虑内核选择的影响，其优点是有可能开发出更优化的测试方案。图 13.1(b) 的设计流程可以等效为图 13.2，先在系统中对内核的类型进行规划，然后再决定选择哪个内核。每个位置都可能有若干内核满足要求。例如，对于 cpu_x 内核，在图 13.2 中就有 3 个备选的处理器内核（cpu1、cpu2 和 cpu3）。

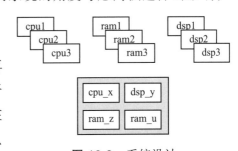

图 13.2　系统设计

本章，我们使用 Zorian 等人[191] 提出的概念，图 13.3 用一个例子说明这些概念。这个例子由 3 个主要的逻辑块组成，内核 A（CPU）、内核 B（DSP）和内核 C（UDL，用户自定义的逻辑块）。源端测试是创建或存储测试激励的地方，而接收端测试是存储或分析测试响应的地方。测试资源（源端测试和接收端测试）可以放在片上或片外。在图 13.3 中，ATE 是片外源端测试和片外接收端测试，而 TS1 则是片上源端测试。TAM 是测试激励从源端测试传输至待测单元，以及测试响应从待测单元传输至接收端测试的基础结构。封装器是内核和 TAM 之间的接口，有封装器的内核称为封装内核，没有封装器的内核称为未封装内核。内核 A 是一个封装内核，内核 C 是未封装内核。封装器的封装单元可以处于以下模式之一：内部测试模式、外部测试模式和正常操作模式。除 Zorian 等人[191] 的定义外，我们假设一个待测单元不是一个内核，而是一个内核中的一个逻辑块，一个内核可以由一组逻辑块组成。例如，内核 A（图 13.3）由两个逻辑块（A.1 和 A.2）组成。

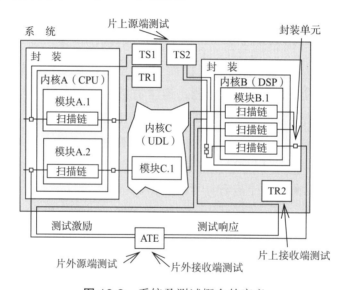

图 13.3　系统及测试概念的定义

对于已经完成内核选择和布局规划的固定系统，以及每个测试都是固定的待测单元，主要任务是组织测试，以及传输测试激励和测试响应。在假设已经选好内核的情况下，已经提出了几种不同的技术来解决相应的重要问题。

Zorian[287] 提出了一种针对完全 BIST 系统的测试调度技术，其中每个待测单元施加一个固定测试时间的测试，每个待测单元都有其专用的片上源端测试和片上接收端测试。每个测试都有固定的测试功耗，这种调度技术的目的是将测试分成几个环节，每个环节的功耗总和不超过系统的功耗限制，同时使总测试时间最短。在一个待测单元共享源端测试和接收端测试的系统中，必须考虑测试冲突。Chou 等人提出了一种测试调度技术，在每个测试的测试时间和测试功耗都固定的情况下，能够使系统的测试时间最短，为了处理常见的冲突，使用了冲突图[41]。

Zorian 和 Chou 等人的方法假定每个待测单元的测试时间是固定的。内核的测试时间可能会由内核供应商固定。内核供应商可能已经优化了他们提供的内核，目的可能是保护 IP。但是，一个内核的测试时间并不总是固定的。对于扫描测试的内核，扫描单元可以连接到任意数量的封装链。如果一个内核的扫描单元（扫描链、输入和输出）只连接到少量的封装链上，与连接到更多数量的封装链上的扫描单元相比，测试时间会更长。Iyengar 等人提出了一种针对系统的调度技术，其中所有内核的测试时间都是可变的，目标是为每个内核形成一组封装链，以使系统的测试时间最短[113]。

为了尽量缩短测试时间，可以同时激活尽可能多的故障点，这也导致了高功耗。在某些所谓的热点区域会消耗大量的功率。Zorian[287]和 Chou 等人[41]为每个测试分配固定的功耗，并且确保任何时候都不会以超出系统功耗限制的方式激活测试。Bonhomme 等人[18]和 Saxena 等人[241]提出了时钟门控子链方案，旨在减少扫描移位过程中的测试功耗。其优点是，由于减少了内核的测试功耗，可以同时安排更多的内核进行测试。该方案的基本思想是，如果一个封装链由 n 条扫描链组成，可以一次只加载一条扫描链，也就是说每次只有一条链被激活，测试功耗就降低了。

已经有研究为每个待测单元找到最合适的 ATE/BIST 分区。Sugihara 等人研究了测试集的分区，一部分是片上测试（BIST），另一部分是使用 ATE（自动测试设备）的片外测试[257]。Jervan 等人提出了类似的方法[126]，后来扩展为不仅可以局部优化一个内核的测试集，而且可以通过使用估计技术优化完整系统的测试集，以减少测试生成的复杂度[127]。

Hetherington 等人讨论了几个重要的测试限制，如 ATE 带宽和内存限制[92]。这些问题以及前面描述的问题，在制定最终测试方案时都要考虑到。

设计 SoC 的测试方案时，不仅需要单独考虑上述每一个问题，从系统测试的角度同时考虑这些问题也很重要。我们以前曾提出过一种综合测试调度和 TAM 设计的技术，在考虑测试冲突和测试功耗的同时，使总测试时间和 TAM 设计最小化[176]。该技术可以处理未封装的、已封装的、具有固定测试时间和具有灵活测试时间的内核。该技术在源端测试和接收端测试的使用方面也是通用的。每个测试都可以使用任意源端测试和任意接收端测试。不需要源端测试和接收端测试都在片上，或都在片外。此外，该技术还允许每个待测单元进行任意数量的测试，这对于处理诸如检测时序故障和延迟故障的测试非常重要。注意，该技术假设每个待测单元的测试都是固定的。

13.4　问题构建

我们在本章讨论的问题可以用图 13.4 来说明，图中的矩形是一个带有平面图的 SoC。注意，内核的类型已经定义，但还没有选择特定的内核。例如，在 CpuX 位置，有内核 A 和内核 B 作为备选。每个备选内核可能由一组逻辑块（待测单元）组成，每个逻辑块都有多个测试选择。例如，内核 A 的 A1 模块可以通过测试 t_1 或 t_2、t_3 来测试。每个测试都与一个逻辑块相连，每个测试都有源端测试和接收端测试的组合。例如，测试 t_1 使用 r_1 和 s_1。由于系统中没有其他测试使用 r_1 和 s_1，r_1 和 s_1 很可能不会对测试时间产生限制。另一方面，由于 s_1 和 r_1 没有被其他测试使用，TAM 的利用率很低，这也导致了资源浪费。

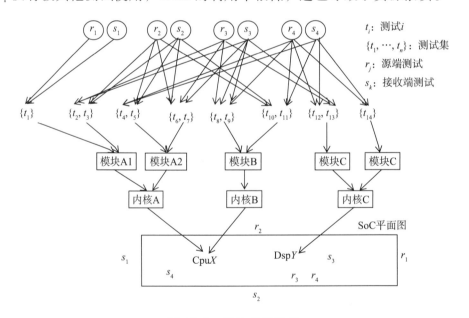

图 13.4　设计方案说明

图 13.5 中给出了一个输入规范的例子，这是我们方法的起点。输入规范的结构基于参考文献[176]中使用的规范。主要的扩展是对于每个逻辑块（待测单元）可以指定几个不同的测试列表，以及改进的功耗网模型，而不是像以前那样只能指定一个列表。

```
[Global Options]
MaxPower = 100
[Power Grid] #name    power_limit
            p_grid1    50
            p_grid2    60
[Cores]   #name   x    y    block_list
          coreA   20   10   { blockA1, blockA2 }
          coreB   40   10   { blockB1, blockB2 }
          coreC              { blockC1 }
[Generators] #name   x    y    max_bw  memory
             ATE     10   0    4       200
             TG1     30   0    1       50
             // the rest of the generators
             TG2     30   10   1       100
[Evaluators] #name   x    y    max_bw
             ATE     50   0    4
             TRE1    30   0    1
             // the rest of the evaluators
             TRE2    30   10   1
[Tests]  #name pwr time tpg    tre    min_bw  max_bw  ict
         tA1.1 60  60   TG1    TE1    1       1       no
         // more tests for coreA
         tB1.1 60  72   TG1    TE1    1       1       no
         // more tests for coreB
         tC1.1 70  80   TG1    TE2    1       4       coreB
         // more tests for coreC
[Blocks] #name   idle_pwr pwr_grid  test_sets {}, {}, ...,{}
         blkA1   0        p_grd1    { tA1.1 }{ tA1.2, tA1.3}
         blkA2   0        p_grd1    { tA2.1 }{ tA2.2 }
         blkB1   5        p_grd2    { tB1.1 tB1.2 } { tB1.3 }
         blkB2   10       p_grd2    { tB2.1 }
         blkC1   0        p_grd1    { tC1.1}
[Constraint] #name   {block1, block2, ... , blockn}
         tA1.1        {}
         // constraints for each test
         tC1.1        {blkC1 blkA1 blkA2 blkB1 blkB2}
```

图 13.5　图 13.3 示例系统的输入规范

可以为每个逻辑块（待测单元）指定几个不同的测试列表，列表中的每个测试都使用指定的资源（源端测试和接收端测试），并且每个测试都有其测试特性，这样做的好处是可以探索不同的设计方案（图 13.4）。

我们的方法考虑的测试问题及其建模将在 13.5 节中讨论。内核是平面布局的，即给定 (x, y) 坐标，每个内核由一组逻辑块（待测单元）组成。

```
[Cores] name x   y  {list for Core1}  {list for Core2}
        CpuX 10 20 {BlockA1 BlockA2} {BlockB1}
```

对于每个逻辑块，都可以施加几组测试，其中，每组测试都足以测试该逻辑块。例如，为了测试 bA 模块，给出 3 个可能的测试集：

```
[Blocks] name idle_pwr pwr_grid {test1, t2,..., tn} {t1,...,tn}
         bA   0        grid1    {tA1, tA2} {tB1} {tC1,tC2,tC3}
```

可以选择 {tA1, tA2} 或 {tB1} 或 {tC1, tC2, tC3}，其中，每个测试都有其测试资源和测试特性。

问题是选择内核和相应的逻辑块，以及对每个逻辑块使用哪一组测试，才能为系统产生一个优化的测试方案。测试方案的成本由总测试时间和 TAM 布线成本给出：

$$\text{cost} = \alpha \times \tau_{\text{total}} + \beta \times \text{TAM} \qquad (13.1)$$

其中，τ_{total} 是总的测试时间（测试时间最长的测试的结束时间）；TAM 是所有 TAM 线路的布线长度；α 和 β 是两个设计者定义的系数，用于确定测试时间与 TAM 成本的权重。α 和 β 取决于每个设计的特性，因此，不可能定义它们的通用值。

最终输出是一个测试调度方案，其中对内核进行了选择，并且为所选内核中的每个逻辑块（待测单元）都选择了对应的测试，给定了开始时间和结束时间，这样就不会违反冲突和功耗限制。另外，在方案中还给出了相应的成本（式（13.1））最低的 TAM 规划。

开发测试资源规范时，如何设计可以有很多种选择。例如，内核 c_i 的每个逻辑块（待测单元）$b_{ij} \in B$ 可以有 $|T_{ij}|$ 种测试集的组合，其中，每个测试集可以放置在 n_{ij} 个位置，并且每个测试集可以有 m_{ij} 种修改方式，如果引入大量 TAM 线，则可以缩短测试时间，反之亦然。这些可能性的数量是

$$\prod_{i=1, j=1}^{|B|} |T_{ij}| \times n_{ij} \times m_{ij}$$

例如，对只有两个内核的小型系统来说，每个内核有两个测试集，每个测试集有两种可能的布局方式，并且每个测试集可以通过两种方式修改，备选设计方案的数量为 $(2 \times 2 \times 2)^2 = 64$。

13.5　测试问题及其建模

本节讨论在设计 SoC 测试解决方案和问题建模时必须考虑的测试问题。

13.5.1　测试时间

在设计测试解决方案之前，待测单元的测试时间可以是固定的，也可以是

非固定的。内核供应商可能会出于保护内核的目的，在交付之前对内核及其封装器进行优化，固定测试时间。另一方面，扫描测试内核的测试时间也可以是非固定的，因为扫描单元（扫描链和封装单元）可以连接一条或多条封装链。一个具有灵活测试时间的测试，其测试时间取决于封装链的数量。需要注意的重要一点是，系统中可以混合使用固定测试时间和非固定测试时间的测试。测试时间模型必须能够处理这种系统。

与使用较少的封装链相比，一个内核中的封装链数量越多，测试时间就越短。但是，一个内核中的扫描链数量可能很少，而且不平衡（不等长），因此，测试时间和封装链的数量可能不呈线性关系。我们分析了 ITC' 02 设计之一 p93791 设计[176] 中扫描测试内核的测试时间（τ）与封装链数量（w）之间的线性关系（$\tau \times w =$ 常数）。我们观察到，11 号内核的测试时间与封装链数量是非线性关系（图 13.6 中的 11 号内核）。另外我们注意到，576 个扫描单元被分割成 11 条扫描链（82 82 82 81 81 81 18 18 17 17 17）。我们将内核 11 重新设计成 4 个新的内核，分别包含 11、22、44 和 88 条平衡扫描链。我们在图 13.6 中绘制了所有内核的 $\tau \times w$。随着扫描链数量的增加，$\tau \times w$ 的值逐渐变得恒定。单条封装链的测试时间是 149381。对于具有 44 条平衡扫描链的内核 11，$\tau \times w$ 的值总是小于恒定理论值的 5%。值得注意的是，对于所有的内核，$\tau \times w$ 的值在一定范围内几乎是恒定的。我们假设测试设计者对内核进行了优化，使得内核中扫描链的数量相对较多，而且长度几乎相等。

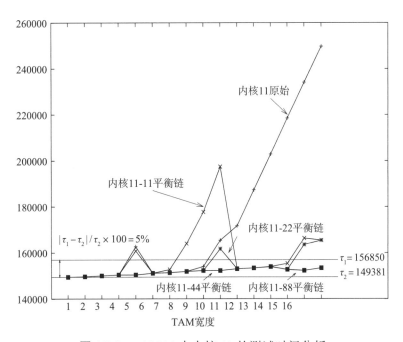

图 13.6　p93791 中内核 11 的测试时间分析

在我们的模型[176]中，为一条 TAM 线路上的待测单元指定了测试时间和带宽限制（最小带宽 minbw，最大带宽 maxbw）。例如，测试 A（testA）在一条封装链上的测试时间为 100，该单链上的扫描单元可以被安排到带宽 1 ~ 4 的封装链中。

```
[Tests] name  test time minbw maxbw
        testA 100        1     4
```

根据我们的实验，假设测试时间与带宽范围内 TAM 线的数量呈线性关系。这意味着，给定一条 TAM 线的测试时间（τ_1），待测单元的测试时间 t_i 可以通过以下方式计算：

$$\tau_i = \frac{\tau_1}{i} \tag{13.2}$$

其中，i 在 [minbw, maxbw] 范围内。如果测试时间是固定的，则 minbw = maxbw。

13.5.2　测试功耗

如果同时激活大量内核，虽然会缩短测试时间，但会导致更高的测试功耗，而高功耗有可能损坏系统。在这种情况下，可能会超过系统级的功耗限制。此外，如果在测试过程中激活物理层面相互靠近的内核，就会产生一个热点并损坏系统。例如，假设一个存储器被分成 4 个库，在正常操作中，每次只激活一个库。在测试过程中，为了缩短测试时间，所有库被同时激活。这样可能不会超过系统的功耗限制，但是会产生一个局部热点，也可能损坏系统。另一个问题是，由于测试激励的性质和 / 或测试时钟频率的原因，处于测试模式的内核的功耗也可能超过其规定的限制。因此，我们使用一个三级功耗模型，系统级、功耗网级（局部热点）和内核级。

对于系统级，我们利用 Chou 等人定义的功耗模型，其中，每个测试都有固定的功耗，测试的安排原则是，在任何时间点，同时执行的测时功耗之和低于系统的功耗限制[41]。

举例来说，我们可以将系统功耗限制指定为

```
MaxPower=100
```

对于每项测试，我们也指定了测试激活时的功耗：

```
[Tests] name  pwr time tpg tre minbw maxbw mem ict
```

```
testA 60  60   r1  s1  1    1    10   no
```

此外，空载功耗，即一个逻辑块不活动时的功耗也指定了：

```
[Blocks] name idle pwr pwr_grid {t1, t2,...,tn} {t1,...,tn}
         bA   0        grid1      {testA}         {testA2}
```

对于局部热点，我们引入功耗网模型，与 Chou 等人[41] 提出的方法有相似之处，除此之外，我们的模型还包括局部区域（功耗网）。假设每个逻辑块（待测单元）都被分配给一个有功耗限制的功耗网。系统可以包含若干功耗网。被分配给一个功耗网的逻辑块在任何时候的激活功耗都不能超过功耗网的功耗限制。

举例说明我们为什么需要功耗网，一个存储器可以按逻辑块分成许多库（图 13.7）。假设存储器在正常运行期间，永远不会访问超过一个存储块，那么我们相应地设计功耗网如下。

单一网格的例子：

```
[PowerGrid] pwr_grid limit
            grid1    30
```

图 13.7　由一个功耗网供电，4 个模块组成的存储器

每个逻辑块使用的功耗网如下：

```
[Blocks] name idle_pwr pwr_grid {test1, t2,..., tn} {t1,...,tn}
         bA   0         grid1    {testA} {testA2}
```

内核级调整背后的动机是双重的。首先，通过降低一个内核的功耗，可以同时激活更多的内核而不违反系统的功耗限制。其次，由于测试功耗往往高于正常运行时的功耗，测试过程中某个特定内核的功耗可能高于其自身的功耗限制，可能会损坏该内核。

如上所述，一些测试有固定的测试时间，而一些测试的测试时间则可以灵活变动。关于测试功耗，有一些测试的功耗是固定的，不管分配的 TAM 线数量如何，还有一些测试允许通过时钟门控来调整功耗，见参考文献[241]。时钟门控可以降低功耗，以便同时执行更多的测试，但更重要的是，它可以用于由于测试时钟频率过高，自身功耗高于功耗限制的待测单元。

一个测试的功耗是以单一数值给出的，例如：

```
[Tests] name  pwr time minbw maxbw flexible_pwr
        testA 50  60   1     4     yes
        testB 60  30   1     4     no
```

请注意，我们可以通过设置 flexible_pwr 为 yes 或 no 来指定是否使用时钟门控。如果可以修改功耗，我们假设一种线性关系：

$$p_i = p_1 \times tam \tag{13.3}$$

其中，p_1 是一条 TAM 线的功耗；p_i 是使用 i 条 TAM 线时的功耗；i 必须在指定范围内 [minbw, maxbw]。

13.5.3　测试冲突

测试方案设计期间，有许多冲突必须考虑和建模。每个测试都有其特定的约束，取决于测试的类型，包括固定故障、功能故障、延迟故障、时序故障等。对于一般的冲突，我们使用以下标记法[176]：

```
[Constraints] test {block1, block2, ..., block n}
              tA    {bA bB}
```

这种标记法意味着进行测试 tA 时，bA 和 bB 两个逻辑块必须是可用的，因为它们都被测试 tA 使用，或者测试 tA 可能干扰其中一个逻辑块。这种建模支持一般的冲突，例如，内核中嵌入内核的层级结构导致的冲突，或者是测试期间的干扰导致的冲突等。该模型也可用于使用现有功能总线作为 TAM 线路的设计。一条功能总线可以建模为一个虚拟模块，通常一次只能进行一个测试。

一个源端测试 [Generators] 的带宽和内存可能有限。带宽和内存对 ATE 特别重要，对存储测试数据的片上资源来说也很重要。我们将带宽限制建模成一个整数，用来说明源端测试的最高允许带宽。内存限制也一样建模为一个整数。接收端测试 [Evaluators] 的带宽也是有限的，与源端测试类似，我们也将其建模为一个整数。我们给出每个测试所需的内存。下面给出一个使用源端测试 r1 和接收端测试 s1[176] 的测试 A（testA）的例子：

```
[Generators]   name   x    y    maxbw   memory
               r1     10   20   1       100
[Evaluators]   name   x    y    maxbw
               s1     20   20   2
[Tests]        name   tg   tre  memory
               testA  r1   s1   10
```

由于 TAM 布线的原因，封装器冲突与一般冲突相比略有不同。封装内核的测试与未封装内核的测试也不同。例如，对封装内核 A（图 13.3）的测试是通过将封装器置于内部测试模式进行的，测试激励通过一组 TAM 线从所需的源端测试传送到内核上，测试响应也通过一组 TAM 线从内核传送到接收端测试。在未封装待测单元，如 UDL 块，内核 A 和内核 B 的封装器被置于外部测试模式。测试激励通过内核 A 从 TAM 的源端测试传送到 UDL 块，测试响应通过内核 B 传送到 TAM 和接收端测试。

我们对封装器冲突建模如下，有两个逻辑块（bA 和 bB），每个逻辑块对应一个测试（tA 和 tB）：

```
[Blocks] name   {test1,test2,...,test m} {test1,...,test n}
         bA     {tA}
         bB     {tB}
[Tests]  name   tg     tre     ict
         tA     r1     s1      bB
         tB     r1     s1      no
```

测试 tB 不是互连测试，因此，ict（互连测试）标记为 no。这意味着，在 r1 和 bB 之间，以及 bB 和 s1 之间会有一个连接。另一方面，测试 tA 是一个连接 bB 的互连测试，意味着 r1 与 bA 连接，bB 与 s1 连接。

13.6　测试设计算法

本节，介绍我们提出的测试设计算法（图 13.8 概述，图 13.9 和图 13.10 详细说明）。为了评估测试方案的成本，我们利用式（13.1），给出下式：

$$\Delta\tau \times \alpha + \Delta\mathrm{TAM} \times \beta \tag{13.4}$$

其中，$\Delta\tau$（$\Delta\mathrm{TAM}$）是修改前后的测试时间（TAM 成本）的差异。

TAM 成本由长度 l 和宽度 w 给出（$\mathrm{TAM} = l \times w$），结合只考虑一个待测单元的成本函数（式（13.1）），以及测试时间与 TAM 成本的关系（式（13.2）），最优 TAM 带宽由下式[176]给出：

$$w = \sqrt{(\alpha \times \tau)/(\beta \times l)} \tag{13.5}$$

```
Select tests for initial solution
Do {
    Create test schedule and TAM
    Find limiting resource with Gantt chart
    Modify tests (select alternative tests or modify
    TAM width) at limiting resource
    Select best modification
} Until no improvement is found
Return best solution.
```

图 13.8　算法概述

```
sort the list of tests descending according to the cost
function.
repeat until the list is empty {
    select the first test in the list
    repeat until a test is scheduled or at end of list {
      repeat until selected test is scheduled or
      bandwidth cannot be decreased {
          try to schedule the test at current time
          if fail to schedule {
              if the bandwidth>1 then reduce bandwidth with 1
          }
      }
      if the selected test could not be scheduled {
        select the following test in the list
      }
    }
    if the test was scheduled {
      allocate TAM and remove the selected from the list
    } else {
        update current time to the nearest time in the
        future where possible to schedule the first
        test in the list
      }
}
```

图 13.9　测试调度和 TAM 设计

```
for each block (testable unit) {
    for each test set at a block {
      compute optimal bandwidth for each test (Eq. (13.5));
      compute cost for the full test set (Eq. (13.1));
    }
    place test sets sorted descending on cost (step (13.4));
    select first test set in the list as the active test set
}
repeat until no modification can be performed {
    create test schedule and TAM layout (see Figure 220)
    if the cost for schedule and TAM layout is best so far{
      remember this test schedule and the TAM layout
    }else {
      if last modification was a TAM width modification {
        undo the TAM width modification
      }
      if last modification was a test set modification {
        remove the test set from the blocks list of test sets
      }
    }
    for each block {
      if the active test set has a test resource limiting
      the solution {
        compute cost for increasing the TAM width with 1
        for every other test set for the block{
          compute the cost of changing this test set
          based on Eq. (13.4)
          if the cost is lower than lowest cost {
              remember this test set
          }
        }
        if lowest cost for the block < the total cost{
          remember block, TAM width and test set modification
        }
      }
    }
    if any alternatives exists {
```

图 13.10　测试集选择

```
      perform TAM width modification or
      test set modification
    } else {
    for each block {
      for each test set after the active test set for the
      block{
        compute the cost of selecting it (Eq. (13.4))
        if cost is lowest then remember this test set
      }
      if best cost for the block < lowest total cost then {
          remember block change and test set change
      }
    }
    if lowest cost difference <0 {
      do the test set change
    }
  }
}
```

续图 13.10

算法（图 13.8）的详细描述在图 13.9（测试调度和 TAM 设计）和图 13.10（测试集选择）中。该算法由图 13.10 给出的部分开始，其中，每个待测单元的测试集列表都根据成本函数（式（13.1））进行排序。每个待测单元的成本是局部优化的，但是没有针对 TAM 线路共享或冲突进行全局考虑。对于每个待测单元，会选择第一组测试进行调度并设计 TAM（图 13.9）。在测试调度方案中，给出了总测试时间，在 TAM 布局中，给出了测试方案的 TAM 成本。该算法通过测试解决方案的甘特图检查资源的使用情况。例如，假设一个测试方案产生了图 13.11 所示的甘特图，其中，TG：r1 是关键资源。对于所有使用关键（限制）资源的测试，我们会试图找出替代测试。利用式（13.4）评估每个可能的替代方案（在关键资源上）的成本变化。我们并不是尝试所有可能的替代方案，而是进行有限的设计修改（从甘特图中给出）。为了减少 TAM 的成本，我们尝试利用现有的 TAM（可以延迟施加测试）。

图 13.11　面向机器的甘特图[23]

13.6.1　资源利用

我们利用面向机器的甘特图来跟踪瓶颈（对解决方案产生限制的资源）[23]。

让资源成为机器，测试成为任务，以显示机器上任务的分配。观察图 13.11 中的甘特图，测试 B2 需要 TG：r2 和 TRE：s2。对图 13.11 的检查显示，TG：r2 和 TRE：s2 并不关键。源端测试 TG：r1 才是最关键的。这意味着，测试 A、测试 B1 和测试 C 需要进行修改。甘特图指出了瓶颈，不再需要对候选修改进行搜索。请注意，甘特图并不显示有效的调度方案，只显示系统中资源的使用情况。

13.6.2　示　例

我们用图 13.12 中的设计实例来说明上述算法。这个例子（图 13.12）进行了简化，去除了功耗网、内存限制和一般的约束列表，由两个内核组成，每个内核都包含一个逻辑块（待测单元）。每个逻辑块可以用两种方式进行测试，因为每个逻辑块都有两个备选的测试集。例如，逻辑块 A 可以通过测试 A1 或测试 A2 来测试。每个测试都可以定义测试时间，源端测试和接收端测试的组合等。

```
[Global Options]
MaxPower = 100
[Cores]     #name    x    y    block_list
            coreA    20   10   { blockA }
            coreB    40   10   { blockB }
[Generators] #name   x    y    max_bw
            TG1      30   0    1
            TG2      30   10   1
[Evaluators] #name   x    y    max_bw
            TA1      30   0    1
            TA2      30   10   1
[Tests]  #name pwr timeTPG TRE    min_bw   max_bw ict
         testA1 60   60  TG1 TA1    1        1      no
         testB1 60   72  TG1 TA1    1        1      no
         testA2 40   100 TG1 TA1    1        1      no
         testB2 40   120 TG1 TA1    1        1      no
[Blocks] #name     idle_power   test_sets
         bA        0            { testA1 }{ testA2 }
         bB        0            { testB1 }{ testB2 }
```

图 13.12　简化输入的示例，不考虑功耗网、内存限制和约束列表（一般约束）

初始步骤：对于每个逻辑块，测试集根据式（13.1）的成本函数（$\alpha=\beta=1$）升序排列。

```
test     time  TAM  total cost
testA1: 60    40   100
testA2: 100   20   120
testB1: 72    40   112
testB2: 120   20   140
```

每个逻辑块的评估结果列在以下排序列表中（列表中的第一个是最佳候选项）：

```
BlockA: {{testA1}, {testA2}}
BlockB: {{testB1}, {testB2}}
```

激活第一组测试，即逻辑块 A{testA1} 和逻辑块 B{testB1}。测试调度算法根据测试时间对测试进行排序，从测试时间最长的测试开始，最终测试调度方案，测试 B 从时间 0 开始，测试 A 从时间 72 开始，总的测试时间是132。TAM 设计算法连接了 TG1、内核 B、内核 A 和 TA1，曼哈顿长度为 $20 + 20 + 20 = 60$。那么测试方案的总成本（$\alpha = \beta = 1$）就是 132（测试时间）$+ 60$（TAM 成本）$= 192$。

从这个测试方案的甘特图中，我们观察到 TG1 和 TA1 都被使用了 132 个时间单位，而 TG2 和 TA2 根本就没有被使用，也就是说，TG1 和 TA1 对这个方案产生了限制。根据甘特图，该算法试图找到一个不使用 TG1 和 TA1 的替代方案。对于每个使用甘特图中限制性资源（在我们的例子中是 TG1 和 TA1）的测试，该算法都会计算使用其他资源的替代成本。值得注意的是，为了限制备选数量，我们只尝试使用重要限制性资源的测试（甘特图）。

对于第一个备选修改，我们尝试使用测试 A2 来测试逻辑块 A，不使用测试 A1。这意味着测试 A1 不会被执行（每个逻辑块只需要测试集中的一个测试）。我们评估了测试修改对 TAM 布局的影响，观察到不需要在布局中包括内核 A。将内核 A 从总线布局中移除意味着可以移除对应 20 个时间单元的 TAM（与测试 A1 相比，测试 A2 利用的是不同的测试资源）。但是，为了执行测试 A2，我们必须包括从 TG2 到内核 A 和从内核 A 到 TA2 的线路，这些额外需要的布线对应 20 个时间单元。

测试 A1 和测试 A2 的测试时间之差为 $100 - 60 = 40$。也就是说总成本差异估计为 -20（不执行测试 A1 带来的收益）$+ 20$（TG2 → coreA → TA2 之间的 TAM 增加的布线）$+ 40 = 40$。

对于第二个备选修改，我们尝试用测试 B2 代替测试 B1。这意味着可以删除一个对应 20 个时间单元的 TAM（长度和宽度）。增加测试 B2 的额外 TAM

成本是 20，测试 B2 和测试 B1 之间的测试时间差是 48(120 – 72)。这个方案的成本差异是 –20 + 20 + 48 = 48。

在这个例子中，有两个测试使用对解决方案至关重要的资源（甘特图），并且每个测试只有一个可能的替代方案。而且，由于第一个方案比替代方案更好，所以选择第一个方案。创建一个新的测试调度方案和 TAM 布局，其中，测试 A1 和测试 B1 都安排在时间 0 开始，另外还有两个 TAM，一个从 TG2 → coreA → TA2，长度为 20，另一个从 TG1 → coreB → TA1，长度为 40。总成本为 60 + 72 = 132（从 192 改进到 132）。

13.7　实验结果

实验目的是检查我们提出的技术是否能以合理的计算成本（CPU 时间）产生高质量的解决方案。我们对比了一个基于估计的方法[170]和一个伪穷举法。基于估计的方法计算成本较低，但是找到的测试解决方案的质量并不高，而伪穷举法基本上尝试了所有可能的解决方案，搜索空间规模巨大，计算成本非常高。

我们创建了 3 个设计，规模依次扩大，Design_small，Design_medium 和 Design_large。Design_small 包含 4 个内核，每个内核包括一个待测单元，每个待测单元有两个备选的测试，分别对应两个不同的内核。Design_medium 包含 13 个内核，每个内核也包括一个待测单元，每个待测单元有 5 个设计备选方案。Design_large 包括 122 个待测单元，分布在 18 个内核和 186 个测试上。

表 13.1、表 13.2、表 13.3 和表 13.4 中收集了 3 种技术在 3 个设计上的实验结果，其中 $\alpha = \beta = 1$。表 13.1 列出了 3 种技术各自的计算成本（CPU 时间）。基于估计的方法产生结果非常快（不到 1s），而伪穷举法在两个较大的设计没有终止，即在合理的时间内没有产生结果。我们提出的方法使用的 CPU 时间介于基于估计的方法和伪穷举法之间，在可接受的 CPU 时间内在所有的设计上都产生了结果。对于最大的设计，CPU 时间为 4s。

表 13.1　计算成本（s）

设　计	估　计[170]	伪穷举	我们的方法
Design_small	< 1	<1	< 1
Design_medium	< 1	N.A	< 1
Design_large	< 1	N.A	4

表 13.2　测试时间

设　计	估　计[170]	伪穷举	我们的方法
Design_small	400	320	320
Design_medium	240	N.A	193
Design_large	215	N.A	220

表 13.3　TAM 布线成本

设　计	估　计[170]	伪穷举	我们的方法
Design_small	140	120	120
Design_medium	810	N.A	690
Design_large	1072	N.A	962

表 13.4　总成本（$\alpha = \beta = 1$）

设　计	估　计[170]	伪穷举	我们的方法
Design_small	540	440	440
Design_medium	1050	N.A	883
Design_large	1287	N.A	1182

对于解决方案的质量，我们收集了 3 种方法在 3 个设计上的测试时间、TAM 布线成本和测试解决方案的总成本（表 13.2、表 13.3、表 13.4）。基于估计的方法在 Design_small 上产生的解决方案的总测试时间是 400，而伪穷举法和我们的方法产生的解决方案，测试时间都是 320（表 13.2）。基于估计的方法产生的解决方案比伪穷举法和我们的方法差 25%。实验表明，我们的方法找到了高质量的解决方案（与伪穷举法的测试时间相同）。

表 13.2 收集了 TAM 成本。我们的方法为 Design_small 找到了一个测试方案，其 TAM 成本（120）与伪穷举法相同。基于估计的方法结果是 140，比伪穷举法和我们的方法高出了 17%。

总成本的计算方法是，$\alpha = \beta = 1$，总成本 = 测试时间 + TAM 成本（式（13.1））。例如，在 Design_small 上我们的方法总成本是 440，它来自测试时间 320（表 13.2）和 TAM 成本 120（表 13.4）的总和。我们的方法产生的解决方案与 Design_small 上的伪穷举法成本相同，而基于估计的方法产生的解决方案要差 23%。我们的方法对 3 种设计产生的结果都优于基于估计的方法。

13.8　结　论

传统上，测试设计被认为是系统芯片设计流程的最后一步，但是，由于测试在整个设计流程中起到的作用越来越大，在设计流程中应该尽可能早地考虑测试设计。技术的发展使得我们可以设计系统芯片，这些芯片的尺寸不断缩小，却包含了大量的晶体管，并且时钟频率也非常高。缺点是故障点的数量急剧增加，为了测试这些系统芯片，需要大量的测试数据。因此，在设计流程中应该尽可能早地考虑测试规划。本章，我们提出了一种方法，早在内核选择阶段就将系统测试设计包括在内。其优点是，设计者在为系统选择内核时，可以从系统的全局角度观察测试设计带来的影响。我们提出的方法可用于探索内核选择、测试集分区（BIST 大小与 ATE 大小）以及测试资源（源端测试和接收端测试）的布局对测试方案的影响。

在之前的工作中，我们假设了一个系统，测试时内核、测试和测试资源的位置已经固定。这意味着，只需要重点考虑测试调度和 TAM 设计。而我们的方法包括测试调度、TAM 设计、测试集选择和测试资源布局等相互依赖的问题，以及内核选择。我们的方法定义了一个测试方案，其中，测试时间和 TAM 布线成本是最小的，同时也考虑了测试冲突和功耗限制。

测试功耗也越来越重要，但是，以前提出的功耗模型都是非常简单的，而且只关注全局的功耗限制。我们通过引入 3 个层级的功耗限制模型来改进测试功耗模型，系统级、功耗网（局部热点）级和内核级。这样做的好处是，有了这样的模型，可以对系统中消耗功率的地方，例如内核、某些热点区域和全局有更详细的功耗约束。

本章，我们提出了一种测试方案设计方法，其中，内核选择、测试集选择、测试资源布局和 TAM 设计都被整合起来。整合这些问题时，设计空间是巨大的，为了限制设计空间，我们利用甘特图来寻找限制性资源（瓶颈）。为了验证提出的方法，我们与基于估计的方法和伪穷举法进行比较。实验结果表明，伪穷举法不能在合理的 CPU 时间内产生解决方案，而基于估计的方法产生的解决方案质量不高。我们的方法可以在合理的 CPU 时间内产生高质量的解决方案。

第 14 章　缺陷检测与测试调度[1]

14.1　引　言[2]

本章，我们讨论片上系统设计的测试调度问题。与之前假设所有测试都能进行到结束不同，我们考虑的是一旦发现缺陷，测试过程就会终止，这是芯片生产测试中的常见做法。我们提出的方法考虑了测试过程中可能会发现缺陷的可能性，以便安排测试使预期的总测试时间最小化。它支持不同的测试总线结构、测试调度策略（顺序调度与并行调度），以及测试集假设（固定测试时间与灵活测试时间）。目前我们已经开发了几种启发式算法，并进行了实验以证明其效率。

开发电子系统的成本正在增加，其中很大一部分成本与系统测试有关。因此，降低开发成本的一个有效方法是降低测试成本。测试成本的降低可以通过缩短系统的测试时间来实现。对测试集的执行进行有效排序，即测试调度，可以使总测试时间最短。

基于内核的设计技术是另一种降低日益增长的开发成本的方法。通过这种技术，预先设计和预先验证的逻辑块，即所谓的内核，被集成到一个完整的系统中，这个系统可以被放置在一个芯片上，从而形成系统级芯片（SoC）。为了测试 SoC，可以使用测试总线在系统中传输测试数据，其结构往往对测试进度有很大影响。SoC 的测试调度可以按以下几种方式进行，顺序调度，即每次只进行一个测试；并行调度，在同一时间执行几个测试。每个测试集执行的测试时间可以是固定的，也可以是灵活的，即可以进行调整。

在 SoC 的大批量生产测试中，通常采用失败即终止的方法，即一旦检测到故障，测试序列就会终止。这种方法是用来减少总测试时间的，在失败即中止的假设下，测试的顺序应该是失败概率高的测试被安排在失败概率低的测试之前，这会使得平均测试时间最短。

本章，我们提出一种基于缺陷检测概率的测试调度技术，这些缺陷是从生

1）本章基于 2003 年国际测试综合研讨会（ITSW' 03）[168]、2003 年电子电路和系统的设计与诊断（DDECS' 03）[169] 和 VLSI 测试研讨会（VTS' 04）[174] 上的论文。

2）这部分内容得到瑞典国家计划 STRINGENT 的支持。

产线上收集的，或者是基于归纳故障分析产生的。我们定义了计算期望测试时间的模型，以及考虑了缺陷概率的启发式算法。我们进行了实验，以展示所提出方法的效率。

本章的其余部分组织如下，14.2 节是对相关工作的概述，14.3 节讨论顺序测试调度，14.4 节描述并行测试调度，14.5 节是实验结果，14.6 节是结论。

14.2　相关工作

测试调度决定了系统中测试的执行顺序，目标是尽量缩短总测试时间，同时考虑测试冲突。在 SoC 系统中，每个内核都配备一个封装器，这是测试访问机制（TAM）的接口，测试冲突往往是由于共享 TAM 或测试总线导致的。用于传输测试数据的 TAM 是用来连接源端测试、内核和接收端测试的。源端测试是产生或存储测试向量的地方，接收端测试是分析或存储测试响应的地方。自动测试设备（ATE）是源端测试和接收端测试的一个典型例子。

一个 TAM 可以用不同的方式组织，这也会影响测试的安排。一个例子是 AMBA 测试总线，它利用现有的功能总线，但是，测试必须按顺序进行[88]。另一种方法是 Varma 和 Bhatia 提出的，使用了几条测试总线。每条总线上的测试都是按顺序安排的，但是，由于允许有多条总线，所以测试可以同时进行[267]。另一种方法是测试轨，它拥有高度的灵活性[184]。

测试轨方法最近得到了广泛关注，研究者们提出了多种用于扫描测试 SoC 的调度技术[97, 111, 138]。其目的是将多条扫描链连接成封装链，然后再连接到 TAM 线路上。Iyengar 等人使用整数线性规划[111]，Huang 等人使用装箱算法。这两种方法都假定测试将一直进行到结束。Koranne 提出了一种失败即终止的技术，通过先安排测试时间较短的测试来使平均测试时间最短[138]。对于顺序测试，已经提出了几种考虑缺陷概率的失败即终止的测试调度技术[102, 124]。Huss 和 Gyurcsik 使用动态编程算法来安排测试[102]。Milor 和 Sangiovanni-Vincentelli 提出一种基于测试集之间依赖关系的测试集选择和排序技术[196]。但是，对带有封装内核的 SoC 测试来说，不同内核的测试之间不存在依赖关系。在 Jiang 和 Vinnakota 提出的方法中，实际故障覆盖率是从生产线上提取的[124]。该技术根据故障概率对测试进行排序，从而使平均测试时间最短。

14.3 顺序测试调度

在顺序测试中，所有测试都是按顺序安排的，一次一个。假定采用失败即终止的方法，如果检测到一个缺陷，测试会立即终止。考虑到施加整个测试集后，测试响应会被压缩成一个单一的特征，我们假设测试终止发生在测试集的最后，即使实际缺陷是在施加测试集的中间过程检测到的。这个假设也用于计算期望测试时间的公式中。注意，这意味着计算结果是悲观的，或者说实际的测试时间将小于计算所得的时间，因为实际测试过程中，一旦检测到一个缺陷，测试就中止了。

给定一个基于内核的系统，其中有 n 个内核，每个内核 i 有一个测试集 t_i，其测试时间为 τ_i，测试通过概率为 p_i（即测试 t_i 在内核 i 上检测到缺陷的概率为 $1-p_i$）。对于一个给定的调度方案，顺序测试的期望测试时间由下式给出：

$$\sum_{i=1}^{n}\left[\left(\sum_{j=1}^{i}\tau_j\right)\times\left(\sum_{j=1}^{i-1}p_j\right)\times\left(1-p_i\right)\right]+\left(\sum_{i=1}^{n}\tau_i\right)\times\prod_{i=1}^{n}p_i \qquad (14.1)$$

为了说明期望测试时间的计算，我们用一个带有 4 个测试的例子（表 14.1）进行说明。这些测试被安排为图 14.1 所示的序列。对于测试 t_1，期望测试时间由测试时间和通过概率 p_1 给出，$\tau_1\times p_1=2\times 0.7=1.4$。注意，如果系统中只有一个测试，上述公式给出的期望测试时间为 2，因为我们假设每个测试集都必须完全执行，然后才能确定该测试是否通过。

表 14.1 示例数据

内核 i	测试 t_i	测试时间 τ_i	通过概率 p_i	成本（$\tau_i\times p_i$）
1	t_1	2	0.7	1.4
2	t_2	4	0.8	2.4
3	t_3	3	0.9	2.7
4	t_4	6	0.8	4.8

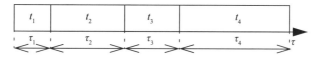

图 14.1 示例（表 14.1）的顺序测试时间表

完成图 14.1 中完整顺序测试调度方案的期望测试时间是：

```
τ₁×(1−p₁) +              // test t₁ fails
(τ₁+τ₄)×p₁×(1−p₄) +      // test t₁ passes, test t₄ fails
```

```
(τ₁+τ₄+τ₃)×p₁×p₄×(1-p₃) +// test t₁, t₄ pass, test t₃ fails
(τ₁+τ₄+τ₃+τ₂)×p₁×p₄×p₃×(1-p₂) + //test t₁, t₄, t₃ pass, test t₂ fails
(τ₁+τ₄+τ₃+τ₂)×p₁×p₄×p₃×p₂ =// all tests run until completion,
                          // i.e. correct system.
2×(1-0.7)+
(2+6)×0.7×(1-0.6) +
(2+6+3)×0.7×0.6×(1-0.9) +
(2+6+3+2)×0.7×0.6×0.9×(1-0.8) +
(2+6+3+2)× 0.7×0.6×0.9×0.8 = 8.2
```

作为比较，对于最差的调度方案，即把通过概率最高的测试安排在第一位，测试顺序是 t_4、t_3、t_2、t_1，期望测试时间为 12.1。在执行所有测试直到完成的情况下，总的测试时间不取决于测试顺序，是 $\tau_1 + \tau_2 + \tau_3 + \tau_4 = 15$。

14.4　并行测试调度

同时执行几个测试可以减少系统的总测试时间，即并行测试。例如，在有多条测试总线的系统中，可以并行执行测试。本节，我们分别分析固定测试时间的测试集和灵活测试时间的测试集的并行调度。

14.4.1　固定测试时间的测试集

图 14.2 所示是表 14.1 示例系统的并行测试调度，假设包含 3 个 TAM（测试总线）。测试调度（图 14.2）由一系列环节组成，S_1、S_2、S_3 和 S_4。测试环节 S_1 由测试 t_1、t_2 和 t_3 组成，$S_1 = \{t_1, t_2, t_3\}$。一个环节 S_k 的长度由 l_k 给出，例如，$l_1 = 2$。我们假设测试过程的终止可以在测试应用过程的任何时候发生。为了简化期望测试时间的计算，我们还假设测试过程将在一个环节结束时终止（注意这又是一个悲观的假设）。在并行测试调度中，到达测试环节结束的概率不仅取决于一个测试，还取决于环节中的所有测试。例如，完成测试环节 1 的概率取决于环节 1（S_1）中所有测试，t_1、t_2 和 t_3。从图 14.2 可以看出，在环节 1 结束时，只有测试 t_1 是完全完成的。对于在环节结束时没有完成的测试 t_i，它通过环节 k 期间施加所有测试向量的概率 p_{ik} 由下式给出：

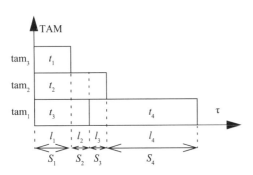

图 14.2　示例（表 14.1）的并行测试调度

$$p_{ik} = p_i^{\frac{l_k}{\tau_i}} \tag{14.2}$$

可以看出，对于一个分成 m 个环节的测试集 t_i，整个测试集的通过概率为

$$\prod_{k=1}^{m} p_{ik} = p_i^{\frac{l_1}{\tau_i}} \times p_i^{\frac{l_2}{\tau_i}} \times \cdots \times p_i^{\frac{l_k}{\tau_i}} = p_i^{\sum_{k=1}^{m} \frac{l_k}{\tau_i}} = p_i \qquad （14.3）$$

因为：

$$\sum_{k=1}^{m} \frac{l_k}{\tau_i} = \frac{1}{\tau_i} \times \sum_{k=1}^{m} l_k = 1 \qquad （14.4）$$

例如，对于测试环节 S_1 中的测试（图 14.2），通过概率为

$$p_{11} = p_1 = 0.7$$

$$p_{21} = 0.8^{2/4} = 0.89$$

$$p_{31} = 0.9^{2/3} = 0.93$$

计算完整并行测试调度的期望测试时间的公式如下：

$$\sum_{i=1}^{n} \left[\left(\sum_{j=1}^{i} l_j \right) \times \left(\prod_{j=1}^{i-1} \prod_{\forall t_k \in S_j} p_{kj} \right) \times \left(1 - \prod_{\forall t_k \in S_i} p_{ki} \right) \right] + \left(\sum_{i=1}^{n} \tau_i \right) \times \prod_{i=1}^{n} p_i \qquad （14.5）$$

下面给出图 14.2 中并行测试调度的期望测试时间的计算。首先，我们计算每个环节每个测试集的通过概率。

概率 p_{11}、p_{21}、p_{31} 分别计算为 0.7、0.89 和 0.93（见上文）。

$$p_{22} = 0.7^{1/4} = 0.91$$

$$p_{32} = 0.9^{1/3} = 0.96$$

$$p_{23} = 0.8^{1/4} = 0.95$$

$$p_{43} = 0.95^{1/6} = 0.99$$

$$p_{44} = 0.95^{5/6} = 0.96$$

从公式中我们可以得出：

$$l_1 \times (1 - p_{11} \times p_{21} \times p_{31}) +$$
$$(l_1 + l_2) \times p_{11} \times p_{21} \times p_{31} \times (1 - p_{22} \times p_{32}) +$$
$$(l_1 + l_2 + l_3) \times p_{11} \times p_{21} \times p_{31} \times p_{22} \times p_{32} \times (1 - p_{23} \times p_{43}) +$$
$$(l_1 + l_2 + l_3 + l_4) \times p_{11} \times p_{21} \times p_{31} \times p_{22} \times p_{32} \times p_{23} \times p_{43} \times (1 - p_{44}) +$$
$$(l_1 + l_2 + l_3 + l_4) \times p_{11} \times p_{21} \times p_{31} \times p_{22} \times p_{32} \times p_{23} \times p_{43} \times p_{44} =$$
$$2 \times (1 - 0.7 \times 0.89 \times 0.93) +$$

$(2+1)\times 0.7\times 0.89\times 0.93\times(1-0.91\times 0.96)+$
$(2+1+1)\times 0.7\times 0.89\times 0.93\times 0.91\times 0.96\times(1-0.95\times 0.99)+$
$(2+1+1+5)\times 0.7\times 0.89\times 0.93\times 0.91\times 0.96\times 0.95\times 0.99\times$
$(1-0.96)+(2+1+1+5)\times 0.7\times 0.8\times 0.9\times 0.95=5.66.$

作为比较, 如果假设所有测试都可以一直执行到完成, 则总测试时间将为 9。

14.4.2 灵活测试时间的测试集

如果可能, 进一步缩短总测试时间的方法是修改各测试集的测试时间。例如, 扫描测试内核时, 可以通过并行加载多条扫描链来修改每个内核的测试时间。扫描链和封装单元会形成一组封装链。然后将每条封装链都连接到 TAM 线路上。如果使用多条封装链, 则它们的长度会更短, 而且新测试向量的加载时间也会更短。但是, 封装链越多, 需要的 TAM 线路就越多。

在图 14.3 中, TAM 带宽 $|W|$ 为 4, 有 4 条 TAM 线路 $\{w_1, w_2, w_3, w_4\}$。每个内核的测试过程是, 将分配的 TAM 线路上的测试向量传送到内核中, 然后通过 TAM 将测试响应从内核传送到接收端测试。不能同时执行共享 TAM 线路的内核测试。例如, 由于共用 TAM 线 w_3, 内核 1 和内核 2 的测试不能同时执行 (图 14.3)。图 14.4 给出了系统的测试调度方案, 可根据式 (14.3) 计算期望测试时间。在测试时间可变的情况下, 分配的 TAM 线的数量会对期望测试时间产生影响。问题是如何将 TAM 线分配给每个内核才能使预期的测试时间最短。

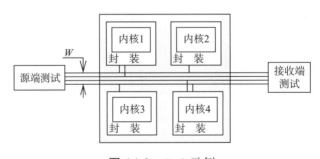

图 14.3 SoC 示例

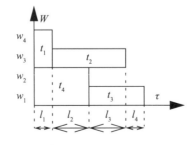

图 14.4 示例 (表 14.1) 的 SoC 测试调度

14.5 测试调度算法

在顺序测试的情况下，基于缺陷概率的测试调度算法很简单，它根据 $\tau_i \times (1-p_i)$ 对测试进行降序排列，并按此顺序安排测试（图 14.5）。

```
Compute the cost c_i =p_i×τ_i for all tests t_i
Sort the costs c_i ascendin  i  L
until L is empty (all tests are scheduled) begin
  select, schedule and remove the first test in L
end
```

图 14.5 顺序测试调度算法

在具有固定测试时间的并行调度中，根据 $\tau_i \times (1-p_i)$ 对测试进行排序，并根据排序后的列表为 n 条 TAM 线选择 n 个测试。选定的测试会被调度，然后从列表中删除。测试结束，会从未调度的测试列表中选择一个新测试。该过程一直持续到所有测试都被调度过为止（图 14.6 给出了算法的示意图）。

```
Compute the cost c_i =τ_i × p_i for all tests t_i
Sort the costs c_i ascending in L
f=number of TAMs
τ=0 // current time,
Until L is empty (all tests are scheduled) begin
  at time τ Until f=0 Begin
    select tests from list in order and reduce f accordingly
  End
  τ=time when first test terminates.
End
```

图 14.6 固定测试时间的并行测试调度算法

对于测试时间与分配的 TAM 线数量具有灵活关系的测试，封装链设计算法会将扫描单元(扫描链、输入封装器单元、输出封装器单元和双向封装器单元）配置成给定数目的封装链，并计算封装器配置的测试时间。

我们提出的封装器设计启发式算法如图 14.7 所示，用内部链接函数平衡扫描链，从而缩短最长封装链的长度。最长的封装链是对解决方案（测试时间）产生限制的链。生成的设计会被存储，从而可以在 TAM 构建和测试调度期间检查每个内核所有可能的结构。

启发式算法如图 14.7 所示。首先，按成本递减顺序对测试进行排序。对于每个测试，根据最大使用宽度，选择帕累托最优点（即耦合 T_i 和 W_i，其中 W_i 最接近 $W_{\max}$，$W_{\max}$ 已经给出）。

```
L1=list of sorted tests in decreasing cost c_i =τ_i × p_i order
VirtualTime= ∑_i W_i × T_i/W_limit
For tolerance=0 to tolerance=80
 While all tests are not scheduled
   While L1 not empty
     For each test T in L1
         For each time t defining the start of a test session
           Select the best Pareto optimal point such that
             a) it respects the tolerance;
             b) the width constraint is satisfied,
             c) the test time does not exceed VirtualTime, and
             d) precedence, power, incompatibilities
                constraints are respected.
           If (the current total test time will not change
              when T is scheduled to start at t)
             Schedule T at t with the selected Pareto point;
             remove T from L1.
           Else
             If T is the first test of L1
               Schedule T at t with selected Pareto point;
               remove T from L1.
             Else
               Place the test T in L2; remove T from L1.
     L1<=L2
End
```

图 14.7　测试调度启发式算法

第二步，估计 VirtualTime 测试时间，以便获得系统测试时间的下限。算法在为每个内核选择配置时会使用该下限。这样做的好处是，测试时间大于 VirtualTime 的点就不会被选择，因为它们会增加总测试时间。

启发式算法的主要思想是使用定义在封装器设计启发式算法中的帕累托最优点尽快安排测试。启发式算法会尝试将每个测试都放在从时间 $t=0$ 开始的测试环节中，并尝试所有帕累托最优点（即更改 W_i 和 T_i 的值），测试的成本损失低于或等于符合约束的公差。启发式算法为每个公差定义一个调度和一个 TAM 配置（即从 0～80%，共定义 80 个调度和 TAM 配置），并记住符合约束条件且测试时间最短的解决方案。

所有测试先被分类到列表 L1 中，如果有一个测试不能调度，则将其放入辅助列表 L2 中稍后再调度。当列表 L1 为空时，所有测试都被调度或放置在列表 L2 中，列表 L2 就变成列表 L1，一直重复该过程，直到所有测试都调度完毕。

14.6　实验结果

我们对三种方法进行比较,证明在测试调度过程中考虑缺陷概率的重要性。三种方法分别为:

(1)顺序调度,测试按顺序进行排序。

(2)在调度之前为每个测试分配固定的测试时间[219]。

(3)测试时间相对于使用的 TAM 线路数量来说是灵活可变的[220]。

我们使用 ITC' 02 设计[190],所有实验使用的都是 AMD 1800(1.53GHz,512MB 内存),计算成本通常为几秒,不会超过 15s。表 14.2 收集了每个内核的通过概率。

表 14.2　系统(d695、、h953、g1023、t512505、p22810、p34392、p93791)内核的通过概率

内　核	设　计						
	d695	h953	g1023	t512505	p22810	p34392	p93791
1	98	95	99	99	98	98	99
2	99	91	99	95	98	98	99
3	95	92	99	97	97	97	97
4	92	92	98	93	93	91	90
5	99	97	94	90	91	95	91
6	94	90	95	98	92	94	92
7	90	94	94	98	99	94	98
8	92	96	97	96	96	93	96
9	98		92	92	96	99	91
10	94		92	91	95	99	94
11			96	91	93	91	93
12			92	92	91	91	91
13			93	91	92	90	91
14			96	91	93	95	90
15				99	99	94	99
16				95	99	96	98
17				97	99	96	97
18				95	95	97	99
19				94	96	92	99
20				99	97	90	99
21				91	93	92	90
22				99	99	99	99
23				91	96	96	90

内　核	设　计						
	d695	h953	g1023	t512505	p22810	p34392	p93791
24				97	98	98	98
25				92	99		92
26				96	92		96
27				95	91		95
28				92	91		91
29				90	93		90
30				91	94		96
31				95			

实验结果收集在表 14.3 中。我们在不同的 TAM 带宽对每个基准都进行了实验和比较。结果表明，考虑缺陷概率的有效排序与顺序测试（也考虑了缺陷概率）相比，可以缩短近 90% 的测试时间。

表 14.3　比较三种方法的实验结果

设　计	TAM 宽度	预期测试时间			对　比	
		（1）顺序测试时间	（2）混合测试时间	（3）灵活测试时间	（3）vs（1）	（3）vs（2）
g1023	128	41807	24878	17904	−57, 2%	−28, 0%
	96	43289	23443	18741	−56, 7%	−20, 1%
	80	44395	23112	18229	−58, 9%	−21, 1%
	64	44395	27358	20773	−53, 2%	−24, 1%
	48	46303	27997	21501	−53, 6%	−23, 2%
	32	55562	27662	26867	−51, 6%	−2, 9%
	24	56711	29410	28795	−49, 2%	−2, 1%
	20	60609	36979	35431	−41, 5%	−4, 2%
	16	75100	44728	44657	−40, 5%	0, 2%
	12	95679	67549	60239	−37, 0%	−10, 8%
d695	128	31113	10884	9468	−69, 6%	−13, 0%
	96	31158	14716	11712	−62, 4%	−20, 4%
	80	31158	14 881	14509	−53, 4%	−2, 5%
	64	40586	25483	16652	−59, 0%	−34, 7%
	48	40692	27 388	23983	−41, 1%	−12, 4%
	32	70 411	50998	33205	−52, 8%	−32, 9%
	24	70598	62367	42165	−40, 3%	−32, 4%
	20	70696	68611	50629	−28, 4%	−26, 2%
	16	131178	123164	61473	−53, 1%	−50, 1%
	12	131 465	131465	82266	−37, 4%	−37, 4%
h953	128	104 382	87339	82358	−21, 1%	−5, 7%
	96	104466	82733	82437	−21, 1%	0, 4%

续表 14.3

设 计	TAM 宽度	预期测试时间			对 比	
		（1）顺序测试时间	（2）混合测试时间	（3）灵活测试时间	（3）vs（1）	（3）vs（2）
h953	80	104466	85307	82448	−21,1%	−3,4%
	64	104466	87349	82466	−21,1%	−5,6%
	48	104508	87443	82495	−21,1%	−5,7%
	32	104549	92245	84169	−19,5%	−8,8%
	24	104591	99888	104290	0,3%	+4,4%
	20	104633	125262	92159	−11,9%	−26,4%
	16	159657	137089	135438	−15,2%	−1,2%
	12	189740	185016	183359	−3,4%	0,9%
p22810	128	423852	71628	50484	−88,1%	−29,5%
	96	423968	93921	59177	−86,0%	−37,0%
	80	423993	122641	71995	−83,0%	−41,3%
	64	443459	141999	92218	−79,2%	−35,1%
	48	510795	213995	121865	−76,1%	−43,1%
	32	535586	355646	160237	−70,1%	−54,9%
	24	707813	480480	294612	−58,4%	−38,7%
	20	836491	756138	328270	−60,8%	−56,6%
	16	877443	855355	383034	−56,3%	−55,2%
	12	1341549	1336251	401720	−70,1%	−69,9%
t512505	128	9724227	1073413	889677	−90,9%	−17,1%
	96	9724227	1217641	894924	−90,8%	−26,5%
	80	9724227	1269333	928499	−90,5%	−26,9%
	64	9724227	2810847	1062112	−89,1%	−62,2%
	48	14883557	8938649	1828281	−87,7%	−79,5%
	32	14883609	8940193	1955361	−86,9%	−78,1%
	24	25202194	16090266	2891241	−88,5%	−82,0%
	20	25202230	16308884	3652388	−85,5%	−77,6%
	16	25202298	21716978	3961341	−84,3%	−81,8%
	12	46296336	27526848	5394939	−88,3%	−80,4%
p34392	128	1168630	258038	265777	−77,3%	+3,0%
	96	1168630	343408	248170	−78,8%	−27,7%
	80	1212761	374916	262563	−78,3%	−30,0%
	64	1212899	470976	268010	−77,9%	−43,1%
	48	1232116	627558	389813	−68,4%	−37,9%
	32	1525655	1271626	563470	−63,1%	−55,7%
	24	1559706	1389689	823435	−47,2%	−40,7%
	20	1640812	1596012	1382206	−15,8%	−13,4%
	16	2888061	2677967	1604297	−44,5%	−40,1%
	12	2960587	2926044	2154610	−27,2%	−26,4%

续表 14.3

设　计	TAM 宽度	预期测试时间			对　比	
		（1）顺序测试时间	（2）混合测试时间	（3）灵活测试时间	（3）vs（1）	（3）vs（2）
p93791	128	491279	431628	124278	−74, 4%	−71, 2%
	96	524537	488083	192940	−63, 2%	−60, 5%
	80	942900	852477	197393	−79, 1%	−76, 8%
	64	983943	922505	270979	−72, 5%	−70, 6%
	48	1072900	1003672	360045	−66, 4%	−64, 1%
	32	1941982	1941892	682101	−64, 9%	−64, 9%
	24	2125118	2125118	826441	−61, 1%	−61, 1%
	20	3546031	3546031	1023667	−71, 1%	−71, 1%
	16	3854386	3854386	1353034	−64, 9%	−64, 9%
	12	4238379	4238379	3768819	−11, 1%	−11, 1%

14.7　结　论

　　本章，我们开发了针对片上系统（SoC）的测试调度技术，该技术考虑了每次测试的缺陷概率。该方法的优点是通过在测试调度过程中考虑缺陷概率，使期望测试时间最短，这在一旦检测到缺陷就终止测试过程（失败即中止）的大规模 SoC 生产中非常重要。

　　我们分析了几种不同测试总线结构和调度方法，定义了几种测试总线的期望测试时间计算模型和测试调度算法，最后通过实验证明方法的有效性。

第15章 ATE内存约束下的测试向量选择和测试调度集成[1]

15.1 引 言[2]

技术的发展使得我们可以在一个芯片上集成大量的晶体管，这些晶体管的时钟频率很高，并且被分割成若干时钟域。随着技术的发展，设计高度集成的系统芯片或 SoC（片上系统）成为可能，EDA（电子设计自动化）工具的目标是保持生产力，使得我们能够在合理的时间内高效设计一个高度集成的系统。新的设计方法还在不断发展中。目前，模块化的设计方法是最有希望的，这种方法会将模块集成到系统中，优点是可以在合理的时间内高效地将预设计和预验证的模块、逻辑块或内核，以及技术上的具体细节集成进系统。内核供应商设计内核，系统集成工程师为系统选择适当的内核，这些内核可能来自以前的内部设计，或来自不同的内核供应商（公司）。内核可以按照不同的格式交付。一般来说，内核分为软核、固核和硬核。一般来说，软核是高级规格，如果有必要，系统集成工程师可以进行修改。硬核是门级规格，只能进行少量的修改。固核介于软核和硬核之间。与硬核相比，软核的灵活性更高，优点是系统集成工程师可以修改软核；硬核被内核供应商高度保护，这往往是内核供应商所希望的。

生产出来的芯片需要通过测试才能确定是否有问题。测试过程中，一些存储在 ATE（自动测试设备）中的测试向量被施加给待测芯片。如果产生的测试响应与预期响应一致，则认为该芯片无故障，可以发货。但是，测试这些复杂的芯片面临许多问题，其中一个主要问题是存储在 ATE 中的测试数据量越来越大。目前，测试数据量的增长速度甚至超过了设计中晶体管的数量[272]。测试数据量的增加是由于大量晶体管产生大量故障点，纳米工艺技术带来了新的缺陷类型，以及系统具有更高的性能且拥有多时钟域而导致的与时序和延迟相关的故障[272]。

大量测试数据是一个问题。由于购买一个大内存的新 ATE 成本很高，因此

1）本章内容基于一项提交给 2004 年亚洲测试研讨会（ATS）的工作。

2）这部分内容得到瑞典国家计划 STRINGENT 的支持。

最好是利用现有 ATE，而不是投资新的 ATE。Vranken 等人[272]讨论了 3 种使测试数据适应 ATE 内存的替代方案：

（1）测试存储器重载，测试数据被分成几个分区，但时间较长，所以并不实用。

（2）测试数据截断，尽可能地填满 ATE，不适合 ATE 的测试数据干脆不施加，但这会导致测试质量下降。

（3）测试数据压缩，但是压缩测试激励并不能保证测试数据适应 ATE 的内存。

由于测试存储器重载是不实际的，替代方案选定为测试数据截断和测试数据压缩。本章重点讨论测试数据截断，目的是使测试质量最高，同时确保测试数据量适应 ATE 的内存。

测试数据必须在 ATE 中组织或安排。最近的一项研究表明，可以通过测试调度使测试数据适应 ATE[76]的内容。该研究表明，ATE 的内存限制是一个真实且关键的问题。测试调度的基本思想是减少存储在 ATE 中空闲位的数量，因此调度必须与测试数据截断方案结合起来考虑。此外，讨论内存限制时，ATE 的内存深度（比特位数）等于系统的最大总测试时间（时钟周期）[116]。因此，有必要将内存限制看作一种时间限制。

本章，我们探讨测试数据截断的问题。其目的是在确保所选测试数据符合 ATE 内存的同时，最大限度地提高测试质量。我们假设给定的是一个基于内核的设计，对于每个内核，都给出了缺陷概率、施加所有测试向量时的最大故障覆盖率，以及测试集的大小（测试向量的数量）。我们为内核定义了 CTQ（内核测试质量）指标，为系统定义了 STQ（系统测试质量）指标。CTQ 指标反映测试数据应该用于具有高缺陷概率的内核和有可能使用最少的测试向量来检测故障的内核。对于故障覆盖率，我们使用一个估计函数。故障模拟用来提取每个测试向量的故障覆盖率，但是，这是一个费时的过程，而且由于 IP（知识产权）保护等原因，可能并不适用于所有内核。

测试集中的测试向量可以按任意顺序施加。无论顺序如何，众所周知，与最后施加的测试向量相比，第一个测试向量往往能检测到更多的故障，而且故障覆盖率与测试向量的数量存在指数/对数关系。因此，我们假设一个内核的故障覆盖率随着时间的推移（施加测试向量的数量）可以近似为一个指数函数。

我们利用 CTQ 指标为每个内核选择测试数据量，以使系统测试质量（STQ）

最高，我们将测试数据选择与测试调度结合起来，验证所选的测试数据确实符合 ATE 内存。已经实现了我们提出的技术，并在几个 ITC' 02 基准上做了实验，证明只施加测试激励的子集就可以实现高测试质量。结果表明，测试数据量和总测试时间减少了 50%，测试质量仍然很高。此外，可以把问题（和我们的解决方案）看成对于一定的测试质量，应该选择哪些测试数据来使总测试时间最短。

我们技术的优点是，给定一个基于内核的系统、每个内核的测试集、最大故障覆盖率以及每个内核的缺陷概率，就可以为系统选择以及调度符合 ATE 内存的测试数据，实现高测试质量最大化。本章，我们假设每个内核只有一个测试。但是，通过在方案中引入约束，该技术可以很容易地扩展成多个测试。

本章其余部分组织如下，15.2 节介绍相关工作，15.3 节给出问题的定义，15.4 节定义测试质量指标，15.5 节描述测试数据选择和调度方法，15.6 节介绍实验情况，最后在 15.7 节进行总结。

15.2　相关工作

测试调度和测试数据压缩都是用来减少必须存储在 ATE 中的测试数据量，以便对 SoC 进行测试。测试调度的基本原则是在 ATE 中组织测试位，使引入的所谓空闲位（无用位）的数量最小化。这样做的好处是可以缩短，总测试时间减少测试数据量。调度方法取决于测试架构，如 AMBA 测试总线[88]、测试总线[267]和测试轨[184]。

Iyengar 等人[111]提出了一种技术，将每个内核的扫描链单元（内部扫描链和封装单元）划分为封装扫描链，这些扫描链与 TAM 线相连，可以使总测试时间最短。Goel 等人[76]表明，ATE 的内存限制是一个关键问题。在一个工业设计上，通过使用有效的测试调度技术，可以使测试数据符合 ATE 内存。

也有一些调度技术使用失败即终止的策略，即一旦检测到故障，就终止测试。其思想是，一旦出现故障，芯片就是坏的，测试就可以终止。Koranne 通过提前安排较小的测试，使平均测试时间最短[139]。其他技术也考虑了每个待测单元的缺陷概率[102, 124, 111]。Huss 和 Gyurcsik 提出一种顺序调度技术，利用动态编程算法对测试进行排序[102]，而 Milor 和 Sangiovanni-Vincentelli 提出一种基于测试集选择和排序的顺序调度技术[196]。Jiang 和 Vinnakota 也提出了一种顺序调度技术，其中，故障覆盖率的信息是从生产线上提取的[124]。对于 SoC 设计，Larsson 等人提出了一种基于测试排序的技术，考虑了不同的测试总线结构、调度方法（顺序与并行）和测试集假设（固定测试时间与灵活测试时间）[111]。该技术将缺陷概率考虑在内，但是施加测试后发现，检测到故障的概率保持不变。

有几种压缩方案可以用来压缩测试数据。例如，Ichihara 等人使用统计编码[103]，Chandra 和 Chakrabarty 使用哥伦布码[34]，Iyengar 等人探索使用游程编码[109]，Chandra 和 Chakrabarty 尝试频率定向游程编码[33]，Volkerink 等人研究使用封包编码[270]。

上述所有方法（测试调度和测试数据压缩技术）都减少了 ATE 的内存需求。在进行测试调度时，有效的组织意味着可以缩短测试时间，减少所需的测试数据量，而在进行测试数据压缩时，ATE 中需要存储的测试数据更少了。这两种方法的主要优点是实现了最高的测试质量，因为所有测试数据都被应用了。主要的缺点是，这些技术不能保证测试数据量符合 ATE 内存。因此，它们在实践中可能不适用。这意味着需要一种技术，以系统的方式定义系统的测试数据量，不仅能使测试质量最高，同时还要保证测试数据符合 ATE 内存。

15.3　问题构建

我们假设给定的是基于内核的结构，包括由 i 表示的 n 个内核，并且对于系统中的每个内核 i，给出以下参数：

（1）$sc_{ij} = \{sc_{i1}, sc_{i2}, \cdots, sc_{im}\}$，内核 i 中扫描单元的长度，其中，m 是扫描单元的数量。

（2）wi_i，输入封装单元的数量。

（3）wo_i，输出封装单元的数量。

（4）wb_i，双向封装单元的数量。

（5）tv_i，测试向量的数量。

（6）fc_i，施加所有测试向量 tv_i 时的故障覆盖率。

（7）pp_i，每个内核的通过概率。

（8）dp_i，每个内核的缺陷概率（$1 - pp_i$）。

对于该系统，给出最大 TAM 带宽 W_{tam}，最多 k 个 TAM，以及 ATE 内存的上限 M_{max}。

TAM 带宽 W_{tam} 被划分为 k 个 TAM 的集合，用 j 表示，宽度 $W_{tam} = \{w_1, w_2, \cdots, w_k\}$ 表示为

$$W_{tam} = \sum_{j=1}^{k} w_j \tag{15.1}$$

并且在每个 TAM 上，一次只能测试一个内核。

由于 ATE 内存（单位为比特）等于系统的总测试时间（单位为时钟周期）[116]，因此，内存约束实际上是时间约束 τ_{max}：

$$M_{max} = \tau_{max} \tag{15.2}$$

我们的问题是：

（1）对于每个内核 i，选择测试向量（stv_i）的数量。

（2）将给定的 TAM 宽度 W_{tam} 划分为不超过 k 个 TAM。

（3）确定每个 TAM 的宽度（w_j），$j = 1, \cdots, k$。

（4）每个内核分配给一个 TAM。

（5）为每个内核的测试指定开始时间。

测试数据（每个内核 i 的 stv_i）的选择和测试调度应使系统的测试质量最大化，同时满足内存约束（M_{max}）（时间约束 τ_{max}）。

15.4　测试质量指标

对于数据截断方案，我们需要一个测试质量指标来选择每个内核的测试数据，衡量最终系统的测试质量。本节，我们描述衡量测试质量的指标，其中考虑了以下参数：

（1）缺陷概率。

（2）故障覆盖率。

（3）施加测试向量的数量。

缺陷概率，即一个内核有缺陷的概率，可以从生产线上收集，也可以根据经验设定。由于具有高缺陷概率的内核更有可能存在缺陷，因此必须考虑缺陷概率，为具有高缺陷概率的内核选择测试数据比为具有低缺陷概率的内核选择测试数据更好。

检测到故障的可能性取决于故障覆盖率与施加测试向量的数量，因此，必须考虑这两个因素。故障模拟可以提取每个测试向量检测的故障。但是，在具有大量内核的复杂设计中，由于 IP 保护，对每个内核都进行故障模拟是非常耗时的。内核供应商可能希望保护内核，导致无法进行故障模拟。因此，我们采用一种估计技术。众所周知，故障覆盖率不会随着施加测试向量数量的增加而线性增加。例如，图 15.1(a) 显示了一组 ISCAS 基准的故障覆盖率，可以得出以下结论，故障覆盖率曲线具有指数 / 对数性质（图 15.1(a)）。因此，我们假设对内核 i 施加 stv_i 测试向量后的故障覆盖率可以估计为（图 15.1(b)）

$$fc_i\left(stv_i\right)=\frac{\log\left(stv_i+1\right)}{\text{slopeConst}} \tag{15.3}$$

其中，slopeConst 如下所示：

$$\text{slopeConst}=\frac{\log\left(tv_i+1\right)}{fc_i} \tag{15.4}$$

+1 用于调整曲线使其通过原点。

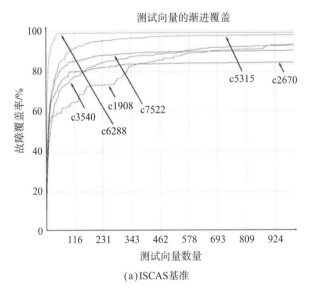

(a) ISCAS基准

图 15.1　故障覆盖率与测试向量数量的关系

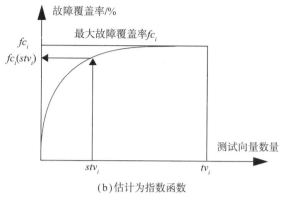

（b）估计为指数函数

续图 15.1

对于一个系统，我们假设测试质量可以估计为

$$P(\text{发现一个缺陷}\mid\text{SoC有缺陷})\tag{15.5}$$

测试质量描述了当 SoC 有一个缺陷时我们发现这个缺陷的概率。通过引入这个概率，我们找到一种方法来度量在 SoC 存在缺陷时发现缺陷的概率，从而衡量测试质量。但是，需要注意的是，我们的指标仅描述测试质量，不会对 SoC 中的缺陷数量进行任何假设。

为了使用缺陷概率、故障覆盖率和测试向量的数量等信息来推导测试质量的方程，我们使用基本概率理论[20]中的定义：

（1）如果 A 和 B 是独立事件，则 P(A ∩ B) = P(A)P(B)。

（2）如果 A ∩ B 是空集 ϕ，则 P(A ∪ B) = P(A) + P(B)。

（3）P(A ∩ B) = P(A)P(B|A)，式中 P(B|A) 是 B 以 A 为条件的概率。

此外，我们假设内核 i 的测试集（一组测试向量）质量由以下参数组成：

（1）故障覆盖率 fc_i。

（2）缺陷概率 dp_i。

由于施加的测试向量数量间接地对故障覆盖率有影响，我们为每个内核 i 定义：

（1）stv_i，选定的测试向量的数量。

（2）$fc_i(stv_i)$，施加 stv_i 测试向量后的故障覆盖率。

（3）假设 dp_i 和 fc_i 是独立事件。

由于在引入测试质量时假设系统中有一个缺陷（式（15.5）），所以在系统的一个内核中每次只能有一个缺陷。因此，我们可以说，任何事件 dp_i 的交集都是空集。

对于一个有 n 个内核的系统，我们现在可以通过式（15.5）中推导出 STQ（系统测试质量）：

$$
\begin{aligned}
STQ &= P\langle 在SoC上发现缺陷|SoC有缺陷\rangle \Rightarrow \\
&\frac{P\langle 在SoC上发现缺陷 \cap SoC有缺陷\rangle}{P\langle SoC有缺陷\rangle} \Rightarrow \\
&\frac{\sum_{i=1}^{n} P\langle 在内核i发现缺陷 \cap 内核i有缺陷\rangle}{P\langle SoC有缺陷\rangle} \Rightarrow \\
&\frac{\sum_{i=1}^{n} P\langle 在内核i发现缺陷 \times 内核i有缺陷\rangle}{P\langle SoC有缺陷\rangle} \Rightarrow \\
&\frac{\sum_{j=1}^{n} fc_i \times fc_i(stv_i)}{\sum_{i=1}^{n} dp_i}
\end{aligned}
\tag{15.6}
$$

而对单一内核 i 来说，CTQ（内核测试质量）是

$$
CTQ_i = dp_i \times fc_i(stv_i) \tag{15.7}
$$

15.5　测试调度和测试向量选择

本节，我们描述提出的技术，通过为每个内核选择测试向量来优化测试质量，并在 ATE 内存给定的时间约束下为 SoC 调度所选测试向量（见式（15.2）和参考文献［116］）。假设给定的是一个如 15.3 节所述的系统，我们假设一个结构，其中 TAM 线路可以分为几个 TAM，连在同一个 TAM 上的内核按顺序测试[267]。我们使用 15.4 节定义的测试质量指标。

内核的扫描单元（扫描链、输入单元、输出单元和双向单元）必须配置成一组封装链，它们会被连接到相应数量的 TAM 线上。连接到 TAM 线 w_j 上的封装链应该尽可能平衡，我们使用 Iyengar 等人提出的 Design_wrapper 算法[111]。

对于内核 i 的封装链配置，si_i 是最长的扫描输入封装链，so_i 是最长的扫描输出封装链，内核 i 的测试时间由下式给出[111]：

$$\tau_i(w_j, tv_i) = \left\{1 + \max\left[si_i(w), so_i(w)\right]\right\} \times tv + \min\left[si_i(w), so_i(w)\right] \qquad （15.8）$$

其中，tv_i 是施加给内核 i 的测试向量数量；w 是 TAM 宽度。

我们需要一种技术将给定的 TAM 宽度 W_{tam} 划分为 k 个 TAM，并确定哪个内核应该被分配给哪个 TAM。n 个内核分配给 k 个 TAM，分配方式随着 k^n 的增长而增长，因此，可能的替代方案非常多，需要一种技术来指导分配工作。我们利用 Iyengar 等人[111] 发现的现象，即随着 TAM 带宽的变化，平衡扫描输入封装链和扫描输出封装链会引入不同数量的 ATE 空闲位。我们将一个内核 i 在宽度为 w 的 TAM 上的 TWU_i（TAM 宽度利用率）定义为

$$TWU_i(w) = \max\left[si_i(w), so_i(w)\right] \times w \qquad （15.9）$$

利用一条单一的封装链（一条 TAM 线路）作为参考点，引入 WDC（封装设计成本），WDC 用来衡量 TAM 宽度为 w 相对于宽度为 1 的不平衡性（引入的空闲位数量）：

$$WDC_i = TWU_i(w) - TWU_i(l) \qquad （15.10）$$

为了说明 ATE 空闲位数量的变化，我们在图 15.2(a) 中绘制了不同 TAM 宽度（封装链的数量）的 WDC 值，这是通过 ITC' 02 基准 p93791 的内核 1 得到的。我们在图 15.2(b) 中绘制了以前一些设计在不同 TAM 宽度下的扫描输入封装链和扫描输出封装链长度的最大值。在图 15.2(b) 中，不同 TAM 宽度的测

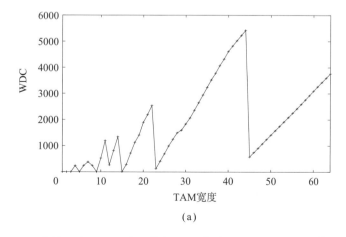

(a)

图 15.2　内核 1（p93791）不同 TAM 宽度下 WDC 和最大值的变化

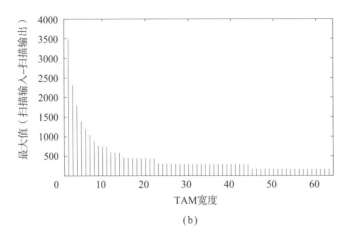

(b)

续图 15.2

试时间是相同的。对于一组具有相同测试时间的 TAM 宽度，帕累托最优点在最小的 TAM 宽度上[111]。我们注意到，具有低 WDC 值且具有少量空闲位的 TAM 宽度对应帕累托最优点。因此，可以利用 WDC 来指导内核封装链的选择。

我们的测试截断方案算法概述见图 15.3。给出一个系统，给定测试时间的上限（$\tau_{\max}$）和 TAM 宽度（W_{tam}）。最初没有为任何内核选择测试向量（对所有 i 来说 $stv_i=0$），测试调度的测试时间为 0（TAT = 0）。选择对改善 STQ 贡献最大的测试向量，分配给 WDC 最小的 TAM，并在该 TAM 上进行调度，确保测试时间不超过 $\tau_{\max}$。其他测试向量也被逐一选择，使 STQ 达到最大，每次选择之后，都要验证是否违反时间约束（ATE 内存约束）。注意，一个内核的

```
Given:
τ_max - the upper test time limit for the system
W_tam - number of TAM wires - distributed over k TAMs w_1, w_2,
..., w_k in such a way that Eq. 15.1 holds.
Variables:
stv_i = 0    //selected number of test vectors for core i
TAT = 0     // test application time of the system
Compute WDC_i for all cores at all k TAMs (Eq. 15.10)
Select best TAM for each core based on WDC_i
while TAT< τ_max at any TAM begin
    for i=1 to n begin // For all cores
        Compute τ(w_j,1) (Eq. 15.8)
        Compute CTQ_i assuming stv_i=stv_i+1 (Eq. 15.7)
    end
    for core with highest CTQ/τ(w_j,1) and stv_i<tv_i
        stv_i=stv_i+1
    for all cores where stv_i>0 begin// some selected vec-
tors
        Assign core to an available TAM with minimal WDC_i
        if a TAM is full (<τ_max) - mark TAM as unavailable.
    end
Compute and return STQ (Eq. 15.7).
end
```

图 15.3　测试向量选择与测试调度算法

测试向量可能不是按顺序选择的。例如，在一个有两个内核 A 和 B 的系统中，第一个测试向量从内核 A 中选择，第二个测试向量从内核 B 中选择，第三个测试向量再从内核 A 中选择。但是，在调度时，每个内核的测试向量会被分组并作为单一的测试集来调度。算法（图 15.3）假设了一个固定的 TAM 分区（TAM 的数量和宽度）。我们增加一个外循环，确保可以遍历所有可能的 TAM 配置。

15.5.1　示　例

为了说明提出的测试调度和测试向量选择技术，我们使用一个例子，其中，时间限制设置为最大总测试时间（所有可用的测试向量都被施加的时间）的5%。在这个例子中，我们使用 ITC' 02 基准[189, 190]的设计 d695，其数据见表 15.1。由于 ITC' 02 基准中没有给出施加所有测试向量时内核的最大故障覆盖率，以及每个内核的通过概率，所以我们自己添加了这些数据。为了说明结合测试调度和测试向量选择的重要性，我们将提出的技术与一种简单的方法进行比较，在这种简单的方法中，对测试进行排序，并根据最初的排序顺序分配测试向量，直到达到时间限制（ATE 内存限制）。对于这种简单的方法，我们考虑三种不同的技术。

表 15.1　d695 数据

	内核										
	0	1	2	3	4	5	6	7	8	9	10
扫描链	0	0	0	1	4	32	16	16	4	32	32
输入 w_i	0	32	207	34	36	38	62	77	35	35	28
输出 w_o	0	32	108	1	39	304	152	150	49	320	106
测试向量 tv_i	0	12	73	75	105	110	234	95	97	12	68
通过概率 pp_i	97	98	99	95	92	99	94	90	92	98	94
最大故障覆盖率 fc_i（%）	95	93	99	98	96	96	99	94	99	95	96

（1）在不考虑缺陷概率和故障覆盖率的情况下进行排序（技术1）。

（2）考虑缺陷概率，但不考虑故障覆盖率，根据缺陷概率对内核进行降序排列（技术2）。

（3）结合缺陷概率和故障覆盖率进行排序。在这项技术中，我们利用 STQ（式（15.6））求出每个内核的测试质量值。然后根据每个时钟周期的测试质量对内核进行降序排列，见式（15.11）（技术3）。

$$\text{sortConst} = \frac{dp_i \times fc_i(tv_i)}{\tau(w, tv_i) \times \sum_{i=1}^{n} dp_i} \tag{15.11}$$

对于测试向量选择和测试调度技术，我们考虑三种情况，分别将 TAM 分为一条（技术 4）、两条（技术 5）或三条（技术 6）测试总线。表 15.2 中给出 6 种调度技术中每个内核的选定测试向量数量，图 15.4 显示了带有相应 STQ 的测试调度方案。图 15.4(a) 说明了在测试排序中没有使用缺陷概率和故障覆盖率信息的情况。从图中可以看出，这种技术产生的测试方案测试质量（STQ）极低。通过在排序中使用缺陷概率信息（图 15.4(b)）、缺陷概率和故障覆盖率信息（图 15.4(c)），可以显著提高测试质量。虽然使用有效的排序技术可以提高 STQ，但仍然不能说利用测试集中第一个测试向量比最后一个测试向量能够检测到更多故障。在图 15.4(d) ~ 图 15.4(f) 中我们利用这一信息，在测试调度和测试向量选择时使用我们提出的技术。注意到，通过将 TAM 分成几条测试总线，可以进一步提高 STQ（图 15.4(e) ~ 图 15.4(f)）。

表 15.2　d695 设计中内核的选定测试向量（考虑不同的技术）

技　术	每个内核选定测试向量数量										
	0	1	2	3	4	5	6	7	8	9	10
技术 1	0	0	100	0	0	20	0	0	0	0	0
技术 2	0	0	0	0	0	0	0	54.7	0	0	0
技术 3	100	0	0	0	0	0	0	52.6	0	0	0
技术 4	0	100	9.6	6.7	4.8	0	1.7	10.5	6.2	8.3	4.4
技术 5	0	100	9.6	16.0	10.5	0	3.8	21.1	13.4	8.3	4.4
技术 6	0	100	9.6	17.3	11.4	0	2.6	13.7	17.5	33.3	14.7

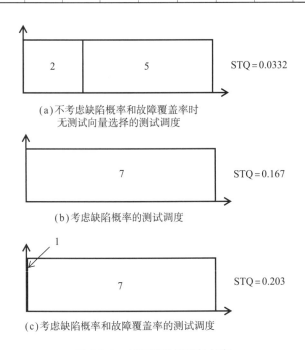

(a) 不考虑缺陷概率和故障覆盖率时
无测试向量选择的测试调度

(b) 考虑缺陷概率的测试调度

(c) 考虑缺陷概率和故障覆盖率的测试调度

图 15.4　不同测试调度方案

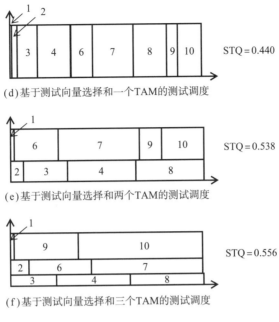

(d) 基于测试向量选择和一个 TAM 的测试调度

(e) 基于测试向量选择和两个 TAM 的测试调度

(f) 基于测试向量选择和三个 TAM 的测试调度

续图 15.4

15.5.2 一个 TAM 的最佳解决方案

上述算法在一个 TAM 的情况下很容易改进，可以产生一个最优解。上述算法在达到时间约束（内存约束）时立即中止测试向量的分配，被选中的测试向量不能分配，因为它违反了内存约束条件。但是，来自其他内核的测试向量（不是来自违反时间约束的内核）在确保不违反 ATE 内存约束的情况下是可以选择的。

注意，测试向量的选择是基于单调递减的函数。首先选择对测试质量贡献最大的测试向量。这个过程在一个更新列表中持续进行，直到达到内存约束条件。在一个 TAM 情况下，该方案是最优的。

15.6 实验结果

实验的目的是要证明，通过使用 ATE 内存约束测试数据截断方案，可以使测试质量保持在较高的水平。我们已经实现了该技术，在实验中我们使用 5 个 ITC' 02 基准[189, 190] 的设计，d281、d695、p22810、p34392 和 p93791。在这些基准中给出了每个内核测试向量的数量，扫描单元的数量（扫描链的数量和长度），输入引脚、双向引脚和输出引脚的数量。ITC' 02 基准的网表没有公开，因此，为了进行实验，我们为每个内核添加测试通过概率和施加所有测试向量时的最大故障覆盖率（表 15.3）。为了得到软核，我们假设可以打破扫描链，只给出触发器的数量。

表 15.3　测试通过概率（ *pp* ）和最大缺陷覆盖率（ *fc* ）

内　核	d281		d695		p22810		p34392		p93791	
	pp/%	*fc*/%	*pp*/%	*fc*/%	*pp*/%	*fc*/%	*pp*/%	*fc*/%	*pp*/%	*fc*/%
0	98	93	97	95	98	95	98	97	99	99
1	98	98	98	93	98	99	98	97	99	99
2	99	97	99	99	97	97	97	99	99	95
3	95	95	95	98	93	98	91	98	97	98
4	92	98	92	96	91	94	95	99	90	98
5	99	98	99	96	92	99	94	99	91	99
6	94	96	94	99	99	99	94	97	92	97
7	90	99	90	94	96	97	93	98	98	99
8	92	97	92	99	96	95	99	94	96	95
9			98	95	95	97	99	96	91	96
10			94	96	93	97	91	98	94	97
11					91	99	91	98	93	99
12					92	99	90	99	91	99
13					93	94	95	94	91	94
14					99	97	94	97	90	98
15					99	94	96	95	99	94
16					99	99	96	98	98	97
17					95	98	97	98	97	97
18					96	94	92	95	99	95
19					97	95	90	95	99	95
21					93	99			99	99
22					99	99			90	98
23					96	95			99	96
24					98	98			90	98
25					99	95			98	94
26					92	99			92	99
27					91	99			96	99
28					91	97			95	98
29					93	98			91	99
30									90	97
31									96	98
32									99	99

为了得到 ATE 的内存（时间）约束，我们对每个设计进行了一次测试，施加所有的测试向量，总测试时间为 100%。我们在不同 ATE 内存约束（等于时间约束（见式（15.2）和参考文献［116］））下进行实验，这些约束被设定为施加所有测试向量所需时间的百分比。

我们确定了以下 6 种技术：

（1）技术 1，不考虑缺陷概率也不考虑故障覆盖率的测试调度，测试时间达到 τ_{max} 时中止。

（2）技术 2，考虑缺陷概率但不考虑故障覆盖率的测试调度，测试时间达到 τ_{max} 时中止。

（3）技术 3，考虑缺陷概率以及故障覆盖率的测试调度，测试时间达到 τ_{max} 时中止。

（4）技术 4，考虑缺陷概率和故障覆盖率且使用一个 TAM 的测试调度和测试向量选择。

（5）技术 5，考虑缺陷概率和故障覆盖率且最多使用两个 TAM 的测试调度和测试向量选择。

（6）技术 6，考虑缺陷概率和故障覆盖率且最多使用三个 TAM 的测试调度和测试向量选择。

在第一个实验中，我们分析了 TAM 宽度的重要性。首先在设计 p93791 上进行实验，TAM 宽度分别为 16、32 和 64，在施加所有测试数据的情况下，时间约束分别为总测试时间的 5%、10%、25%、50%、75% 和 100%。结果收集在表 15.4 中，并在图 15.5 中对技术 2、4 和 6 进行说明。结果表明，在给定的时间约束情况下，产生的结果（STQ）在不同的 TAM 宽度下非常近似。因此，在其余实验中，我们假设 TAM 带宽 W_{tam} 为 32。

表 15.4 使用 ITC' 02 基准设计 p93791 比较不同 TAM 宽度

SoC	最长测试时间 /%	技术 1 STQ	技术 2 STQ	技术 3 STQ	技术 4 STQ	技术 5 STQ	技术 6 STQ
p93791 TAM 宽度 16	5	0.00542	0.118	0.560	0.719	0.720	0.720
	10	0.0248	0.235	0.618	0.793	0.796	0.796
	25	0.0507	0.458	0.747	0.884	0.885	0.885
	50	0.340	0.619	0.902	0.945	0.945	0.945
	75	0.588	0.927	0.958	0.969	0.969	0.969
	100	0.976	0.976	0.976	0.976	0.976	0.976

续表 15.4

SoC	最长测试时间 /%	技术 1 STQ	技术 2 STQ	技术 3 STQ	技术 4 STQ	技术 5 STQ	技术 6 STQ
p93791 TAM 宽度 32	5	0.00542	0.118	0.559	0.715	0.748	0.748
	10	0.0249	0.235	0.618	0.791	0.822	0.822
	25	0.0507	0.459	0.742	0.883	0.908	0.908
	50	0.340	0.619	0.902	0.945	0.960	0.960
	75	0.584	0.927	0.957	0.969	0.974	0.974
	100	0.976	0.976	0.976	0.976	0.976	0.976
p93791 TAM 宽度 64	5	0.00535	0.118	0.499	0.703	0.752	0.752
	10	0.00606	0.235	0.567	0.780	0.827	0.827
	25	0.0356	0.461	0.739	0.878	0.918	0.918
	50	0.335	0.620	0.901	0.944	0.965	0.965
	75	0.566	0.927	0.961	0.969	0.975	0.975
	100	0.976	0.976	0.976	0.976	0.976	0.976

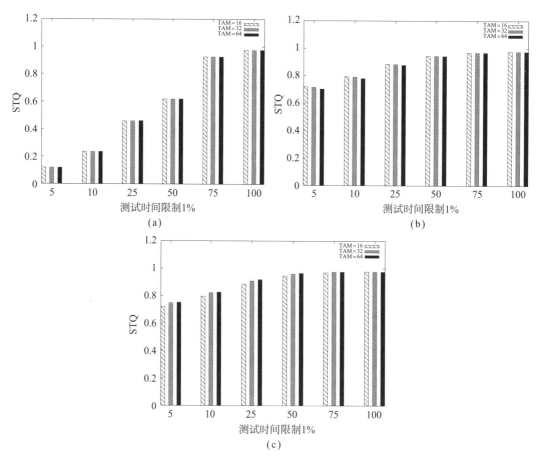

图 15.5 比较技术 2、4、6 在 TAM 宽度 16、32、64 处的 STQ

所有软核的实验结果都收集在表 15.5 中，硬核的实验结果在表 15.7 中。软核的 CPU 时间和 TAM 宽度见表 15.6，硬核见表 15.8。收集的设计结果绘制在图 15.6（d281- 软核）、图 15.7（d281- 硬核）、图 15.8（d695- 软核）、图 15.9（d695- 硬核）、图 15.10（p22810- 软核）、图 15.11（p22810- 硬核）、图 15.12（p34392- 软核）、图 15.13（p34392- 硬核）、图 15.14（p93791-软核）、图 15.15（p93791- 硬核）中。表 15.5 和表 15.7 中第 1 列给出设计名称，

表 15.5　不同测试时间约束下的测试质量（STQ），设计的内核是软核

设　计	最长测试时间 /%	技术 1 STQ	技术 2 STQ	技术 3 STQ	技术 4 STQ	技术 5 STQ	技术 6 STQ
d281	5	0.0209	0.164	0.649	0.762	0.776	0.788
	10	0.0230	0.186	0.676	0.838	0.846	0.846
	25	0.209	0.215	0.884	0.905	0.910	0.911
	50	0.940	0.237	0.931	0.947	0.951	0.951
	75	0.965	0.944	0.949	0.967	0.968	0.968
	100	0.974	0.974	0.974	0.974	0.974	0.974
d695	5	0.0332	0.185	0.445	0.625	0.641	0.641
	10	0.0370	0.497	0.635	0.755	0.768	0.768
	25	0.306	0.629	0.823	0.904	0.904	0.904
	50	0.612	0.963	0.963	0.963	0.963	0.963
	75	0.966	0.966	0.966	0.966	0.966	0.966
	100	0.966	0.966	0.966	0.966	0.966	0.966
p22810	5	0.0526	0.179	0.672	0.822	0.822	0.834
	10	0.0788	0.189	0.762	0.884	0.884	0.895
	25	0.338	0.775	0.924	0.951	0.951	0.955
	50	0.973	0.973	0.973	0.973	0.973	0.973
	75	0.973	0.973	0.973	0.973	0.973	0.973
	100	0.973	0.973	0.973	0.973	0.973	0.973
p34392	5	0.0566	0.329	0.640	0.839	0.858	0.869
	10	0.0616	0.459	0.783	0.899	0.912	0.919
	25	0.542	0.767	0.934	0.959	0.961	0.962
	50	0.972	0.972	0.972	0.972	0.972	0.972
	75	0.972	0.972	0.972	0.972	0.972	0.972
	100	0.972	0.972	0.972	0.972	0.972	0.972
p93791	5	0.00572	0.199	0.566	0.748	0.755	0.755
	10	0.0294	0.278	0.656	0.823	0.828	0.828
	25	0.125	0.516	0.840	0.912	0.914	0.914
	50	0.453	0.882	0.949	0.964	0.965	0.965
	75	0.976	0.976	0.976	0.976	0.976	0.976
	100	0.976	0.976	0.976	0.976	0.976	0.976

第 2 列给出最长测试时间百分比，3 ～ 8 列分别为每种技术（技术 1 ～ 技术 6）产生的 STQ。每个实验的计算成本都在几秒到几分钟的范围内。

表 15.6　CPU 时间和 TAM 宽度分配，设计的内核是软核

设　计	最长测试时间 /%	技术 1 CPU 时间 /s	技术 2 CPU 时间 /s	技术 3 CPU 时间 /s	技术 4 CPU 时间 /s	技术 5 CPU 时间 /s	技术 5 TAMs	技术 6 CPU 时间 /s	技术 6 TAMs
d281	5	0.1	0.1	0.1	0.4	4.6	11/21	29.0	8/10/14
	10	0.1	0.1	0.1	0.4	4.8	11/21	29.9	11/21
	25	0.1	0.1	0.1	0.4	4.8	11/21	28.2	5/13/14
	50	0.1	0.1	0.1	0.4	5.4	11/21	34.0	11/21
	75	0.1	0.1	0.1	0.5	5.9	11/21	34.0	11/21
	100	0.1	0.1	0.1	0.5	5.9	32	36.6	32
d695	5	0.2	0.2	0.2	0.7	8.5	13/19	56.0	13/19
	10	0.2	0.2	0.3	0.7	8.7	13/19	55.1	13/19
	25	0.2	0.2	0.2	0.8	8.6	32	57.0	32
	50	0.2	0.2	0.3	0.7	8.7	32	55.2	32
	75	0.2	0.2	0.2	0.7	8.7	32	56.1	32
	100	0.2	0.3	0.2	0.7	8.7	32	56.4	32
p22810	5	0.8	0.8	0.9	2.5	32.8	32	210.2	7/12/13
	10	0.8	0.8	0.8	2.6	33.7	32	211.9	7/12/13
	25	0.8	0.8	0.8	3.2	39.3	32	235.8	7/12/13
	50	0.8	0.7	0.8	3.7	42.5	32	250.9	32
	75	0.8	0.7	0.8	3.7	45.5	32	264.0	8/12/12
	100	0.7	0.7	0.8	3.7	48.2	11/21	276.5	8/12/12
p34392	5	0.7	0.6	0.7	2.6	35.5	15/17	211.3	7/12/13
	10	0.7	0.6	0.6	3.4	42.0	15/17	245.7	7/12/13
	25	0.6	0.6	0.6	4.3	53.5	14/18	299.9	5/11/16
	50	0.8	0.6	0.7	4.4	61.1	32	336.7	32
	75	0.7	0.6	0.9	4.5	61.2	32	383.6	7/9/16
	100	0.8	0.6	0.7	4.4	63.4	32	379.6	7/9/16
p93791	5	3.3	2.6	2.9	8.4	108.1	14/18	688.5	14/18
	10	2.9	2.5	3.1	8.3	110.1	14/18	700.5	14/18
	25	3.0	2.5	2.6	9.2	118.1	14/18	737.5	14/18
	50	3.2	2.5	2.9	9.0	118.7	14/18	740.4	14/18
	75	3.1	2.5	2.9	9.2	120.2	32	752.8	32
	100	3.1	2.6	2.8	9.4	123.6	14/18	760.9	14/18

从实验结果可以看出，STQ 值随着时间约束的增加而增加（ATE 内存越大，STQ 越高），这一点是显而易见的。同样明显的是，同一个设计的 STQ 值在 100% 测试时间时是相同的，因为这时所有测试数据都会被施加。从测试结果中还可以看出，在相同的测试时间限制下，进行测试集选择会提高测试质

表 15.7　不同测试时间约束下的测试质量（STQ），设计的内核是硬核

| 设　计 | 最长测试时间 /% | 技术 1 | 技术 2 | 技术 3 | 技术 4 | 技术 5 | 技术 6 |
		STQ	STQ	STQ	STQ	STQ	STQ
d281	5	0.0209	0.164	0.496	0.674	0.726	0.726
	10	0.0230	0.186	0.563	0.774	0.818	0.818
	25	0.198	0.215	0.834	0.879	0.905	0.912
	50	0.912	0.237	0.903	0.935	0.949	0.949
	75	0.956	0.870	0.923	0.960	0.968	0.968
	100	0.974	0.974	0.974	0.974	0.974	0.974
d695	5	0.0332	0.167	0.203	0.440	0.538	0.556
	10	0.0370	0.257	0.254	0.567	0.670	0.690
	25	0.208	0.405	0.510	0.743	0.849	0.863
	50	0.335	0.617	0.803	0.879	0.952	0.952
	75	0.602	0.821	0.937	0.946	0.965	0.965
	100	0.966	0.966	0.966	0.966	0.966	0.966
p22810	5	0.0333	0.174	0.450	0.659	0.691	0.759
	10	0.0347	0.186	0.608	0.764	0.796	0.856
	25	0.0544	0.398	0.769	0.885	0.900	0.940
	50	0.181	0.830	0.912	0.949	0.949	0.968
	75	0.600	0.916	0.964	0.969	0.969	0.973
	100	0.973	0.973	0.973	0.973	0.973	0.973
p34392	5	0.0307	0.312	0.683	0.798	0.843	0.859
	10	0.0341	0.331	0.766	0.857	0.893	0.898
	25	0.0602	0.470	0.846	0.919	0.940	0.942
	50	0.533	0.492	0.921	0.950	0.963	0.967
	75	0.547	0.906	0.943	0.965	0.972	0.972
	100	0.972	0.972	0.972	0.972	0.972	0.972
p93791	5	0.00542	0.118	0.559	0.715	0.748	0.748
	10	0.0249	0.235	0.618	0.791	0.822	0.822
	25	0.0507	0.459	0.742	0.883	0.908	0.908
	50	0.340	0.619	0.902	0.945	0.960	0.960
	75	0.584	0.927	0.957	0.969	0.974	0.974
	100	0.976	0.976	0.976	0.976	0.976	0.976

量。也就是说，与技术 1、2 和 3 相比，技术 4、5、6 明显具有更高的 STQ 值。同样重要的是，我们注意到可以在较短的测试时间实现高测试质量。以设计 p93791 为例，技术 1 在 75% 测试时间时的 STQ 值（0.584）低于技术 6 在 5% 测试时间时的 STQ 值（0.748）。这意味着，通过综合测试集选择和测试调度，可以在保持高测试质量的同时缩短总测试时间。此外，由于这些数据不公开，因此我们选择了相当高的通过率和故障覆盖率。对于通过率和故障覆盖率较低的设计，以及这些数据变化较大的设计，我们的技术变得尤为重要。

表 15.8　CPU 时间和 TAM 宽度分配，设计的内核是硬核

设　计	最长测试 时间 /%	技术 1 CPU 时间 /s	技术 2 CPU 时间 /s	技术 3 CPU 时间 /s	技术 4 CPU 时间 /s	技术 5 CPU 时间 /s	TAMs	技术 6 CPU 时间 /s	TAMs
d281	5	0.2	0.1	0.1	0.4	3.1	11/21	19.7	11/21
	10	0.1	0.2	0.1	0.4	3.4	11/21	20.6	11/21
	25	0.1	0.1	0.1	0.4	3.6	11/21	21.3	5/13/14
	50	0.1	0.1	0.2	0.4	4.1	11/21	26.0	11/21
	75	0.1	0.1	0.1	0.4	4.4	11/21	27.0	11/21
	100	0.1	0.1	0.1	0.4	4.8	11/21	28.1	11/21
d695	5	0.09	0.09	0.1	0.2	1.9	13/19	11.9	7/9/16
	10	0.09	0.09	0.1	0.2	1.9	13/19	12.0	7/9/16
	25	0.08	0.09	0.09	0.2	2.0	13/19	12.1	7/9/16
	50	0.08	0.09	0.1	0.2	2.0	13/19	12.7	13/19
	75	0.08	0.09	0.1	0.2	2.0	13/19	12.7	13/19
	100	0.09	0.09	0.1	0.2	2.0	32	13.0	32
p22810	5	0.1	0.1	0.1	0.3	4.0	14/18	27.1	9/11/12
	10	0.1	0.1	0.1	0.4	5.2	14/18	34.7	9/11/12
	25	0.1	0.1	0.1	0.8	9.4	14/18	48.3	9/11/12
	50	0.1	0.1	0.1	1.0	12.6	32	78.6	9/11/12
	75	0.1	0.1	0.1	1.5	15.6	32	97.5	9/11/12
	100	0.1	0.1	0.1	1.6	18.4	32	115.9	9/11/12
p34392	5	0.06	0.06	0.06	1.0	12.6	11/21	64.4	9/10/13
	10	0.06	0.07	0.08	1.7	21.0	11/21	96.5	9/10/13
	25	0.06	0.06	0.06	2.4	31.0	11/21	151.4	9/10/13
	50	0.1	0.06	0.06	2.7	36.2	11/21	193.8	9/10/13
	75	0.08	0.06	0.08	2.8	39.3	11/21	217.2	9/10/13
	100	0.07	0.07	0.07	2.8	45.0	14/18	327.0	14/18
p93791	5	0.5	0.5	0.6	1.3	12.3	15/17	68.3	15/17
	10	0.3	0.4	0.4	1.4	14.5	15/17	78.7	15/17
	25	0.4	0.3	0.4	1.7	19.0	15/17	100.9	15/17
	50	0.4	0.8	0.4	1.9	22.5	14/18	117.7	14/18
	75	0.4	0.4	0.4	2.0	24.7	15/17	128.6	15/17
	100	0.4	0.4	0.4	2.3	26.7	14/18	140.5	14/18

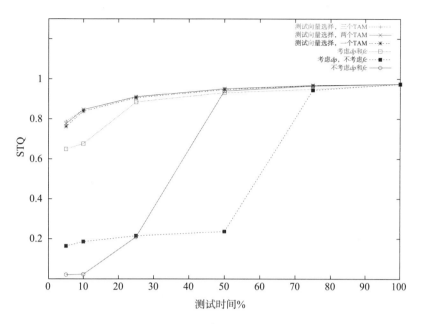

图 15.6　设计 d281- 软核

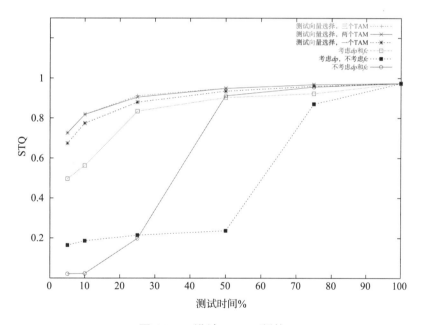

图 15.7　设计 d281- 硬核

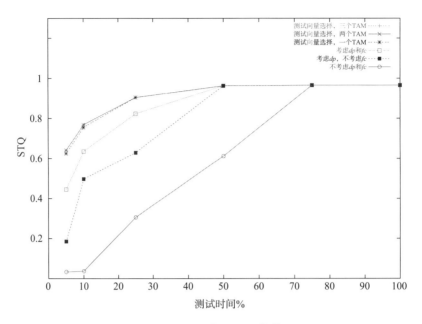

图 15.8　设计 d695- 软核

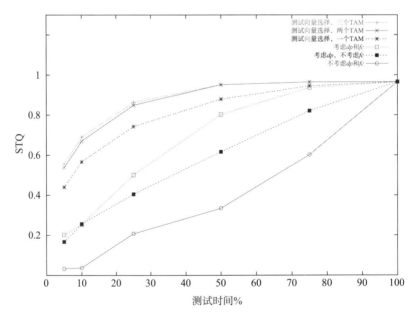

图 15.9　设计 d695- 硬核

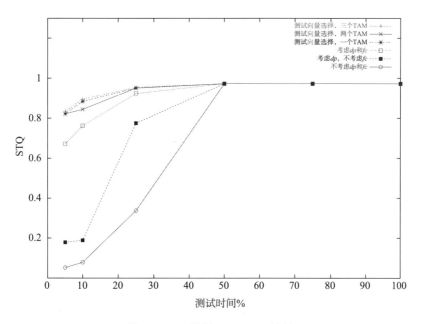

图 15.10　设计 p22810- 软核

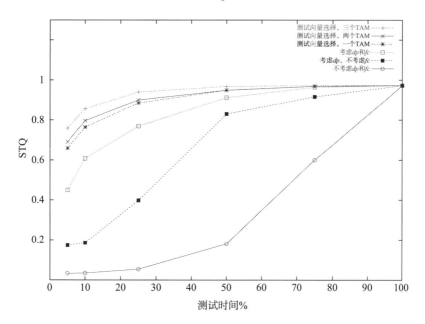

图 15.11　设计 p22810- 硬核

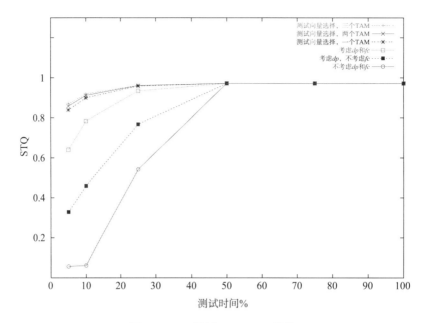

图 15.12 设计 p34392- 软核

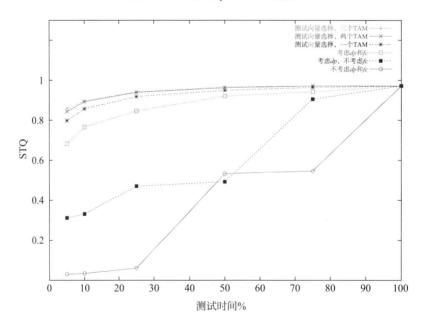

图 15.13 设计 p34392- 硬核

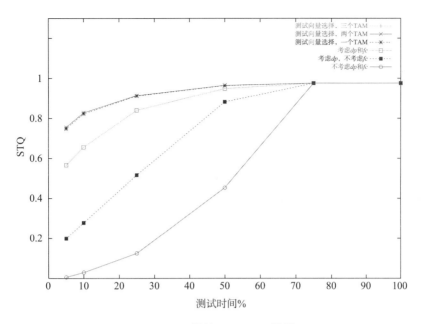

图 15.14　设计 p93791– 软核

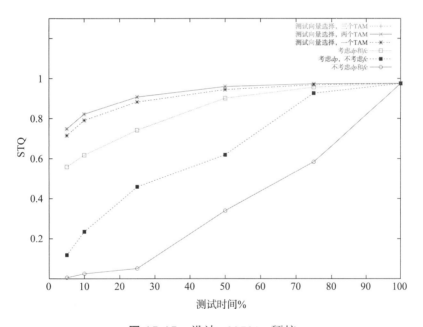

图 15.15　设计 p93791– 硬核

15.7　结　论

技术的发展使得我们可以设计非常先进的，能够集成一个完整系统的芯片。但是，测试这些系统芯片的要求也越来越高，尤其是不断增长的测试数据量正在成为一个问题。为了在不违反 ATE 内存约束的情况下组织 ATE 中的测试数据，已经有多种测试调度技术被提出，同时也提出了多种测试压缩方案来减少测试数据量。但这些技术都不能保证测试数据量符合 ATE 内存。

本章，我们提出了一种测试数据截断方案，该方案系统地为基于内核的系统中的每个内核选择测试向量，并对选择的测试向量进行调度，使得测试质量最大化，同时满足 ATE 内存的约束。我们定义了一个基于缺陷概率、故障覆盖率和施加测试向量数量的测试质量指标，该指标被用于所提出的测试数据选择方案。我们已经实现了提出的技术，在若干 ITC' 02 基准[189, 190]的设计上进行实验，结果表明通过仔细选择测试数据可以在合理的 CPU 时间内获得较高的测试质量。此外，对于给定的测试质量值，我们的技术可以缩短总测试时间。

附　录　设计基准

附.1　引　言

以下是用于获得实验结果的不同设计的输入文件：

（1）Kime。

（2）Muresan 10。

（3）Muresan 20。

（4）ASIC Z。

（5）扩展 ASIC Z。

（6）Ericsson（爱立信）。

（7）System S（及其变体）。

（8）System L。

附.2　输入文件的格式

输入文件是按章节划分的，希望能清晰并易于扩展。每一节都以［SectionName］开始，并逐行解析，内容根据每节的预定义格式进行解释。不同的值由一个或多个空格隔开，列表用 {} 表示，忽略空行，区分大小写。符号 # 是注释，代表该行的剩余部分可以忽略。

每一节的格式如下，用来标识内核、逻辑块、测试等的名称均要求是唯一的。

[Global Constraints]
Rowformat: identifier＝value

标识符	值	默认值	描　述
MaxPower	整数	0	尽可能高的总功耗
OptimalTime	整数	完美	最佳测试时间（仅用于比较结果）
CmpTestTest	Yes/No	Yes	不允许在同一模块同时执行测试
CmpTestCts	Yes/No	No	如果模块在同时测试的并行约束中，则不允许测试，反之亦然
CmpCtsCts	Yes/No	Yes	不允许在并行约束中对具有公共模块的测试进行并行调度

标识符	值	默认值	描　述
DoBusPlan	Yes/No	No	创建总线布局
BusFactor	整数	1	总线成本因素
TimeFactor	整数	1	测试时间成本因素
AvgNodeDist	整数	自动	节点之间的平均距离（内核、TPG、TRE）

[Cores]

```
Rowformat: name x y blocklist
blocklist specified as {block1 block2 ... blockN}
```

值	描　述
name	标识内核的名称
x	给出内核位置 x 坐标（整数）
y	给出内核位置 y 坐标（整数）
blocklist	内核模块的名称（至少一个）

[Generators] and [Evaluators]

```
Rowformat: name x y bmin bmax mem movable
```

值	描　述
name	标识生成器或模拟器的名称
x	给出位置 x 坐标（整数）
y	给出位置 y 坐标（整数）
bmax	给出最高可能带宽的整数（0 表示无穷大）
mem	仅适用于生成器，指定生成器中可用的内存
movable	是或否，指定算法是否允许更改位置，未实施

[Tests]

```
Rowformat: name power time tpg tre bmin bmax mem icore
```

值	描　述
name	标识测试的名称
power	给出测试功耗的整数
time	给出测试时间的整数
tpg	所用生成器的名称
tre	所用计算器的名称
bmin	给出（最小）所需带宽的整数
bmax	给定可能（最大）带宽的整数（0 表示无穷大）
mem	生成器中分配的内存
icore	要执行互连测试的内核名称，否则为"否"或省略

[Blocks]

```
Rowformat: block idle testlist
testlist specified as {test1 test2 ... testN}
```

值	描　述
block	标识模块的名称
idle	给出模块使用的空载功耗的整数
testlist	应该在模块上运行的测试名称

[Concurrency Constraints]
```
Rowformat: test blocklist
blocklist specified as {block1 block2 ... blockN}
```

值	描　述
test	测试的名称
blocklist	模块的名称是测试并行约束的一部分

附.3　Kime设计

　　有 6 个测试的设计的测试兼容性图取自 Kime 和 Saluja[132]，见附图 1。测试 t_1 和 t_6 可以同时安排，因为在节点 t_1 和节点 t_6 之间存在连线。而测试 t_1 和 t_2 不可以同时安排，因为节点 t_1 和节点 t_2 之间不存在连线。每个节点都有其附带的测试时间。例如，测试 t_1 需要 255 个时间单位。

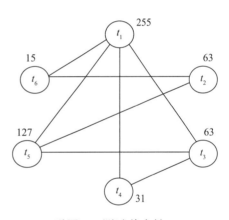

附图 1　测试兼容性

```
# Design Kime
```
[Global Options]
```
MaxPower=2 # Maximal allowed simultaneous power
```
[Cores]
```
#Syntax: name x y {block1 block2 ... blockN}
N1 10 10 {n1}
N2 20 10 {n2}
N3  0  0 {n3}
N4 10  0 {n4}
N5 20  0 {n5}
N6  0 10 {n6}
```
[Generators]
```
#Syntax: name x y max_bandw max_mem movable
TC 0 20 2 6 no
```
[Evaluators]
```
#Syntax: name x y max_bandw movable
SA 20 20 6 no
```
[Tests]

```
#Syntax:
#name power time tpg tre min_bandw max_bandw mem #ict_to_core
t1 1 255 TC SA 1 1 1
t2 1  63 TC SA 1 1 1
t3 1  63 TC SA 1 1 1
t4 1  31 TC SA 1 1 1
t5 1 127 TC SA 1 1 1
t6 1  15 TC SA 1 1 1
[Blocks]
#Syntax: name idle_power {test1 test2 ... testN}
n1 0 {t1}
n2 0 {t2}
n3 0 {t3}
n4 0 {t4}
n5 0 {t5}
n6 0 {t6}
[Concurrency Constraints]
#Syntax: test {block1 block2 ... blockN}
t1 {    n2}
t2 {n1    n3 n4}
t3 {    n2        n6}
t4 {    n2      n5 n6}
t5 {        n4    n6}
t6 {      n3 n4 n5}
```

附.4　Muresan 10设计

Muresan 等人提出了一个设计[202]，其设计数据见附表 1。例如，测试 t_2 需要 8 个时间单位和 4 个功耗单位，它与下列测试兼容 $\{t_1, t_3, t_7, t_8\}$。这意味着测试 t_2 可以和测试 t_3 同时安排。

该设计的功耗限制是 12 个功耗单位。

附表 1　Muresan 10 设计的数据

测　　试	测试时间	测试功耗	测试兼容性
t_1	9	9	$t_2, t_3, t_5, t_6, t_8, t_9$
t_2	8	4	t_1, t_3, t_7, t_8
t_3	8	1	$t_1, t_2, t_4, t_7, t_9, t_{10}$
t_4	6	6	t_3, t_5, t_7, t_8
t_5	5	5	t_1, t_4, t_9, t_{10}
t_6	4	2	t_1, t_7, t_8, t_9
t_7	3	1	$t_2, t_3, t_4, t_6, t_8, t_9$
t_8	2	4	$t_1, t_2, t_4, t_6, t_7, t_9, t_{10}$
t_9	1	12	$t_1, t_3, t_5, t_6, t_7, t_8, t_{10}$
t_{10}	1	7	t_3, t_5, t_8, t_9

```
[Global Options]
MaxPower=12 # Maximal allowed simultaneous power
OptimalTime=25
TimeFactor=20
BusFactor=1
[Cores]
#Syntax: name x y {block1 block2 ... blockN}
C1 10 10 {B1}
C2 20 10 {B2}
C3 30 10 {B3}
C4 40 10 {B4}
C5 50 10 {B5}
C6 10 20 {B6}
C7 20 20 {B7}
C8 40 20 {B8}
C9 40 30 {B9}
C0 50 40 {B0}
[Generators]
#Syntax: name x y max_bandw max_mem movable
TCG 50 20 8 32 yes
[Evaluators]
#Syntax: name x y max_bandw movable
TCE 50 20 8 no
[Tests]
#Syntax:
# name power time tpg tre min_bandw max_bandw mem ict_to_core
t1   9 9 TCG TCE 1 1 1 no
t2   4 8 TCG TCE 1 1 1 no
t3   1 8 TCG TCE 1 1 1 no
t4   6 6 TCG TCE 1 1 1 no
t5   5 5 TCG TCE 1 1 1 no
t6   2 4 TCG TCE 1 1 1 no
t7   1 3 TCG TCE 1 1 1 no
t8   4 2 TCG TCE 1 1 1 no
t9  12 1 TCG TCE 1 1 1 no
t0   7 1 TCG TCE 1 1 1 no
[Blocks]
#Syntax: name idle_power {test1 test2 ... testN}
B1 0 {t1}
B2 0 {t2}
B3 0 {t3}
B4 0 {t4}
B5 0 {t5}
B6 0 {t6}
B7 0 {t7}
B8 0 {t8}
B9 0 {t9}
B0 0 {t0}
[Concurrency Constraints]
#Syntax: test {block1 block2 ... blockN}
# Note that the constraints are symmetric around the #diagonal,
```

```
and only one half is actually needed.
t1 {          B4        B7        B0}
t2 {          B4 B5 B6        B9 B0}
t3 {             B5 B6    B8}
t4 {B1 B2          B6        B9 B0}
t5 {   B2 B3        B6 B7 B8}
t6 {   B2 B3 B4 B5            B0}
t7 {B1          B5            B0}
t8 {       B3    B5}
t9 {   B2    B4 }
t0 {B1 B2    B4    B6 B7}
```

附.5 Muresan 20设计

```
[Global Options]
MaxPower=15 # Maximal allowed simultaneous power
[Cores]
#Syntax: name x y {block1 block2 ... blockN}
CORE 0 0 {b1 b2 b3 b4 b5 b6 b7 b8 b9 b10 b11 b12 b13 b14 b15 b16
b17 b18 b19 b20}
[Generators]
#Syntax: name x y max_bandw max_mem movable
TG 0 0 20 20 no
[Evaluators]
#Syntax: name x y max_bandw movable
SA 0 0 20 no
[Tests]
#Syntax:
# name power time tpg tre min_bandw max_bandw mem ict_to_core
t1 3 12 TG SA 1 1 1
t2  5 11 TG SA 1 1 1
t3  9  9 TG SA 1 1 1
t4 12  8 TG SA 1 1 1
t5  4  8 TG SA 1 1 1
t6  2  8 TG SA 1 1 1
t7  1  8 TG SA 1 1 1
t8  7  6 TG SA 1 1 1
t9  6  6 TG SA 1 1 1
t10 7  5 TG SA 1 1 1
t11 5  5 TG SA 1 1 1
t12 11 4 TG SA 1 1 1
t13 2  4 TG SA 1 1 1
t14 3  3 TG SA 1 1 1
t15 1  3 TG SA 1 1 1
t16 5  2 TG SA 1 1 1
t17 4  2 TG SA 1 1 1
t18 12 1 TG SA 1 1 1
t19 8  1 TG SA 1 1 1
```

```
t20 7  1 TG SA 1 1 1
[Blocks]
#Syntax: name idle_power {test1 test2 ... testN}
b1 0 {t1}
b2 0 {t2}
b3 0 {t3}
b4 0 {t4}
b5 0 {t5}
b6 0 {t6}
b7 0 {t7}
b8 0 {t8}
b9 0 {t9}
b10 0 {t10}
b11 0 {t11}
b12 0 {t12}
b13 0 {t13}
b14 0 {t14}
b15 0 {t15}
b16 0 {t16}
b17 0 {t17}
b18 0 {t18}
b19 0 {t19}
b20 0 {t20}
[Concurrency Constraints]
#Syntax: test {block1 block2 ... blockN}
t1  { b2 b3 b6 b7 b11 b13 b14 b18 }
t2  { b6 b7 b8 b10 b11 b15 b16 b18 }
t3  { b4 b6 b8 b9 b15 b16 b19 b20 }
t4  { b5 b6 b8 b10 b12 b13 b16 b18 b20 }
t5  { b9 b10 b11 b13 b14 b16 b19 }
t6  { b8 b10 b12 b13 b15 b16 b18 b19 }
t7  { b8 b10 b11 b13 b17 }
t8  { b12 b13 b15 b18 }
t9  { b10 b13 b14 b16 b18 b20 }
t10 { b12 b13 b14 b19 b20 }
t11 { b12 b13 b15 b17 b19 }
t12 { b15 b17 b18 b20 }
t13 { b14 b20 }
t14 { b15 b17 b19 }
t15 { b19 b20 }
t16 { b18 }
t17 { }
t18 { }
t19 { }
t20 { }
```

附.6　ASIC Z

Zorian[287] 提出的 ASIC Z 设计如附图 2 和附表 2 所示。Zorian 给出了每个逻辑块在空闲模式的功耗和每个测试在测试模式的功耗。每个测试的测试长度是由 Chou 等人计算，假设测试长度和逻辑块尺寸之间存在线性关系，见附表 2[40,41]。

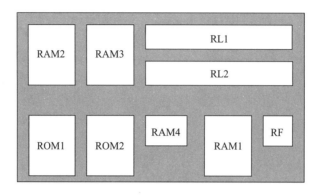

附图 2　ASIC Z 平面规划图

附表 2　ASIC Z 特征

模　块	尺　寸	测试时间	空载功耗	测试功耗	布　局	
					x	y
RL1	13400gates	134	0	295	40	30
RL2	16000gates	160	0	352	40	20
RF	64 × 17bits	10	19	95	50	10
RAM1	768 × 9bits	69	20	282	40	10
RAM2	768 × 8bits	61	17	241	10	20
RAM3	768 × 5bits	38	11	213	20	20
RAM4	768 × 3bits	23	7	96	30	10
ROM1	1024 × 10bits	102	23	279	10	10
ROM2	1024 × 10bits	102	23	279	20	10

```
[Global Options]
MaxPower=900 # Maximal allowed simultaneous power
[Cores]
#Syntax: name x y {block1 block2 ... blockN}
ROM1 10 10 {rom1_1}
ROM2 20 10 {rom2_1}
RAM4 30 10 {ram4_1}
RAM1 40 10 {ram1_1}
RF   50 10 {rf_1}
RAM2 10 20 {ram2_1}
RAM3 20 20 {ram3_1}
RL2  40 20 {rl2_1}
RL1  40 30 {rl1_1}
[Generators]
#Syntax: name x y max_bandw max_mem movable
TCG 50 20 9 32 yes
```

```
[Evaluators]
#Syntax: name x y max_bandw movable
TCE 50 20 9 no
[Tests]
#Syntax:
# name power time tpg tre min_bandw max_bandw mem ict_to_core
tROM1 279 102 TCG TCE 1 1 4 no
tROM2 279 102 TCG TCE 1 1 2 no
tRAM4  96  23 TCG TCE 1 1 2 no
tRAM1 282  69 TCG TCE 1 1 4 no
tRF    95  10 TCG TCE 1 1 8 no
tRAM2 241  61 TCG TCE 1 1 2 no
tRAM3 213  38 TCG TCE 1 1 2 no
tRL2  352 160 TCG TCE 1 1 4 no
tRL1  295 134 TCG TCE 1 1 4 no
[Blocks]
#Syntax: name idle_power {test1 test2 ... testN}
rom1_1 23 {tROM1}
rom2_1 23 {tROM2}
ram4_1  7 {tRAM4}
ram1_1 20 {tRAM1}
rf_1   19 {tRF}
ram2_1 17 {tRAM2}
ram3_1 11 {tRAM3}
rl2_1   0 {tRL2}
rl1_1   0 {tRL1}
[Concurrency Constraints]
#Syntax: test {block1 block2 ... blockN}
tRAM1 {ram1_1 ram2_1 ram3_1 ram4_1}
tRAM2 {ram1_1 ram2_1 ram3_1 ram4_1}
tRAM3 {ram1_1 ram2_1 ram3_1 ram4_1}
tRAM4 {ram1_1 ram2_1 ram3_1 ram4_1}
```

该设计最初由 10 个内核组成。但是，有一个逻辑块没有数据，因此它被排除在设计之外。系统最大允许的功耗是 900mW。所有逻辑块都有自己专用的 BIST，这意味着所有测试都可以同时安排。

我们在附表 2 中添加了位置信息，每个逻辑块都有一个 x 坐标和一个 y 坐标。

附 .7 扩展ASIC Z

扩展 ASIC Z 设计是 ASIC Z 的扩展版本，每个内核都定义了 3 个测试：

（1）互连测试。

（2）BIST 测试。

（3）外部测试。

总共有 27 项测试，分布在 9 个内核上。扩展 ASIC Z 的特性见附表 3，其最大功耗和位置假定与 ASIC Z 相同。例如，RL1 的 BIST 测试需要测试发生器 TG_{rl1} 和测试分析器 TA_{rl1}。该测试需要 67 个时间单位，功耗 295mW，施加该测试时，不能在 RL1 上进行其他测试。

附表 3　扩展 ASIC Z 特征

内　核	测试时间	测试功耗	源端测试	接收端测试	逻辑块约束
RL1	67	295	TAP	TAP	RL1
	67	295	TG_{rl1}	TA_{rl1}	RL1
	10	10	TAP	TAP	RL1, RL2
RL2	80	352	TAP	TAP	RL2
	80	352	TG_{rl2}	TA_{rl2}	RL2
	10	10	TAP	TAP	RL2, RAM3
RF	5	95	TAP	TAP	RF
	5	95	TG_{rf}	TA_{rf}	RF
	10	10	TAP	TAP	RF,RL1
RAM1	35	282	TAP	TAP	RAM1
	35	282	TG_{ram}	TA_{ram}	RAM1
	10	10	TAP	TAP	RAM1,RF
RAM2	31	241	TAP	TAP	RAM2
	31	241	TG_{ram}	TA_{ram}	RAM2
	10	10	TAP	TAP	RAM2, ROM1
RAM3	19	213	TAP	TAP	RAM3
	19	213	TG_{ram}	TA_{ram}	RAM3
	10	10	TAP	TAP	RAM3, RAM2
RAM4	12	96	TAP	TAP	RAM4
	12	96	TG_{ram}	TA_{ram}	RAM4
	10	10	TAP	TAP	RAM4, RAM1
ROM1	51	279	TAP	TAP	ROM1
	51	279	TG_{rom}	TA_{rom}	ROM1
	10	10	TAP	TAP	ROM1, ROM2
ROM2	51	279	TAP	TAP	ROM2
	51	279	TG_{rom}	TA_{rom}	ROM2
	10	10	TAP	TAP	ROM2, RAM4

互连测试是在两个内核之间进行的。例如，内核 RL1 与 RL2 进行互连测试，需要 10 个时间单位和 10mW 功耗。进行互连测试时，RL1 和 RL2 上不可以执行其他测试（在附表 3 的逻辑块约束下指定）。

在这个设计中，BIST 资源是共享的，每个 BIST 资源一次可以被一个测试使用。例如，当 RAM1 使用 TG$_{ram}$ 和 TA$_{ram}$ 进行测试时，其他测试不能使用这些测试资源。外部测试是通过 TAP 连接的，使用外部测试器时可以同时进行多个测试。对扩展 ASIC Z 来说，一个内核的所有测试都在一个逻辑块 ，这意味着可能无法同时安排 BIST 和外部测试。

附.8　System L

System L 是一个工业设计，由 14 个内核组成，这些内核命名为 A ~ N，见附表 4。系统会进行 17 个测试，这些测试分布在系统的各个部分，分别作为模块级测试和顶层测试。模块级测试和顶层测试不能同时执行。此外，所有使用测试总线的模块级测试也不能同时执行。顶层测试使用的是功能引脚，因此不能实现并行调度。

所有测试都使用外部测试资源，系统的总功耗限制为 1200mW。

附表 4　System L 特征

测　试	模　块	测　试	测试时间	空载功耗	测试功耗	测试端口
模块级测试	A	测试 A	515	1	379	扫　描
	B	测试 B	160	1	205	测试总线
	C	测试 C	110	1	23	测试总线
	D	测试 D	作为其他顶层测试的一部分进行测试			
	E	测试 E	61	1	57	测试总线
	F	测试 F	38	1	27	测试总线
	G	测试 G	作为其他顶层测试的一部分进行测试			
	H	测试 H	作为其他顶层测试的一部分进行测试			
	I	测试 I	29	1	120	测试总线
	J	测试 J	6	1	13	测试总线
	K	测试 K	3	1	9	测试总线
	L	测试 L	3	1	9	测试总线
	M	测试 M	218	1	5	测试总线
顶层测试	A	测试 N	232	1	379	功能引脚
	N	测试 O	41	1	50	功能引脚
	B	测试 P	72	1	205	功能引脚
	D	测试 Q	104	1	39	功能引脚

```
# System L
[Global Options]
MaxPower=1200 # Maximal allowed simultaneous power
[Cores]
#Syntax: name x y {block1 block2 ... blockN}
```

```
A 10  0 {a}
B 20  0 {b}
C 30  0 {c}
D 40  0 {d}
E  0 10 {e}
F 10 10 {f}
G 20 10 {g}
H 30 10 {h}
I 40 10 {i}
J 50 10 {j}
K 10 20 {k}
L 20 20 {l}
M 30 20 {m}
N 40 20 {n}
```

[Generators]
```
#Syntax: name  x  y max_bandw max_mem movable
scanG 10   0 1 32 no
busG   0   0 1 32 no
pinsG  0  20 1 32 no
```

[Evaluators]
```
#Syntax: name  x  y max_bandw movable
scanE 10   0 1 no
busE  50  20 1 no
pinsE 50   0 1 no
```

[Tests]
```
#Syntax:
# name power time tpg  tre  min_bandw max_bandw mem i_t_c
ta 379 515 scanG scanE 111 no
tb 205 160 busG  busE  1 11 no
tc  23 110 busG  busE  111 no
td   0   0 busG  busE  111 no
te  57  61 busG  busE  111 no
tf  27  38 busG  busE  111 no
tg   0   0 busG  busE  111 no
th   0   0 busG  busE  111 no
ti 120  29 busG  busE  111 no
tj  13   6 busG  busE  111 no
tkl  9   3 busG  busE  111 no
tm   5 218 busG  busE  111 no
tn  50  41 pinsG pinsE 111 no
to 379 232 pinsG pinsE 111 no
tp 205  72 pinsG pinsE 111 no
tq  39 104 pinsG pinsE 111 no
```

[Blocks]
```
#Syntax: name idle_power {test1 test2 ... testN}
a 1 {ta to}
b 1 {tb tp}
c 1 {tc}
d 1 {   tq}
e 1 {te}
f 1 {tf}
```

```
g 1 {}
h 1 {}
i 1 {ti}
j 1 {tj}
k 1 {tkl}
l 1 {tkl}
m 1 {tm}
n 1 {tn}
[Concurrency Constraints]
#Syntax: test {block1 block2 ... blockN}
ta {a}
tb { b c d e f g h i j k l m n}
tc { b c d e f g h i j k l m n}
td {}
te { b c d e f g h i j k l m n}
tf { b c d e f g h i j k l m n}
tg {}
th {}
ti { b c d e f g h i j k l m n}
tj { b c d e f g h i j k l m n}
tkl{ b c d e f g h i j k l m n}
tm { b c d e f g h i j k l m n}
tn {a b c d e f g h i j k l m n}
to {a b c d e f g h i j k l m n}
tp {a b c d e f g h i j k l m n}
tq {a b c d e f g h i j k l m n}
```

附.9　Ericsson（爱立信）设计

　　如附图 3 所示，爱立信设计包含 8 个数字信号处理器（DSP），一个用于 DSP 控制的逻辑块（DSPIOC），两个存储器组（公共程序存储器（CPM）和公共数据存储器（CDM）），存储器组的控制单元（公共数据存储控制器（CDMC）和公共程序存储控制器（CPMC）），以及另外 5 个逻辑块，RX1C、RX0C、DMAIOC、CKReg 和 TXC，总共 18 个内核。

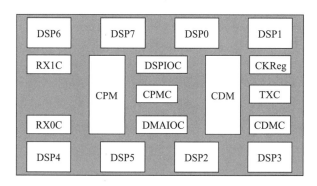

附图 3 爱立信设计

爱立信设计的 DSP 内核由 4 组本地数据存储器（LDM）、一组本地程序存储器（LPM）、两组其他存储器（LZM）及 5 个逻辑块组成，见附图 4。附图 3 中 CPM 逻辑块和 CDM 逻辑块的存储器组见附图 5 和附图 6。

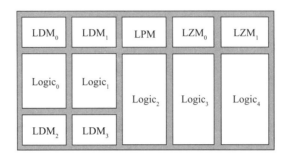

附图 4　每个 DSP_n 内的模块

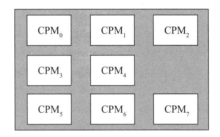

附图 5　CPM 逻辑块

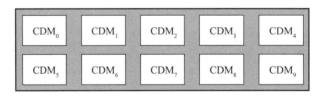

附图 6　CDM 逻辑块

附表 5 列出了爱立信设计中每个模块的特性，其中规定了系统中每个模块的测试时间、测试功耗和测试资源。所有模块的空载功耗为 0。DSP 的编号为 n，范围为 0 ~ 7，总共 170（$17 \times 7 + 51 = 170$）个测试。

允许的最大功耗被限制在 5125mW。每个模块有两个测试集，一个使用外部测试器，一个使用片上测试器。这些测试不能同时进行，因为它们测试的是同一个模块。一个 DSP 内核的所有模块共享源端测试和接收端测试，用于片上测试。TAP 用来连接外部测试器，多个测试可以同时使用外部测试器。

所有相同类型的存储器模块都有自己的测试资源。例如，CPM 内部的模块有一个测试生成器和一个测试响应分析器。所有模块的位置见附表 6。

附表 5　爱立信设计的特征

模　块		测　试	测试时间	测试功耗	源端测试	接收端测试
RX0C		1	970	375	TAP	TAP
		2	970	375	TG_0	TRA_0
RX1C		3	970	375	TAP	TAP
		4	970	375	TG_0	TRA_0
DSPIOC		5	1592	710	TAP	TAP
		6	1592	710	TG_0	TRA_0
CPMC		7	480	172	TAP	TAP
		8	480	172	TG_0	TRA_0
DMAIOC		9	3325	207	TAP	TAP
		10	3325	207	TG_0	TRA_0
CKReg		11	505	118	TAP	TAP
		12	505	118	TG_0	TRA_0
CDMC		13	224	86	TAP	TAP
		14	224	86	TG_0	TRA_0
TXC		15	364	140	TAP	TAP
		16	364	140	TG_0	TRA_0
DSP_n	CPM_i	$17+i$	239	80	TG_1	TRA_1
	CDM_j	$25+j$	369	64	TG_1	TRA_1
	LPM	$17 \times n + 35$	46	16	$TG_{n,0}$	$TRA_{n,0}$
	LDM_1	$17 \times n + 1 + 36$	92	8	$TG_{n,0}$	$TRA_{n,0}$
	LZM_m	$17 \times n + m + 40$	23	2	$TG_{n,0}$	$TRA_{n,0}$
	$Logic_0$	$17 \times n + 42$	4435	152	TAP	TAP
		$17 \times n + 43$	4435	152	$TG_{n,1}$	$TRA_{n,1}$
	$Logic_1$	$17 \times n + 44$	4435	152	TAP	TAP
		$17 \times n + 45$	4435	152	$TG_{n,1}$	$TRA_{n,1}$
	$Logic_2$	$17 \times n + 46$	7009	230	TAP	TAP
		$17 \times n + 47$	7009	230	$TG_{n,1}$	$TRA_{n,1}$
	$Logic_3$	$17 \times n + 48$	7224	250	TAP	TAP
		$17 \times n + 49$	7224	250	$TG_{n,1}$	$TRA_{n,1}$
	$Logic_4$	$17 \times n + 50$	7796	270	TAP	TAP
		$17 \times n + 51$	7796	270	$TG_{n,1}$	$TRA_{n,1}$

附表 6　爱立信设计的局部特征

模　块	X	Y	模　块	X	Y
TG6	0	0	TG0	80	0
TG6L	10	0	TG0L	90	0
DSP6LDM1	20	0	DSP0LDM1	100	0
DSP6LDM2	30	0	DSP0LDM2	110	0

续附表 6

模　块	X	Y	模　块	X	Y
DSP6LDM3	0	10	DSP0LDM3	80	10
DSP6LDM4	10	10	DSP0LDM4	90	10
DSP6LPM	20	10	DSP0LPM	100	10
DSP6LZM1	30	10	DSP0LZM1	110	10
DSP6LZM2	0	20	DSP0LZM2	80	20
DSP6L1	10	20	DSP0L1	90	20
DSP6L2	20	20	DSP0L2	100	20
DSP6L3	30	20	DSP0L3	110	20
DSP6L4	0	30	DSP0L4	80	30
DSP6L5	10	30	DSP0L5	90	30
SA6	20	30	SA0	100	30
SA6L	30	30	SA0L	110	30
TG7	40	0	TG1	120	0
TG7L	50	0	TG1L	130	0
DSP7LDM1	60	0	DSP1LDM1	140	0
DSP7LDM2	70	0	DSP1LDM2	150	0
DSP7LDM3	40	10	DSP1LDM3	120	10
DSP7LDM4	50	10	DSP1LDM4	130	10
DS7LPM	60	10	DSP1LPM	140	10
DSP7LZM1	70	10	DSP1LZM1	150	10
DSP7LZM2	40	20	DSP1LZM2	120	20
DSP7L1	50	20	DSP1L1	130	20
DSP7L2	60	20	DSP1L2	140	20
DSP7L3	70	20	DSP1L3	150	20
DSP7L4	40	30	DSP1L4	120	30
DSP7L5	50	30	DSP1L5	130	30
SA7	60	30	SA1	140	30
SA7L	70	30	SA1L	150	30
TG4	0	60	TG2	80	60
TG4L	10	60	TG2L	90	60
DSP4LDM1	20	60	DSP2LDM1	100	60
DSP4LDM2	30	60	DSP2LDM2	110	60
DSP4LDM3	0	70	DSP2LDM3	80	70
DSP4LDM4	10	70	DSP2LDM4	90	70
DSP4LPM	20	70	DSP2LPM	100	70
DSP4LZM1	30	70	DSP2LZM1	110	70
DSP4LZM2	0	80	DSP2LZM2	80	80
DSP4L1	10	80	DSP2L1	90	80
DSP4L2	20	80	DSP2L2	100	80
DSP4L3	30	80	DSP2L3	110	80

续附表 6

模 块	X	Y	模 块	X	Y
DSP4L4	0	90	DSP2L4	80	90
DSP4L5	10	90	DSP2L5	90	90
SA4	20	90	SA2	100	90
SA4L	30	90	SA2L	110	90
TG5	40	60	TG3	120	60
TG5L	50	60	TG3L	130	60
DSP5LDM1	60	60	DSP3LDM1	140	60
DSP5LDM2	70	60	DSP3LDM2	150	60
DSP5LDM3	40	70	DSP3LDM3	120	70
DSP5LDM4	50	70	DSP3LDM4	130	70
DS5LPM	60	70	DSP3LPM	140	70
DSP5LZM1	70	70	DSP3LZM1	150	70
DSP5LZM2	40	80	DSP3LZM2	120	80
DSP5L1	50	80	DSP3L1	130	80
DSP5L2	60	80	DSP3L2	140	80
DSP5L3	70	80	DSP3L3	150	80
DSP5L4	40	90	DSP3L4	120	90
DSP5L5	50	90	DSP3L5	130	90
SA5	60	90	SA3	140	90
SA5L	70	90	SA3L	150	90
TG8b	0	40	CDM4	0	50
TG9b	10	40	CDM5	10	50
TG10	20	40	CDM6	20	50
CPM0	30	40	CDM7	30	50
CPM1	40	40	CDM8	40	50
CPM2	50	40	RX0C	50	50
CPM3	60	40	RX1C	60	50
CPM4	70	40	CPMC	70	50
CPM5	80	40	DSPIOC	80	50
CPM6	90	40	DMAIOC	90	50
CPM7	100	40	CDMC	100	50
CPM8	110	40	TXC	110	50
CPM9	120	40	CKREG	120	50
CDM1	130	40	SA8b	130	50
CDM2	140	40	SA10	140	50
CDM3	150	40	TAP	150	50

```
#
# Ericsson
[Global Options]
```

```
DesignName="Ericsson"
MaxPower=5125
[Cores]
DSP0ldm0 100 0 {ldm00}
DSP0ldm1 110 0 {ldm10}
DSP0ldm2 80 10 {ldm20}
DSP0ldm3 90 10 {ldm30}
DSP0lpm 100 10 {lpm0}
DSP0lzm0 110 10 {lzm00}
DSP0lzm1 80 20 {lzm10}
DSP0logic0 90 20 {logic00}
DSP0logic1 100 20 {logic10}
DSP0logic2 110 20 {logic20}
DSP0logic3 80 30 {logic30}
DSP0logic4 90 30 {logic40}
DSP1ldm0 140 0 {ldm01}
DSP1ldm1 150 0 {ldm11}
DSP1ldm2 120 10 {ldm21}
DSP1ldm3 130 10 {ldm31}
DSP1lpm 140 10 {lpm1}
DSP1lzm0 150 10 {lzm01}
DSP1lzm1 120 20 {lzm11}
DSP1logic0 130 20 {logic01}
DSP1logic1 140 20 {logic11}
DSP1logic2 150 20 {logic21}
DSP1logic3 120 30 {logic31}
DSP1logic4 130 30 {logic41}
DSP2ldm0 100 60 {ldm02}
DSP2ldm1 110 60 {ldm12}
DSP2ldm2 80 70 {ldm22}
DSP2ldm3 90 70 {ldm32}
DSP2lpm 100 70 {lpm2}
DSP2lzm0 110 70 {lzm02}
DSP2lzm1 80 80 {lzm12}
DSP2logic0 90 80 {logic02}
DSP2logic1 100 80 {logic12}
DSP2logic2 110 80 {logic22}
DSP2logic3 80 90 {logic32}
DSP2logic4 90 90 {logic42}
DSP3ldm0 140 60 {ldm03}
DSP3ldm1 150 60 {ldm13}
DSP3ldm2 120 70 {ldm23}
DSP3ldm3 130 70 {ldm33}
DSP3lpm 140 70 {lpm3}
DSP3lzm0 150 70 {lzm03}
DSP3lzm1 120 80 {lzm13}
DSP3logic0 130 80 {logic03}
DSP3logic1 140 80 {logic13}
DSP3logic2 150 80 {logic23}
DSP3logic3 120 90 {logic33}
DSP3logic4 130 90 {logic43}
```

```
DSP4ldm0 20 60 {ldm04}
DSP4ldm1 30 60 {ldm14}
DSP4ldm2 0 70 {ldm24}
DSP4ldm3 10 70 {ldm34}
DSP4lpm 20 70 {lpm4}
DSP4lzm0 30 70 {lzm04}
DSP4lzm1 0 80 {lzm14}
DSP4logic0 10 80 {logic04}
DSP4logic1 20 80 {logic14}
DSP4logic2 30 80 {logic24}
DSP4logic3 0 90 {logic34}
DSP4logic4 10 90 {logic44}
DSP5ldm0 60 60 {ldm05}
DSP5ldm1 70 60 {ldm15}
DSP5ldm2 40 70 {ldm25}
DSP5ldm3 50 70 {ldm35}
DSP5lpm 60 70 {lpm5}
DSP5lzm0 70 70 {lzm05}
DSP5lzm1 40 80 {lzm15}
DSP5logic0 50 80 {logic05}
DSP5logic1 60 80 {logic15}
DSP5logic2 70 80 {logic25}
DSP5logic3 40 90 {logic35}
DSP5logic4 50 90 {logic45}
DSP6ldm0 20 0 {ldm06}
DSP6ldm1 30 0 {ldm16}
DSP6ldm2 0 10 {ldm26}
DSP6ldm3 10 10 {ldm36}
DSP6lpm 20 10 {lpm6}
DSP6lzm0 30 10 {lzm06}
DSP6lzm1 0 20 {lzm16}
DSP6logic0 10 20 {logic06}
DSP6logic1 20 20 {logic16}
DSP6logic2 30 20 {logic26}
DSP6logic3 0 30 {logic36}
DSP6logic4 10 30 {logic46}
DSP7ldm0 60 0 {ldm07}
DSP7ldm1 70 0 {ldm17}
DSP7ldm2 40 10 {ldm27}
DSP7ldm3 50 10 {ldm37}
DSP7lpm 60 10 {lpm7}
DSP7lzm0 70 10 {lzm07}
DSP7lzm1 40 20 {lzm17}
DSP7logic0 50 20 {logic07}
DSP7logic1 60 20 {logic17}
DSP7logic2 70 20 {logic27}
DSP7logic3 40 30 {logic37}
DSP7logic4 50 30 {logic47}
CPM0 30 40 {cpm0}
CPM1 40 40 {cpm1}
CPM2 50 40 {cpm2}
```

```
CPM3 60 40 {cpm3}
CPM4 70 40 {cpm4}
CPM5 80 40 {cpm5}
CPM6 90 40 {cpm6}
CPM7 100 40 {cpm7}
CPM8 110 40 {cpm8}
CPM9 120 40 {cpm9}
CDM0 130 40 {cdm0}
CDM1 140 40 {cdm1}
CDM2 150 40 {cdm2}
CDM3 0 50 {cdm3}
CDM4 10 50 {cdm4}
CDM5 20 50 {cdm5}
CDM6 30 50 {cdm6}
CDM7 40 50 {cdm7}
CDMC 165 40 {cdmc}
CPMC 90 60 {cpmc}
RX0C 15 40 {rx0c}
RX1C 15 80 {rx1c}
DSPIOC 90 80 {dspioc}
DMAIOC 90 40 {dmaioc}
CKREG 165 80 {ckreg}
TXC 165 60 {txc}
[Generators]
ETG 150 50 12 0 no
BTG 20 40 1 0 no
CPMG 0 40 1 0 no
CDMG 10 40 1 0 no
DSPLG0 90 0 1 0 no
DSPMG0 80 0 1 0 no
DSPLG1 130 0 1 0 no
DSPMG1 120 0 1 0 no
DSPLG2 90 60 1 0 no
DSPMG2 80 60 1 0 no
DSPLG3 130 60 1 0 no
DSPMG3 120 60 1 0 no
DSPLG4 10 60 1 0 no
DSPMG4 0 60 1 0 no
DSPLG5 50 60 1 0 no
DSPMG5 40 60 1 0 no
DSPLG6 10 0 1 0 no
DSPMG6 0 0 1 0 no
DSPLG7 50 0 1 0 no
DSPMG7 40 0 1 0 no
[Evaluators]
ERE 150 50 12 no
BRE 145 50 1 no
CPME 130 50 1 no
CDME 140 50 1 no
DSPLE0 110 30 1 no
DSPME0 100 30 1 no
```

```
DSPLE1 150 30 1 no
DSPME1 140 30 1 no
DSPLE2 110 90 1 no
DSPME2 100 90 1 no
DSPLE3 150 90 1 no
DSPME3 140 90 1 no
DSPLE4 30 90 1 no
DSPME4 20 90 1 no
DSPLE5 70 90 1 no
DSPME5 60 90 1 no
DSPLE6 30 30 1 no
DSPME6 20 30 1 no
DSPLE7 70 30 1 no
DSPME7 60 30 1 no
[Tests]
etrx 375 970 ETG ERE 1 1 0
btrx 375 970 BTG BRE 1 1 0
etdspioc 710 1592 ETG ERE 1 1 0
btdspioc 710 1592 BTG BRE 1 1 0
etcpmc 172 480 ETG ERE 1 1 0
btcpmc 172 480 BTG BRE 1 1 0
etdmaioc 207 3325 ETG ERE 1 1 0
btdmaioc 207 3325 BTG BRE 1 1 0
etckreg 118 505 ETG ERE 1 1 0
btckreg 118 505 BTG BRE 1 1 0
etcdmc 86 224 ETG ERE 1 1 0
btcdmc 86 224 BTG BRE 1 1 0
ettxc 140 364 ETG ERE 1 1 0
bttxc 140 364 BTG BRE 1 1 0
btcpm 80 239 CPMG CPME 1 1 0
btcdm 64 369 CDMG CDME 1 1 0
etlogic0 152 4435 ETG ERE 1 1 0
etlogic1 152 4435 ETG ERE 1 1 0
etlogic2 230 7009 ETG ERE 1 1 0
etlogic3 250 7224 ETG ERE 1 1 0
etlogic4 270 7796 ETG ERE 1 1 0
btlogic00 152 4435 DSPLG0 DSPLE0 1 1 0
btlogic10 152 4435 DSPLG0 DSPLE0 1 1 0
btlogic20 230 7009 DSPLG0 DSPLE0 1 1 0
btlogic30 250 7224 DSPLG0 DSPLE0 1 1 0
btlogic40 270 7796 DSPLG0 DSPLE0 1 1 0
btlogic01 152 4435 DSPLG1 DSPLE1 1 1 0
btlogic11 152 4435 DSPLG1 DSPLE1 1 1 0
btlogic21 230 7009 DSPLG1 DSPLE1 1 1 0
btlogic31 250 7224 DSPLG1 DSPLE1 1 1 0
btlogic41 270 7796 DSPLG1 DSPLE1 1 1 0
btlogic02 152 4435 DSPLG2 DSPLE2 1 1 0
btlogic12 152 4435 DSPLG2 DSPLE2 1 1 0
btlogic22 230 7009 DSPLG2 DSPLE2 1 1 0
btlogic32 250 7224 DSPLG2 DSPLE2 1 1 0
btlogic42 270 7796 DSPLG2 DSPLE2 1 1 0
```

```
btlogic03 152 4435 DSPLG3 DSPLE3 1 1 0
btlogic13 152 4435 DSPLG3 DSPLE3 1 1 0
btlogic23 230 7009 DSPLG3 DSPLE3 1 1 0
btlogic33 250 7224 DSPLG3 DSPLE3 1 1 0
btlogic43 270 7796 DSPLG3 DSPLE3 1 1 0
btlogic04 152 4435 DSPLG4 DSPLE4 1 1 0
btlogic14 152 4435 DSPLG4 DSPLE4 1 1 0
btlogic24 230 7009 DSPLG4 DSPLE4 1 1 0
btlogic34 250 7224 DSPLG4 DSPLE4 1 1 0
btlogic44 270 7796 DSPLG4 DSPLE4 1 1 0
btlogic05 152 4435 DSPLG5 DSPLE5 1 1 0
btlogic15 152 4435 DSPLG5 DSPLE5 1 1 0
btlogic25 230 7009 DSPLG5 DSPLE5 1 1 0
btlogic35 250 7224 DSPLG5 DSPLE5 1 1 0
btlogic45 270 7796 DSPLG5 DSPLE5 1 1 0
btlogic06 152 4435 DSPLG6 DSPLE6 1 1 0
btlogic16 152 4435 DSPLG6 DSPLE6 1 1 0
btlogic26 230 7009 DSPLG6 DSPLE6 1 1 0
btlogic36 250 7224 DSPLG6 DSPLE6 1 1 0
btlogic46 270 7796 DSPLG6 DSPLE6 1 1 0
btlogic07 152 4435 DSPLG7 DSPLE7 1 1 0
btlogic17 152 4435 DSPLG7 DSPLE7 1 1 0
btlogic27 230 7009 DSPLG7 DSPLE7 1 1 0
btlogic37 250 7224 DSPLG7 DSPLE7 1 1 0
btlogic47 270 7796 DSPLG7 DSPLE7 1 1 0
btlpm0 16 46 DSPMG0 DSPME0 1 1 0
btlpm1 16 46 DSPMG1 DSPME1 1 1 0
btlpm2 16 46 DSPMG2 DSPME2 1 1 0
btlpm3 16 46 DSPMG3 DSPME3 1 1 0
btlpm4 16 46 DSPMG4 DSPME4 1 1 0
btlpm5 16 46 DSPMG5 DSPME5 1 1 0
btlpm6 16 46 DSPMG6 DSPME6 1 1 0
btlpm7 16 46 DSPMG7 DSPME7 1 1 0
btldm0 8 92 DSPMG0 DSPME0 1 1 0
btldm1 8 92 DSPMG1 DSPME1 1 1 0
btldm2 8 92 DSPMG2 DSPME2 1 1 0
btldm3 8 92 DSPMG3 DSPME3 1 1 0
btldm4 8 92 DSPMG4 DSPME4 1 1 0
btldm5 8 92 DSPMG5 DSPME5 1 1 0
btldm6 8 92 DSPMG6 DSPME6 1 1 0
btldm7 8 92 DSPMG7 DSPME7 1 1 0
btlzm0 2 23 DSPMG0 DSPME0 1 1 0
btlzm1 2 23 DSPMG1 DSPME1 1 1 0
btlzm2 2 23 DSPMG2 DSPME2 1 1 0
btlzm3 2 23 DSPMG3 DSPME3 1 1 0
btlzm4 2 23 DSPMG4 DSPME4 1 1 0
btlzm5 2 23 DSPMG5 DSPME5 1 1 0
btlzm6 2 23 DSPMG6 DSPME6 1 1 0
btlzm7 2 23 DSPMG7 DSPME7 1 1 0
[Blocks]
rx0c   0 {etrx btrx}
```

```
rx1c   0 {etrx btrx}
dspioc 0 {etdspioc btdspioc}
cpmc   0 {etcpmc btcpmc}
dmaioc 0 {etdmaioc btdmaioc}
ckreg  0 {etckreg btckreg}
cdmc   0 {etcdmc btcdmc}
txc    0 {ettxc bttxc}
cpm0   0 {btcpm}
cpm1   0 {btcpm}
cpm2   0 {btcpm}
cpm3   0 {btcpm}
cpm4   0 {btcpm}
cpm5   0 {btcpm}
cpm6   0 {btcpm}
cpm7   0 {btcpm}
cpm8   0 {btcpm}
cpm9   0 {btcpm}
cdm0 0 {btcdm}
cdm1 0 {btcdm}
cdm2 0 {btcdm}
cdm3 0 {btcdm}
cdm4 0 {btcdm}
cdm5 0 {btcdm}
cdm6 0 {btcdm}
cdm7 0 {btcdm}
# DSP0
logic00 0 {btlogic00 etlogic0}
logic10 0 {btlogic10 etlogic1}
logic20 0 {btlogic20 etlogic2}
logic30 0 {btlogic30 etlogic3}
logic40 0 {btlogic40 etlogic4}
lpm0   0 {btlpm0}
ldm00 0 {btldm0}
ldm10 0 {btldm0}
ldm20 0 {btldm0}
ldm30 0 {btldm0}
lzm00 0 {btlzm0}
lzm10 0 {btlzm0}
# DSP1
logic01 0 {btlogic01 etlogic0}
logic11 0 {btlogic11 etlogic1}
logic21 0 {btlogic21 etlogic2}
logic31 0 {btlogic31 etlogic3}
logic41 0 {btlogic41 etlogic4}
lpm1   0 {btlpm1}
ldm01 0 {btldm1}
ldm11 0 {btldm1}
ldm21 0 {btldm1}
ldm31 0 {btldm1}
lzm01 0 {btlzm1}
lzm11 0 {btlzm1}
```

```
# DSP2
logic02 0 {btlogic02 etlogic0}
logic12 0 {btlogic12 etlogic1}
logic22 0 {btlogic22 etlogic2}
logic32 0 {btlogic32 etlogic3}
logic42 0 {btlogic42 etlogic4}
lpm2  0 {btlpm2}
ldm02 0 {btldm2}
ldm12 0 {btldm2}
ldm22 0 {btldm2}
ldm32 0 {btldm2}
lzm02 0 {btlzm2}
lzm12 0 {btlzm2}
# DSP3
logic03 0 {btlogic03 etlogic0}
logic13 0 {btlogic13 etlogic1}
logic23 0 {btlogic23 etlogic2}
logic33 0 {btlogic33 etlogic3}
logic43 0 {btlogic43 etlogic4}
lpm3  0 {btlpm3}
ldm03 0 {btldm3}
ldm13 0 {btldm3}
ldm23 0 {btldm3}
ldm33 0 {btldm3}
lzm03 0 {btlzm3}
lzm13 0 {btlzm3}
# DSP4
logic04 0 {btlogic04 etlogic0}
logic14 0 {btlogic14 etlogic1}
logic24 0 {btlogic24 etlogic2}
logic34 0 {btlogic34 etlogic3}
logic44 0 {btlogic44 etlogic4}
lpm4  0 {btlpm4}
ldm04 0 {btldm4}
ldm14 0 {btldm4}
ldm24 0 {btldm4}
ldm34 0 {btldm4}
lzm04 0 {btlzm4}
lzm14 0 {btlzm4}
# DSP5
logic05 0 {btlogic05 etlogic0}
logic15 0 {btlogic15 etlogic1}
logic25 0 {btlogic25 etlogic2}
logic35 0 {btlogic35 etlogic3}
logic45 0 {btlogic45 etlogic4}
lpm5  0 {btlpm5}
ldm05 0 {btldm5}
ldm15 0 {btldm5}
ldm25 0 {btldm5}
ldm35 0 {btldm5}
lzm05 0 {btlzm5}
```

```
lzm15 0 {btlzm5}
# DSP6
logic06 0 {btlogic06 etlogic0}
logic16 0 {btlogic16 etlogic1}
logic26 0 {btlogic26 etlogic2}
logic36 0 {btlogic36 etlogic3}
logic46 0 {btlogic46 etlogic4}
lpm6  0 {btlpm6}
ldm06 0 {btldm6}
ldm16 0 {btldm6}
ldm26 0 {btldm6}
ldm36 0 {btldm6}
lzm06 0 {btlzm6}
lzm16 0 {btlzm6}
# DSP7
logic07 0 {btlogic07 etlogic0}
logic17 0 {btlogic17 etlogic1}
logic27 0 {btlogic27 etlogic2}
logic37 0 {btlogic37 etlogic3}
logic47 0 {btlogic47 etlogic4}
lpm7  0 {btlpm7}
ldm07 0 {btldm7}
ldm17 0 {btldm7}
ldm27 0 {btldm7}
ldm37 0 {btldm7}
lzm07 0 {btlzm7}
lzm17 0 {btlzm7}
```

附.10　System S

System S 是由 Chakrabarty[25] 定义的，它由 6 个内核组成，每个内核都是一个 ISCAS 基准（核），见附图 7。测试数据见附表 7，其中，i 代表内核，每个内核 i 都指定了外部测试电路数量 e_i 和 BIST 电路数量 b_i。

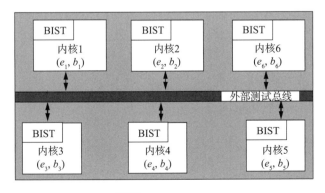

附图 7　System S

每个内核由两个测试集进行测试，一个 BIST 测试集和一个确定性测试集。确定性测试集是通过外部测试器和测试总线施加的。每次只有一个内核可以使用测试总线和外部测试器。施加 BIST 测试只需要一个时钟周期，而外部测试器的速度则要慢许多。

我们为 System S 的内核添加了位置信息，见附表 7。

附表 7　System S 内核测试数据

电　路	内核 i	外部测试电路数量 e_i	BIST 电路数量 b_i	布　局	
				x	y
c880	1	377	4096	10	10
c2670	2	15958	64000	20	10
c7552	3	8448	64000	10	30
s953	4	28959	217140	20	30
s5378	5	60698	389210	30	30
s1196	6	778	135200	30	10

```
# System S
[Global Options]
MaxPower=14 # Maximal allowed simultaneous power
TimeFactor=1
BusFactor=15000
[Cores]
#Syntax: name x y {block1 block2 ... blockN}
C1 10 10 {c880}
C2 20 10 {c2670}
C3 10 30 {c7552}
C4 20 30 {s953}
C5 30 30 {s5378}
C6 30 10 {s1196}
C7 0 0 {s13207} # extra BIST-tested core (variant IV)
[Generators]
#Syntax: name x y max_bandw max_mem movable
BG1 10 10 1 32 yes
BG2 20 10 1 32 yes
BG3 10 30 1 32 yes
BG4 20 30 1 32 yes
BG5 30 30 1 32 yes
BG6 30 10 1 32 yes
EG 0 20 1 32 yes
[Evaluators]
#Syntax: name x y max_bandw movable
BE1 10 10 1 yes
BE2 20 10 2 yes
BE3 10 30 1 yes
BE4 20 30 2 yes
BE5 30 30 3 yes
```

```
BE6 30 10 1 yes
EE 40 20 3 yes
```
[Tests]
```
#Syntax:
# name power time tpg tre min_bandw max_bandw mem ict_to_core
e1 1 3770 EG EE 1 1 1 no
e2 1 159580 EG EE 1 2 1 no
e3 1 84480 EG EE 1 1 1 no
e4 1 289590 EG EE 1 2 1 no
e5 1 606980 EG EE 1 3 1 no
e6 1 7780 EG EE 1 1 1 no
b1 1 4096 BG1 BE1 1 1 1 no
b2 1 64000 BG2 BE2 1 2 1 no
b3 1 64000 BG3 BE3 1 1 1 no
## dedicated BIST (variant I)
b4 1 217140 BG4 BE4 1 2 1 no
b5 1 389214 BG5 BE5 1 3 1 no
b6 1 135200 BG6 BE6 1 1 1 no
## (s1196, c7552) and (s953, s5378) share BIST (variant II)
#b4 1 217140 BG4 BE4 1 2 1 no
#b5 1 389214 BG4 BE4 1 3 1 no
#b6 1 135200 BG3 BE3 1 1 1 no
## (s1196, c7552, s953, s5378) share BIST (variant III)
#b4 1 217140 BG3 BE3 1 2 1 no
#b5 1 389214 BG3 BE3 1 3 1 no
#b6 1 135200 BG3 BE3 1 1 1 no
## (s13207, c7552, s953, s5378) share BIST (variant IV)
#b4 1 217140 BG3 BE3 1 2 1 no
#b5 1 389214 BG3 BE3 1 3 1 no
#b6 1 135200 BG4 BE4 1 1 1 no
#b7 1 512000 BG3 BE3 1 1 1 no
```
[Blocks]
```
#Syntax: name idle_power {test1 test2 ... testN}
c880    0 {e1 b1}
c2670   0 {e2 b2}
c7552   0 {e3 b3}
s953    0 {e4 b4}
s5378   0 {e5 b5}
s1196   0 {e6 b6}
#s13207 0 { b7} ## only for variant IV
s13207  0 {} ## not when variant IV
```

参 考 文 献

[1] M. S. Abadir, H. K. Reghabati. Functional Testing of Semiconductor Random Access Memories. Computer Survey, 1983, 15(3): 175-198.

[2] M. Abramovici, M. A. Breuer, A. D. Friedman. Digital Systems Testing and Testable Design. Hoboken: Wiley-IEEE Press, 1990.

[3] R. D. Adams. High Performance Memory Testing: Design Principles, Fault Modeling and Self-Test. Dordrecht: Kluwer Academic Publisher, 2003.

[4] http: //www. advantest. com/

[5] J. Aerts, E. J. Marinissen. Scan Chain Design for Test Time Reduction in Core-Based ICs. Proceedings of International Test Conference (ITC), 1998, 10: 448-457.

[6] A. V. Aho, J. E. Hopcroft, J. D. Ullman. Data Structures and Algorithms. Boston: Addison-Wesley, 1983.

[7] http: //www. agilent. com/

[8] P. H. Bardell, W. H. McAnney, J. Savir. Built-In Test for VLSI Pseudorandom Techniques. New York: John Wiley and Sons, 1987.

[9] J. Barwise, J. Etchemendy. The Language of First-Order Logic. Stanford: CSLI Publications, 1993.

[10] I. Bayraktarolgu, A. Obrailoglu. Test Volume And Application Time Reduction Through Scan Chain Concealment. Proceedings of Design Automation Conference (DAC), 2001, 6: 151-155.

[11] F. Beenker, B. Bennets, L. Thijssen. Testability Concepts for Digital ICs: The Macro Test Approach. Frontiers in Electronic Testing, 1995, 3.

[12] M. Benabdenbi, W. Maroufi, M. Marzouki. CAS-BUS: A Test Access Mechanism and a Toolbox Environment for Core-Based System Chip Testing. Journal of Electronic Testing, Theory and Applications (JETTA), 2002, 18(4/5): 455-472.

[13] M. J. Bending. Hitest: A Knowledge-Based Test Generation System. Design & Test of Computers, 1984, 1: 83-92.

[14] L. Benini, G. De Micheli. Networks on Chips: a New SoC Paradigm. Computer, 2002, 1(35): 70-80.

[15] A. Benso, S. Cataldo, S. Chiusano, P. Prinetto, Y. Zorian. A High-Level EDA Environment for Automatic Insertion of HD-BIST Structures. Journal of Electronic Testing: Theory and Applications, 2000, 16(3): 179-184.

[16] A. Benso, P. Prinetto. Fault Injection Techniques and Tools for Embedded Systems Reliability Evaluation. Dordrecht: Kluwer Academic Publisher, 2003.

[17] A. Benso, S. Di Carlo, P. Prinetto, Y. Zorian. A Hierarchical Infrastructure for SoC Test Management. Design & Test of Computers, 2003, 7-8: 32-39.

[18] Y. Bonhomme, P. Girard, L. Guiller, C. Landrault, S. Pravossoudovitch. A Gated Clock Scheme for Low Power Scan Testing of Logic ICs or Embedded Cores. Proceedings of Asian Test Symposium (ATS), 2001, 11: 253-258.

[19] H. Bleeker, P. van den Eijnden, F. de Jong. Boundary-Scan Test: A Practical Approach. Dordrecht: Kluwer Academic Publishers, 1993.

[20] G. Blom. Sannolikhetsteori och statistikteori med tillämpningar. Sweden: Studentlitteratur, 1989.

[21] D. Brahme, J. A. Abraham. Functional Testing of Microprocessors. Transactions on Computers, 1984, 6(C-33): 475-485.

[22] M. A. Breuer, A. D. Friedman. Diagnosis and Reliable Design of Digital Systems. New York: Computer Science Press, 1976.

[23] P. Brucker. Scheduling Algorithms. Berlin: Springer-Verlag, 1998.

［ 24 ］ M. L. Bushnell, V. D. Agrawal. Essentials of Electronic Testing for Digital, Memory, and Mixed-Signal VLSI Circuits. Dordrecht: Kluwer Academic Publisher, 2000.

［ 25 ］ K. Chakrabarty. Test Scheduling for Core-Based Systems. Proceedings of International Conference on Computer Aided Design (ICCAD), 1999, 11: 391-394.

［ 26 ］ K. Chakrabarty. Design of System-on-a-Chip Test Access Architectures Using Integer Linear Programming. Proceedings of VLSI Test Symposium (VTS), 2000, 4: 127-134.

［ 27 ］ K. Chakrabarty. Design of System-on-a-Chip Test Access Architecture under Place-and-Route and Power Constraints. Proceedings of the Design Automation Conference, 2000: 432-437.

［ 28 ］ K. Chakrabarty. Test Scheduling for Core-Based Systems Using Mixed-Integer Linear Programming. Transactions on Computer-Aided Design of Integrated Circuits and Systems, 2000, 19(10): 1163-1174.

［ 29 ］ K. Chakrabarty, R. Mukherjee, A. Exnicios. Synthesis of Transparent Circuits for Hierarchical and System-on-a-Chip Test. Proceedings of International Conference on VLSI Design (VLSID), 2001, 1: 431-436.

［ 30 ］ K. Chakrabarty. Optimal test access architectures for system-on-a-chip. ACM Transactions on Design Automation of Electronic Systems, 2001, 1(6): 26-49.

［ 31 ］ K. Chakrabarty, V. Iyengar, A. Chandra. Test Resource Partitioning for System-on-a-Chip. Dordrecht: Kluwer Academic Publisher, 2002.

［ 32 ］ K. Chakrabarty, V. Iyengar, M. D. Krasniewski. Test Planning for Modular Testing of Hierarchical SOCs. Transactions on Computer-Aided Design of Iintegrated Circuits and Systems, 2004.

［ 33 ］ A. Chandra, K. Chakrabarty. Frequency-Directed-Run-Length (FDR) Codes with Applications to System-on-a-Chip Test Data Compression. Proceedings of VLSI Test Symposium (VTS), 2001, 4: 42-47.

［ 34 ］ A. Chandra, K. Chakrabarty. System-on-a-Chip Test Data Compression and Decompression Architectures Based on Golomb Codes. Transactions on Computer-Aided Design of Integrated Circuits and Systems, 2001, 20(3): 355-367.

［ 35 ］ A. Chandra, K. Chakrabarty. Reduction of SoC Test Data Volume, Scan Power and Testing Time Using Alternating Run-length Codes. Proceedings of Design Automation Conference (DAC), 2002, 6: 673-678.

［ 36 ］ D. Chapiro. Globally-Asynchronous Locally-Synchronous Systems. Department of Computer Science, 1984, 10.

［ 37 ］ W. T. Chen. The BACK Algorithm for Sequential Test Generation. Proceedings of International Conference on Computer Design (ICCD), 1988, 10: 66-69.

［ 38 ］ Y. Caseau, F. Laburthe. Heuristics for large constrained vehicle routing problems. Journal of Heuristics, 1999, 5(3): 281-303.

［ 39 ］ K.-T. Cheng, V. D. Agrawal. Unified Methods for VLSI Simulation and Test Generation. Dordrecht: Kluwer Academic Publisher, 1989.

［ 40 ］ R. M. Chou, K. K. Saluja, V. D. Agrawal. Power Constraint Scheduling of Tests. Proceedings of International Conference on VLSI Design, 1994, 1: 271-274.

［ 41 ］ R. M. Chou, K. K. Saluja, V. D. Agrawal. Scheduling Tests for VLSI Systems Under Power Constraints. IEEE Transactions on VLSI Systems, 1997, 5(2): 175-185.

［ 42 ］ T. Cormen, C. Leiserson, R. Rivest. Introduction To Algorithms. Boston: The MIT Press, 1989.

［ 43 ］ E. Cota, L. Carro, M. Lubaszewski, A. Orailoglu. Test Planning and Design Space Exploration in a Core-based Environment. Proceedings of the Design, Automation and Test in Europe Conference (DATE), 2002, 3: 478-485.

［ 44 ］ E. Cota, M. Kreutz, C. A. Zeferino, L. Carro, M. Lubaszewski, A. Susin. The Impact of NoC Reuse on the Testing of Core-based Systems. Proceedings VLSI Test Symposium (VTS), 2003, 4: 128-133.

［ 45 ］ E. Cota, L. Carro, F. Wagner, M. Lubaszewski. Power-Aware NoC Reuse on the Testing of Core-Based Systems. Digest of Papers of European TestWorkshop (ETW), 2003, 5: 123-128.

［46］ E. Cota, L. Carro, F. Wagner, M. Lubaszewski. Power-Aware NoC Reuse on the Testing of Core-Based Systems. Proceedings of International Test Conference (ITC), 2003, 9: 612-621.

［47］ G. L. Craig, C. R. Kime, K. K. Saluja. Test Scheduling and Control for VLSI built-in-self-test. Transactions on Computers, 1988, 37(9): 1099-1109.

［48］ http: //www. credence. com

［49］ A. L. Crouch. Design-for-Test for Digital IC's and Embedded Core Systems. Upper Saddle River: Prentice Hall, 1999.

［50］ H. Date, T. Hosokawa, M. Muraoka. A SoC Test Strategy Based on a Non- Scan DFT Method. Proceedings of Asian Test Symposium (ATS), 2002, 11: 305-310.

［51］ F. DaSilva, Y. Zorian, L. Whetsel, K. Arabi, R. Kapur. Overview of the IEEE P1500 Standard. Proceedings of International Test Conference (ITC), 2003, 9: 988-997.

［52］ B. L. Dervisoglu, G. E. Strong. Design for Testability: Using Scanpath Techniques for Path-Delay Test and Measurement. Proceedings of International Test Conference (ITC), 1991, 10: 365-374.

［53］ S. Dey, E. J. Marinissen, Y. Zorian. Testing System Chips: Methodologies and Experiences. Integrated System Design, 1999, 11(123): 36-48.

［54］ R. Dorsch, H.-J. Wunderlich. Tailored ATPG For Embedded Testing. Proceedings of International Test Conference (ITC), 2001, 10: 530-537.

［55］ R. Dorsch, R. Huerta Rivera, H.-J. Wunderlich, M. Fischer. Adapting an SoC to ATE Concurrent Test Capabilities. Proceedings International Test Conference (ITC), 2002, 10: 1169-1175.

［56］ Z. S. Ebadi, A. Ivanov. Design of an Optimal Test Access Architecture Using a GeneticAlgorithm. Proceedings of Asian Test Symposium (ATS), 2001, 11: 205-210.

［57］ S. Edbom, E. Larsson. An Integrated Technique for Test Vector Selection and Test Scheduling under Test Time Constraint. Proceedings of Asian Test ymposium (ATS), 2004, 11: 254-257.

［58］ Ericsson. Design document, 2000.

［59］ B. H. Fang, Q. Xu, N. Nicolici. Hardware/Software Co-testing of Embedded Memories in Complex SOCs. Proceedings of International Conference on Computer-Aided Design (ICCAD), 2003, 11: 599-605.

［60］ J. Ferguson, J. Shen. A CMOS Fault Extractor for Inductive Fault Analysis. Transactions on Computer-Aided Design of Integrated Circuits and Systems, 1988, 7(11): 1181-1194.

［61］ M.-L. Flottes, J. Pouget, B. Rouzeyre. Sessionless Test Scheme: Power- Constrained Test Scheduling for System-on-a-Chip. Proceedings of International Conference on Very Large Scale Integration (VLSI-SOC), 2001, 11: 105-110.

［62］ M.-L. Flottes, J. Pouget, B. Rouzeyre. Power-Constrained Test Scheduling for SOCs Under a "No Session" Scheme// Michel Robert, Bruno Rouzeyre, Christian Piguet, Marie-Lise Flottes. SoC Design Methodologies. Kluwer Academic Publishers, 2002: 401-412.

［63］ H. Fujiwara, T. Shimono. On the Acceleration of Test Generation Algorithms. Transactions on Computers, 1983, 32(12): 1137-1144.

［64］ D. D. Gajski, N. D. Dutt, A. C. Wu. High-Level Synthesis: Introduction and System Design. Dordrecht: Kluwer Academic Publisher, 1992.

［65］ M. Garg, A. Basu, T. C. Wilson, D. K. Banerji, J. C. Majithia. A New Test Scheduling Algorithm for VLSI Systems. Proceedings of the Symposium on VLSI Design, 1991, 1: 148-153.

［66］ M. R. Garey, D. S. Johnson. Computers and Intractability: A Guide to the Theory of NP-Completeness. San Fransisco: W. H. Freeman and Company, 1979.

［67］ S. H. Gerez. Algorithms for VLSI Design Automation. New York: John Wiley and Sons Ltd, 1998.

［68］ S. Gerstendörfer, H.-J. Wunderlich. Minimized Power Consumption for Scan-Based BIST. Proceedings of International Test Conference (ITC), 1999, 9: 77-84.

［69］ I. Ghosh, S. Dey, N. K. Jha. A Fast and Low Cost Testing Technique for Core-based System-ob-Chip. Proceedings of Design Automation Conference (DAC), 1998, 6: 542-547.

［70］ P. Girard, C. Landrault, S. Pravossoudovitch, D. Severac. Reducing Power Consumption During Test Application By Test Vector Ordering. Proceedings of the International Symposium on Circuits and Systems (ISCAS), 1998, 5/6(2): 296-299.

［71］ F. Glover. Future Paths for Integer Programming and Links to Artificial Intelligence. Computer and Operations Research. , 1986, 13(5): 533-549.

［72］ P. Goel. An Implicit Enumeration Algorithm to Generate Tests for Combinational Logic Circuits. Transactions on Computers, 1981, 30(3): 215-222.

［73］ S. K. Goel, E. J. Marinissen. Cluster-Based Test Architecture Design for System-On-Chip. Proceedings of VLSI Test Symposium (VTS), 2002, 4: 259-264.

［74］ S. K. Goel, E. J. Mariniseen. A Novel Test Time Reduction Algorithm for Test Architecture Design for core-Based System Chips. Formal Proceedings of European Test Workshop (ETW), 2002, 5: 7-12.

［75］ S. K. Goel, E. J. Marinissen. Effective and Efficient Test Architecture Design for SOCs. Proceedings of International Test Conference (ITC), 2002, 10: 529-538.

［76］ S. K. Goel, E. J. Marinissen. Layout-Driven SOC Test Architecture Design for Test Time andWire LengthMinimization. Proceedings Design, Automation, and Test in Europe (DATE), 2003, 3: 738-743.

［77］ S. K. Goel, E. J. Marinissen. Control-Aware Test Architecture Design for Modular SoC Testing. Informal Proceedings of European Test Workshop (ETW), 2003, 5: 129-134.

［78］ S. K. Goel, E. J. Marinissen. SoC Test Architecture Design for Efficient Utilization of Test Bandwidth. Transactions on Design Automation of Electronic Systems, Special Issue on VLSI Testing, 2003, 8(4): 399- 429.

［79］ S. K. Goel, K. Chiu, E. J. Marinissen, T. Nguyen, S. Oosrdijk. Test Infrastructure Design for the NexperiaTMHome Platform PNX8550 System Chip. Proceedings of Design Automation and Test in Europe (DATE), 2004, 2: 1530-1591.

［80］ S. K. Goel. A Novel Wrapper Cell Design for Efficient Testing of Hierarchical Cores in System Chips. Proceedings of European Test Symposium (ETS), 2004, 5: 147-152.

［81］ T. Gonzales, S. Sahni. Open Shop Scheduling to Minimize Finish Time. Journal of the ACM, 1976, 10(23): 665-679.

［82］ A. J. van de Goor. Testing Semiconductor Memories: Theory and Practice. The Netherlands: Comtex Publishing, 1998.

［83］ X. Gu, E. Larsson, K. Kuchcinski, Z. Peng. A Controller Testability Analysis and Enhancement Technique. Proceedings of European Design and Test Conference (ED&TC), 1997, 3: 153-157.

［84］ R. K. Gupta, Y. Zorian. Introduction to Core-Based System Design. Design and Test of Computers, 1997, 14(4): 15-25.

［85］ R. Gupta, R. Gupta, M. A. Breuer. The BALLAST Methodology for Structured Partial Scan Design. Transactions on Computers, 1990, 39(4): 538-544.

［86］ S. Hamdioui. Testing Static Random Access Memories Defects, Fault Models and Test Patterns. Dordrecht: Kluwer Academic Publisher, 2004.

［87］ I. Hamazaoglu, J. H. Patel. Reducing Test Application Time For Full Scan Embedded Cores. Proceedings of International Symposium on Fault-Tolerant Computing (FTCS), 1999, 6: 260-267.

［88］ P. Harrod. Testing Reusable IP-a Case Study. Proceedings of International Test Conference (ITC), 1999, 9: 493-498.

［89］ J. P. Hayes. Transition Count Testing of Combinational Logic Circuits. Transactions on Computers, 1976, 25(6): 613-620.

［90］ S. Hellebrand, J. Rajski, S. Tarnick, S. Venkatraman, B. Courtois. Built-In Test For Circuits With Scan Based Reseeding of Multiple-Polynomial Linear Feedback Shift Registers. Transactions on Computers, 1995, 44(2): 223-233.

［91］ S. Hellebrand, A. Wurtenberger. Alternating Run-Length Coding : A Technique for Improved Test Data Compression. Test Resource Partitioning Workshop, 2002, 10: 4. 3. 1-4. 3. 10.

［92］ G. Hetherington, T. Fryars, N. Tamarapalli, M. Kassab, A. Hassan, J. Rajski. Logic BIST for Large Industrial Designs: Real Issues and Case Studies. Proceedings of International Test Conference (ITC), 1999, 9: 358-367.

［93］ A. Hertwig, H-J Wunderlich. Low Power Serial Built-In Self-Test. Compendium of Papers of European Test Workshop, 1998, 5: 49-53.

［94］ Hewlett-Packard Corp.. A Designer's Guide to Signature Analysis. Application note, 1977, 4: 222.

［95］ F. J. Hill , B. Huey. A Design Language Based Approach to Test Sequence Generation. Computer, 1977, 6(10): 28-33.

［96］ H.-S. Hsu, J.-R. Huang, K.-L. Cheng, C.-W. Wang, C.-T. Huang, C.-W. Wu. Test Scheduling and Test Access Architecture Optimization for System-on- Chip. Proceedings of Asian Test Symposium (ATS), 2002, 11: 411-416.

［97］ Y. Huang, W.-T. Cheng, C.-C. Tsai, N. Mukherjee, O. Samman, Y. Zaidan, S. M. Reddy. Resource Allocation and Test Scheduling for Concurrent Test of Core-Based SOC Design. Proceedings of Asian Test Symposium (ATS), 2001, 11: 265-270.

［98］ Y. Huang, N. Mukherjee, C.-C. Tsai, O Samman, Y. Zaidan, Y. Zhang, W.-T. Cheng, S. M. Reddy. Constraint Driven Pin-mapping for Concurrent SOC Testing. Proceedings of the Asia and South Pacific Design Automation Conference & International Conference on VLSI Design, 2002, 1: 511-516.

［99］ Y. Huang, W.-T. Cheng, C.-C. Tsai, N. Mukherjee, O. Samman, Y. Zaidan, S. M. Reddy. On Concurrent Test of Core-Based SOC Designs. Journal of Electronic Testing: Theory and Applications (JETTA), 2002, 18(4/5): 401-414.

［100］ Y. Huang, S. M. Reddy, W.-T. Cheng, P. Reuter, N. Mukherjee, C.-C. Tsai, O. Samman, Y. Zaidan. Optimal Core Wrapper Width Selection and SoC Test Scheduling Based on 3-D Bin Packing Algorithm. Proceedings of International Test Conference (ITC), 2002, 10: 74-82.

［101］ Y. Huang, W.-T. Cheng, C.-C. Tsai, N. Mukherjee, S. M Reddy. Static Pin Mapping and SoC Test Scheduling for Cores with Multiple Test Sets. Proceedings of International Symposium on Quality Electronic Design (ISQED), 2003, 3: 99-104.

［102］ S. D. Huss, R. S. Gyurcsik. Optimal Ordering of Analog Integrated Circuit Tests to Minimize Test Time. Proceedings of Design Automation Conference (DAC), 1991, 6: 494-499.

［103］ H. Ichihara, A. Ogawa, T. Inoue, A. Tamura. Dynamic Test Compression Using Statistical Coding. Proceedings of Asian Test Symposium (ATS), 2001, 11: 143-148.

［104］ IEEE P1500 Standard for Embedded Core Test. http: //grouper. ieee. org/groups/1500/.

［105］ V. Immaneni, S. Raman. Direct Access Test Scheme - Design of Blocks and Core Cells for Embedded ASICs. Proceedings of International Test conference (ITC), 1990, 9: 488-492.

［106］ International Technology Roadmap for Semiconductors (ITRS), 2003, http: //public. itrs. net/

［107］ Intel, 2003, http: //www. intel. com/research/silicon/mooreslaw. htm

［108］ H. Ichihara, A. Ogawa, T. Inoue, A. Tamura. Dynamic Test Compression Using Statistical Coding. Proceedings of Asian Test Symposium (ATS), 2001, 11: 143-148.

［109］ V. Iyengar, K. Chakrabarty, B. T. Murray. Built-In Self-Testing of Sequential Circuits Using Precomputed Test Sets. Proceedings of VLSI Test Symposium (VTS), 1998, 4: 418-423.

［110］ V. Iyengar, K. Chakrabarty. Precedence-based, Preemptive, and Powerconstrained Test Scheduling for System-on-a-Chip. Proceedings of VLSI Test Symposium (VTS), 2001, 5: 368-374.

［111］ V. Iyengar, K. Chakrabarty, E. J. Marinissen. Test Wrapper and Test Access Mechanism Co-Optimization for System-on-Chip. Proceedings of International Test Conference (ITC), 2001, 11: 1023-1032.

［112］ V. Iyengar K. Chakrabarty, E. J. Marinissen. Efficient Wrapper/TAM Co- Optimization for Large SoCs. Proceedings of Design and Test in Europe (DATE), 2002, 3: 491-498.

［113］ V. Iyengar, K. Chakrabarty, E. J. Marinissen. Test Wrapper and Test Access Mechanism Co-Optimization for System-on-Chip. Journal of Electronic Testing, Theory and Applications (JETTA), 2002, 4: 213-230.

［114］ V. Iyengar, K. Chakrabarty, E. J. Marinissen. On Using Rectangle Packing for SOC Wrapper/TAM Co-Optimization. Proceedings of VLSI Test Symposium (VTS), 2002, 4: 253-258.

［115］ V. Iyengar, K. Chakrabarty, E. J. Marinissen. Wrapper/Optimization, Test Scheduling, TAM Co-Optimization, Constraint-Driven Test Scheduling, and Test Data Volume Reduction for SoCs. Proceedings of Design Automation Conference (DAC), 2002, 6: 685-690.

［116］ V. Iyengar, S. K. Goel, E. J. Marinissen, K. Chakrabarty. Test Resource Optimization for Multi-Site Testing of SOCs under ATE Memory Depth Constraints. Proceedings of International Test Conference (ITC), 2002, 10: 1159-1168.

［117］ V. Iyengar, K. Chakrabarty, E. J. Marinissen. Recent Advances in test Planning for Modular Testing of Core-Based SoCs. Proceedings of Asian Test Symposium (ATS), 2002, 11.

［118］ V. Iyengar, K. Chakrabarty, M. D. Krasniewski, G. N. Kuma. Design and Optimization of Multi-level TAM Architectures for Hierarchical SoCs. Proceedings of VLSI Test Symposium (VTS), 2003: 299-304.

［119］ V. Iyengar, K. Chakrabarty, E. J. Marinissen. Test Access Mechanism, Test Scheduling, and Test Data Reduction for System-on-Chip. Transactions on Computers, 2003, 52(12): 1-14.

［120］ D. Jansen et al.. The Electronic Design Automation Handbook. Dordrecht: Kluwer Academic Publisher, 2003.

［121］ A. Jantsch, H. Networks on Chip. Dordrecht: Kluwer Academic Publishers, 2003.

［122］ A. Jas, J. Ghosh-Dastidar, N. A. Touba. Scan Vector Compression/ Decompression Using Statistical Coding. Proceedings of VLSI Test Symposium (VTS), 1999, 4: 114-120.

［123］ A. Jas, B. Pouya, N. A. Touba. Virtual Scan Chains: A Means For Reducing Scan Length In Cores. Proceedings of VLSI Test Symposium (VTS), 2000, 4: 73-78.

［124］ W. J. Jiang, B. Vinnakota. Defect-Oriented Test Scheduling. Transactions on Very-Large Scale Integration (VLSI) Systems, 2001, 9(3): 427-438.

［125］ G. Jervan, Z. Peng, R. Ubar. Test Cost Minimization for Hybrid BIST. Proceedings of the International Symposium on Defect and Fault Tolerance in VLSI (DFT), 2000, 10: 283-291.

［126］ G. Jervan, Z. Peng, R. Ubar, H. Kruus. A Hybrid BIST Architecture and its Optimization for SoC Testing. Proceedings of International Symposium on Quality Electronic Design (ISQED), 2002, 3: 273- 279.

［127］ G. Jervan, P. Eles, Z. Peng, R. Ubar, M. Jenihhin. Test Time Minimization for Hybrid BIST of Core-Based Systems. Proceedings of Asian Test Symposium (ATS03), 2003, 11: 318-323.

［128］ W. B. Jone, C. A. Papachrisou, M. Perieria. A Scheme for Overlaying Concurrent Testing of VLSI Circuits. Proceedings of the Design Automation Conference (DAC), 1989: 531-536.

［129］ A. Khoche, E. Volkerink, J. Rivoir, S. Mitra. Test Vector Compression Using EDA-ATE Synergies. Proceedings of VLSI Test Symposium (VTS), 2002, 4: 97-102.

［130］ T. Kim. Scheduling and Allocation Problems in High-Level Synthesis. Ph. D. Dissertation, Department of Computer Science, 1993.

［131］ S. Kirkpatrick, C. D. Gelatt, M. P. Vecchi. Optimization by Simulated Annealing. Science, 1983, 220(4598): 671-680.

［132］ C. R. Kime, K. K. Saluja. Test Scheduling in Testable VLSI Circuits. Proceedings of the International Symposium on Fault-Tolerant Computing, 1982: 406-412.

［133］ J. Knaizuk Jr. , C. R. P. Hartmann. An Algorithm for Testing Random Access Memories. Transactions on Computers, 1977, C-26(4): 414-416.

［134］ A. Kobayashi et al.. A Flip-Flop Circuit Suitable for FLT. Annual Meeting of the Institute of Electronics, Information and Communication Engineers, 1963, 892: 962.

［135］ B. Koenemann. LFSR-Coded Test Patterns for Scan Designs. Proceedings of European Test Conference (ETC), 1991: 237-242.

［136］ B. Koenemann, J. Mucha, G. Zwiehoff. Built-In Logic Block Observation Techniques. Proceedings of International Test Conference (ITC), 1988, 10: 37-41.

［137］ B. Koenemann, C. Barnhart, B. Keller, T. Snethen, O. Farnsworth, D. Wheater. A SmartBIST Variant With Guaranteed Encoding. Proceedings of Asian Test Symposium (ATS), 2001, 11: 325-330.

［138］ S. Koranne. On Test Scheduling for Core-based. SoCs. Proceedings of International Conference on VLSI Design, 2002, 1: 505-510.

［139］ S. Koranne. Design of Reconfigurable Access Wrappers for Embedded Core Based SOC Test. Proceedings of International Symposium on Quality Electronic Design (ISQED), 2002, 3: 106-111.

［140］ S. Koranne. A Novel Reconfigurable Wrapper for Testing Embedded Core- Based and its Associated Scheduling. Journal of Electronic Testing, Theory and Applications (JETTA), 2002, 8: 415-434.

［141］ S. Koranne, V. Iyengar. On The Use of k - tuples for SOC Test Schedule Representation. Proceedings of International Test Conference (ITC), 2002, 10: 539- 548.

［142］ S. Koranne. Formulating SoC test scheduling as a network transportation problem. Transactions on Computer-Aided Design of Integrated Circuits and System, 2002, 21(12): 1517 - 1525.

［143］ S. Koranne. Design of Reconfigurable Access Wrappers for Embedded Core Based SoC Test. Transactions on Very Large Scale Integration (VLSI) Systems, 2003, 11(5): 955 - 960.

［144］ A. Krasniewski, S. Pilarski. Circular Self Test Path: A Low Cost BIST Technique. Proceedings of Design Automation Conference (DAC), 1987, 6: 407-415.

［145］ A. Krasniewski, S. Pilarski. Circular self-test path: A low-cost BIST technique for VLSI circuits. Transactions on Computer-Aided Design, 1989, 8(1): 46-55.

［146］ C. V. Krishna, A. Jas, N. A. Touba. Test Vector Encoding Using Partial LFSR Reseeding. Proceedings of International Test Conference (ITC), 2001, 10: 885-893.

［147］ C. V. Krishna, N. A. Touba. Reducing Test Data Volume Using LFSR Reseeding With Seed Compression. Proceedings of International Test Conference (ITC), 2002, 10: 321-330.

［148］ A. Krstic, K.-T. Chen. Dealy Fault Testing for VLSI Circuits. Dordrecht: Kluwer Academic Publisher, 1998.

［149］ L. Krundel, S. K. Goel, E. J. Marinissen, M.-L. Flottes, B. Rouzeyre. User- Constrained Test Architecture Design for Modular SoC Testing. Proceedings of European Test Symposium (ETS), 2004, 5: 153-158.

［150］ H. Kubo. A Procedure for Generating Test Sequences to Detect Sequential Circuit Failures. NEC Journal on Research and Development, 1968, 10: 1968.

［151］ P. K. Lala. Digital Circuit Testing and Testability. New York: Academic Press, 1997.

［152］ A. Larsson, E. Larsson, P. Eles, Z. Peng. Buffer and Controller Minimisation for Time-Constrained Testing of System-On-Chip. Proceedings of International Symposium on Defect and Fault Tolerance in VLSI Systems (DFT'03), 2003, 11: 385-392.

［153］A. Larsson, E. Larsson, P. Eles, Z. Peng. A Technique for Optimization of System-on-Chip Test Data Transportation. Proceedings of European Test Symposium (ETS), 2004, 5: 23-26.

［154］E. Larsson, Z. Peng. An Estimation-based Technique for Test Scheduling. Proceedings of Electronic Circuits and Systems Conference (ECS), 1999, 9: 25-28.

［155］E. Larsson, Z. Peng. A Technique for Test Infrastructure Design and Test Scheduling. Proceedings of Design and Diagnostic of Electronic Circuits and Systems Workshop (DDECS), 2000, 4: 26- 29.

［156］E. Larsson, Z. Peng. Test Infrastructure Design and Test Scheduling Optimization. Informal Proceedings of European Test Workshop (ETW), 2000, 5.

［157］E. Larsson. An Integrated System-Level Design for Testability Methodology. Ph. D. Thesis No. 660, Department of Computer and Information Science, 2000, 11.

［158］E. Larsson, Z. Peng. An Integrated System-On-Chip Test Framework. Proceedings of Design, Automation and Test in Europe (DATE) Conference , 2001, 3: 138-144.

［159］E. Larsson, Z. Peng. System-on-Chip Test Parallelization Under Power Constraints. Informal Proceedings of European Test Workshop (ETW), 2001, 5/6.

［160］E. Larsson, Z. Peng, G. Carlsson. The Design and Optimization of SoC Test Solutions. Proceedings of International Conference on Computer-Aided Design (ICCAD), 2001, 11: 523-530.

［161］E. Larsson, Z. Peng. Test Scheduling and Scan-Chain Division Under Power Constraint. Proceedings of Asian Test Symposium (ATS), 2001, 11: 259-264.

［162］E. Larsson , H. Fujiwara. Power Constrained Preemptive TAM Scheduling. Informal Proceedings of European Test Workshop 2002 (ETW), 2002, 5: 411-416.

［163］E. Larsson, H. Fujiwara. Power Constrained Preemptive TAM Scheduling. Formal Proceedings of European Test Workshop (ETW), 2002, 5: 119-126.

［164］E. Larsson, Z. Peng. An Integrated Framework for the Design and Optimization of SOC Test Solutions. SoC (System-on-a-Chip) Testing for Plug and Play Test Automation//FRONTIERS IN ELECTRONIC TESTING, Kluwer Academic Publisher, 2002, 21: 21-36.

［165］E. Larsson, Z. Peng. An Integrated Framework for the Design and Optimization of SOC Test Solutions. Journal of Electronic Testing, Theory and Applications (JETTA), Special Issue on Plug-and-Play Test Automation for System-on-a-Chip, 2002, 18(4/5): 385-400.

［166］E. Larsson, K. Arvidsson, H. Fujiwara, Z. Peng. Integrated Test Scheduling, Test Parallelization and TAM Design. Proceedings of Asian Test Symposium (ATS), 2002, 11: 397-404.

［167］E. Larsson, H. Fujiwara. Optimal Test Access Mechanism Scheduling using Preemption and Reconfigurable Wrappers. Proceedings of Workshop on RTL and High Level Testing (WRTLT), 2002, 11: 21-22.

［168］E. Larsson, J. Pouget, Z. Peng. System-on-Chip Test Scheduling based on Defect Probability. International Test SynthesisWorkshop (ITSW), 2003, 3-4.

［169］E. Larsson, J. Pouget, Z. Peng. Defect Probability-based System-On-Chip Test Scheduling. Proceedings of International Workshop on Design and Diagnostics of Electronics Circuits and Systems (DDECS), 2003, 4: 25-32.

［170］E. Larsson, H. Fujiwara. Test Resource Partitioning and Optimization for SoC Designs. Proceedings of VLSI Test Symposium (VTS), 2003, 4/5: 319-324.

［171］E. Larsson, Z. Peng. A Reconfigurable Power-conscious Core Wrapper and its Application to SoC Test Scheduling. Proceedings of International Test Conference (ITC), 2003, 9/10: 1135- 1144.

［172］E. Larsson, H. Fujiwara. Optimal System-on-Chip Test Scheduling. Proceedings of Asian Test Symposium (ATS), 2003, 11: 306-311.

［173］E. Larsson, H. Fujiwara. Preemptive system-on-chip test scheduling. IEICE Transactions on Information and Systems, 2004, E87-D(3): 620-629.

［174］E. Larsson, J. Pouget, Z. Peng. Defect-Aware SoC Test Scheduling. Proceedings of VLSI Test Symposium (VTS), 2004, 4.

［175］E. Larsson. Core Selection Integrated in the SOC TestSolution Design-Flow. International Workshop on Test Resource Partitioning (TRP), 2004, 4.

［176］E. Larsson, K. Arvidsson, H. Fujiwara, Z. Peng. Efficient Test Solutions for Core-based Designs. Transaction on Computer-Aided Design of Integrated Circuits and Systems, 2004, 23(5): 758-775.

［177］E. Larsson. Integrating Core Selection in the SOC Test Solution Design-Flow. Proceedings of International Test Conference (ITC), 2004, 10: 48. 1, 1349-1358.

［178］E. Larsson, A. Larsson, Z. Peng. Linkoping University SOC Test Site. http: //www. ida. liu. se/labs/eslab/ soctest/.

［179］J. J. LeBlanc. LOCST: A Built-In-Self-Test Technique. Design and Test of Computers, 1984, 11: 42-52.

［180］H.-G. Liang, S. Hellebrand, H.-J. Wunderlich. Two-Dimensional Test Data Compression For Scan-Based Deterministic BIST. Proceedings of International Test Conference (ITC), 2001, 10: 894-902.

［181］LTX, http: //www. ltx. com/

［182］S. C. Ma, P. Franco, E. J. McCluskey. An Experimental Chip to Evaluate Test Techniques: Experiment Results. Proceedings of International Test Conference (ITC), 1995, 10: 663-772.

［183］S. Mallela, S. Wu. A Sequential Circuit Test Generation System. Proceedings of International Test Conference (ITC), 1985, 11: 57-61.

［184］E. J. Marinissen, R. Arendsen, G. Bos, H. Dingemanse, M. Lousberg, C. Wouters. A Structured and Scalable Mechanism for Test Access to Embedded Reusable Cores. Proceedings of the International Test Conference (ITC), 1998, 10: 284-293.

［185］E. J. Marinissen , Y. Zorian. Challenges in Testing Core-Based System ICs. IEEE Communications Magazine, 999, 37(6): 104-109.

［186］E. J. Marinissen, Y. Zorian, R. Kapur, T. Taylor, L. Whetsel. Towards a Standard for Embedded Core Test: An Example. Proceedings of International Test Conference (ITC), 1999, 9: 616-627.

［187］E. J. Marinissen, S. K. Goel, M. Lousberg. Wrapper Design for Embedded Core Test. Proceedings of International Test Conference (ITC), 2000, 10: 911-920.

［188］E. J. Marinissen, R. Kapur, Y. Zorian. On Using IEEE P1500 SECT for Test Plug-n-play. Proceedings of International Test Conference (ITC), 2000, 10: 770-777.

［189］E. J. Marinissen, V. Iyengar, K. Chakrabarty. ITC'02 SOC Test Benchmarks Web Site. http: //www. extra. research. philips. com/itc02socbenchm/.

［190］E. J. Marinissen, V. Iyengar, K. Chakrabarty. A Set of Benchmarks for Modular Testing of SoCs. Proceedings of International Test Conference (ITC), 2002, 10: 519-528.

［191］E. J. Marinissen, R. Kapur, M. Lousberg, T. McLaurin, M. Ricchetti, Y. Zorian. On IEEE P1500's Standard for Embedded Core Test. Journal of Electronic Testing: Theory and Applications, 2002, 18(4&5) : 365-383.

［192］E. J. Marinissen. The Role of Test Protocols in Automated Test Generation for Embedded-Core Based ICs. Journal of Electronic Testing: Theory and Applications (JETTA), 2002, 18(4&5): 435- 454.

［193］R. A. Marlett. EBT: A Comprehensive Test Generation Technique for Highly Sequential Circuits. Proceedings of Design Automation Conference (DAC), 1978, 6: 250-256.

［194］R. A. Marlett. An Effective Test Generation System for Sequential Circuits. Proceedings of Design Automation Conference (DAC), 1986, 6: 250-256.

［195］J. F. McDonald , C. Benmehrez. Test Set Reduction Using the Subscripted D_Algorithm. Proceedings of International Test Conference (ITC), 1983, 10: 115-121.

［196］L. Milor, , A. L. Sangiovanni-Vincentelli. Minimizing Production Test Time to Detect Faults in Analog Circuits. Transactions on Computer-Aided Design of Integrated Circuits and Systems, 1994, 13(6): 796-813.

［197］Z. Michalewicz. Genetic Algorithm Data Structure Evolutionary Programs, 3d Edition. Berlin: Springer Verlag, 1996.

［198］G. E. Moore. Cramming more components onto integrated circuits. Electronics, 1965, 4: 114-117.

［199］S. Mourad, Y. Zorian. Principles of Testing Electronic Systems. New York: JohnWiley & Sons, Inc. , 2000.

［200］H. Murata, K. Fujiyoshi, S. Nakatake, Y. Kajitani. VLSI Module Placement Based on Rectangle-Packing by Sequence-Pair. Transactions on Computer: Aided Design of Integrated Circuits and Systems, 1996, 15(12): 1518-1524.

［201］V. Muresan, X. Wang, V. Muresan, M. Vladutiu. Greedy Tree Growing Heuristics on Block-Test Scheduling Under Power Constraints. Journal of Electronic Testing: Theory and Applications (JETTA), 2004, 20: 61-78.

［202］V. Muresan, X. Wang, V. Muresan, M. Vladutiu. A Comparison of Classical Scheduling Approaches in Power-Constrained Block-Test Scheduling. Proceedings of International Test Conference (ITC), 2000, 10: 882-891.

［203］P. Muth. A Nine-Valued Circuit Model for Test Generation. Transactions on Computers, 1976, C-25 (6): 630-636.

［204］B. Nadeau-Dostie (Editor). Design for At-Speed Test, Diagnosis and Measurement. Dordrecht: Kluwer Academic Publisher, 2000.

［205］R. Nair. Comments on an Optimal Algorithm for Testing Stuck-At Faults in Random Access Memories. Transactions on Computers, 1979, 3: 258-261.

［206］R. Nair. Efficient Algorithms for Testing Semiconductor Random-Access Memories. Transactions on Computers, 1979, C-28(6): 672-676.

［207］N. Nicolici, B. M. Al-Hashimi. Power Conscious Test Synthesis and Scheduling for BIST RTL Data Paths. Proceedings of International Test Conference (ITC), 2000, 10: 662-671.

［208］N. Nicolici, B. Al-Hashimi. Multiple Scan Chains for Power Minimization During Test Application in Sequential Circuits. Transactions on Computers, 2002, 51(6): 721-734.

［209］N. Nicolici , B. M. Al-Hashimi. Power-Constrained Testing of VLSI Circuits. Dordrecht: Kluwer Academic Publisher, 2003.

［210］N. Nicolici, B. M. Al-Hashimi. Power-Conscious Test Synthesis and Scheduling. Design & Test of Computers, 2003, 7/8: 48-55.

［211］R. B. Norwood, E. J. McCluskey. Synthesis-for-Scan and Scan Chain Ordering. Proceedings of the VLSI Test Symposium (VTS), 1996, 4: 87-92.

［212］M. Nourani, C. Papachristou. An ILP Formulation to Optimize Test Access Mechanisms in System-On-A-Chip Testing. Proceedings of International Test Conference (ITC), 2000, 10: 902-910.

［213］M. Nourani , J. Chin. Power-Time Trade Off in Test Scheduling for SoCs. Proceedings of International Conference on Computer Design (ICCD), 2003, 10: 548-553.

［214］K. P. Parker, S. Oresjo. A Language for Describing Boundary-Scan Devices. Proceedings of International Test Conference (ITC), 1990, 9: 222-234.

［215］K. P. Parker, S. Oresjo. A Language for Describing Boundary-Scan Devices. Journal on Electronic Testing: Theory and Application (JETTA), 1991, 2(1): 43-74.

［216］K. P. Parker. The Boundary-Scan Handbook. Boston: Kluwer Academic Publishers, 1998.

［217］J. L. Peterson. Petri net theory and the modeling of systems. Upper Saddle River: Prentice-Hall, Inc. , 1981.

［218］J. Pouget, E. Larsson, Z. Peng, M.-L. Flottes, B. Rouzeyre. An Efficient Approach to SoC Wrapper Design, TAM Configuration and Test Scheduling. Informal Proceedings of European Test Workshop (ETW), 2003, 5: 117-122.

［219］J. Pouget, E. Larsson, Z. Peng, M.-L. Flottes, B. Rouzeyre. An Efficient Approach to SoC Wrapper Design, TAM Configuration and Test Scheduling. Formal Proceedings of European Test Workshop (ETW), 2003, 5: 51-56.

［220］J. Pouget, E. Larsson, Z. Peng. SoC Test Time Minimization Under Multiple Constraints. Proceedings of Asian Test Symposium (ATS03), 2003, 11: 312-317.

［221］G. R. Putzolu, J. P. Roth. A Heuristic Algorithm for the Testing of Asynchronous Circuits. Transactions on Computers, 1971, C-20(6): 639-647.

［222］J. Rajski, J. Tyszer, N. Zacharia. Test Data Compression For Multiple Scan Designs With Boundary Scan. Transactions on Computers, 1998, 47(11): 1188-1200.

［223］J. Rajski, J. Tyzer, M. Kassab, N. Mukherjee, R. Thompson, K.-H. Tsai, A. Hertwig, N. Tamarapalli, G. Mrugalski, G. Eide, J. Qian. Embeeded Deterministic Test For Low Cost Manufacturing Test. Proceedings of International Test Conference (ITC), October 2002, 10: 301-310.

［224］R. Rajsuman. Testing a System-on-a-Chip with Embedded Microprocessor. Proceedings of International Test Conference (ITC), 1999, 9: 499-508.

［225］R. Rajsuman. System-on-a-Chip: Design and Test. New York: Artech House Publishers, 2000.

［226］S. Ravi, G Lakshminarayana, N. K. Jha. Testing of Core-based Systems-ona- Chip. Transactions on Computer-Aided Design of Integrated Circuits and Systems, 2001, 20(3): 426 - 439.

［227］C. P. Ravikumar, G. Chandra, A. Verma. Simultaneous Module Selection and Scheduling for Power-constrained Testing of Core Based Systerms. Proceedings of International Conference on VLSI Design, 2000, 1: 462-467.

［228］C. P. Ravikumar, A. Verma, G. Chandra. A Polynomial-time Algorithm for Power Constrained Testing of Core Based Systems. Proceedings of Asian Test Symposium (ATS), 1999, 11: 107-112.

［229］C. R. Reeves. Modern Heuristic Techniques for Combinatorial Problems. London: Blackwell Scientific Publications, 1993.

［230］P. M. Rosinger, B. M. Al-Hashimi, N. Nicolici. Scan Architecture for Shift and Capture Cycle Power Reduction. Proceedings of International Symposium on Defect and Fault Tolerance in VLSI Systems (DFT), 2002, 11: 129-137.

［231］P. M. Rosinger, B. M. Al-Hashimi, N. Nicolici. Power Profile Manipulation: A New Approach for Reducing Test Application Time under Power Constraints. Transactions on Computer-Aided Design of Integrated Circuits and Systems, V 2002, 21(10): 1217-1225.

［232］P. Rosinger, B. Al-Hashimi, N. Nicolici. Power Constrained Test Scheduling Using Power Profile Manipulation. Proceedings of International Symposium on Circuits and Systems (ISCAS), 2001, 5: (V)251-(V)254.

［233］J. P. Roth. Diagnosis of Automata Failures: A Calculus and a Method. IBM Journal of Research and Development, 10: 4, 1966, 7: 278-291.

［234］J. Savir. Syndrome-Testable Design of Combinational Circuits. Transactions on Computers, 1980, 29(6): 442-451.

［235］J. Savir. Skewed-Load Transition Test: Part 1, Calculus. Proceedings of International Test Conference (ITC), 1992, 9: 705-713.

［236］S. Patil, J. Savir. Skewed-Load Transition Test: Part 2, Coverage. Proceedings of International Test Conference (ITC), 1992, 9: 714-722.

［237］A. Sangiovanni-Vincentelli. Defining Platform-based Design. EEDesign of EETimes, 2002, 2.

［238］J. Savir, S. Patil. Scan-Based Transition Test. Transactions on Computer- Aided Design of Integrated Circuits and Systems, 1993, 12(8): 1232-1241.

［239］J. Savir , S. Patil. Broad-Side Delay Test. Transactions on Computer-Aided Design of Integrated Circuits and Systems, 1994, 13(8): 1057-1064.

［240］ J. Savir, S. Patil. On Broad-Side Delay Test. Transactions on VLSI, 1994, 2(3): 368-372.

［241］ J. Saxena, K. M. Butler, L. Whetsel. An Analysis of Power Reduction Techniques in Scan Testing. Proceedings of International Test Conference (ITC), 2001, 10: 670-677.

［242］ A. Sehgal, V. Iyengar, M. D. Krasniewski, K. Chakrabarty. Test Cost Reduction for SOCs Using Virtual TAMs and Lagrange Multipliers. Proceedings Design Automation Conference (DAC), 2003, 6: 738-743.

［243］ A. Sehgal, K. Chakrabarty. Efficient Modular Testing of SoCs Using Dual- Speed Tam Architectures. Proceedings of Design and Test in Europe (DATE), 2004: 422-427.

［244］ A. Sehgal, V. Iyengar, K. Chakrabarty. SoC Test Planning Using Virtual Test Access Architectures. Transactions on VLSI Systems, 2004, 12.

［245］ A. Sehgal, S. K. Goel, E. J. Marinissen, K. Chakrabarty. IEEE P1500- Compliant Test Wrapper Design for Hierarchical Cores. Proceedings of International Test Conference (ITC), 2004, 10.

［246］ F. F. Sellers, M. Y. Hsiao, C. L Bearnson. Analyzing Errors with the Boolean Difference. Transactions on Computers, 1968, C-17(7): 676- 683.

［247］ A. K. Sharma. Semiconductor Memories: Technology, Testing, and Reliability. New Jersey: IEEE Press.

［248］ N. Singh. An Artificial Intelligence Approach to Test Generation. Dordrecht: Kluwer Academic Publisher, 1987.

［249］ T. J. Snethen. Simulator Oriented Fault Test Generator. Proceedings of Design Automation Conference (DAC), 1977, 6: 88-93.

［250］ M. Soma. Automatic Test Generation Algorithms for Analog Amplifiers. Proceedings of International Test Conference (ITC), 1993, 10: 566-573.

［251］ T. Sridhar, J. P. Hayes. A Functional Approach to Testing Bit-Sliced Microprocessors. Transactions on Computers, 1984, 1(6): 475-485.

［252］ Standard Delay Format Specification, Version 2. 1. Open Verilog International. www. eda. org/sdf.

［253］ A. Steiningerl. Testing and Built-In Self-Test - A Survey. Journal of System Architecture, 2000, 46(9): 721-747.

［254］ C. E. Stroud. A Designer's Guide to Built-In Self-Test. Dordrecht: Kluwer Academic Publisher, 2002.

［255］ M. Sugihara, H. Date, H. Yasuura. A Novel Test Methodology for Core- Based System LSIs and a Testing Time Minimization Problem. Proceedings of International Test Conference (ITC), 1998, 10: 465-472.

［256］ M. Sugihara, H. Date, H. Yasuura. A Test Methodology for Core-Based System LSIs. IEICE Transactions on Fundamentals, 1998, E81-A(12): 2640-2645.

［257］ M. Sugihara, H. Date, H. Yasuura. Analysis and Minimization of Test Time in a Combined BIST and External Test Approach. Proceedings of Design and Test in Europe (DATE), 2000, 3: 134-140.

［258］ C.- P. Su , C.-W. Wu. A Graph-Based Approach to Power-Constrained SoC Test Scheduling. Journal of Electronic Testing: Theory and Applications (JETTA), 2004, 20(1): 45-60.

［259］ Y. Takamatsu, K. Kinoshita. CONT: A Concurrent Test Generation Algorithm. Digest of Papers of Fault-Tolerant Computing Symposium (FTCS- 17), 1987, 7: 22-27.

［260］ Teradyne, http: //www. teradyne com

［261］ N. Touba, B. Pouya. Using Partial Isolation Rings to Test Core-Based Designs. Design and Test of Computers, 1997, 14(4): 52-59.

［262］ N. Touba, B. Pouya. Testing Embedded Cores Using Partial Isolation Rings. Proceedings of VLSI Test Symposium (VTS), 1997, 5: 10-16.

［263］ J. L. Turino. Design to test: a Definitive Guide for Electronic Design, Manufactoring, and Service. New York: Van Nostrand Reinhold, 1990.

［264］ F. F. Tsui. LSI/VLSI Testability Design. New York: McGraw-Hill Book Company, 1988.

［265］ Tuinenga, P. W.. SPICE, A Guide to Circuit Simulation & Analysis Using PSPICE. New Jersey: Englewood

Cliffs, 1992.

［266］ J. Turley. Embedded Processors by the Numbers. Embedded Systems Programming, 1999, 12: 13-14.

［267］ P. Varma, S. Bhatia. A Structured Test Re-Use Methodology for Core-Based System Chips. Proceedings of International Test Conference (ITC), 1998, 10: 294-302.

［268］ VHDL Language Reference Manual. IEEE Std 1076-1993.

［269］ B. Vinnakota(editor). Analog and Mixed-Signal Test, Upper Saddle River. New Jersey: Prentice-Hall, 1998.

［270］ E. H. Volkernik, A. Khoche, S. Mitra. Packet-based Input Test Data Compression Techniques. Proceedings of International Test Conference (ITC), 2002, 10: 154-163.

［271］ E. H. Volkernik, A. Khoche, J. Rivoir, K. D. Hilliges. Modern Techniques: Tradeoffs, Synergies, and Scalable Benefits. Journal of Electronic Testing: Theory and Applications (JETTA), 2003, 19: 125-135.

［272］ H. Vranken, F. Hapke, S. Rogge, D. Chindamo, E. Volkerink. ATPG Padding And ATE Vector Repeat Per Port For Reducing Test Data Volume. Proceedings of International Test Conferenence (ITC), 2003, 10: 1069-1078.

［273］ T. Waayers. An Improved Test Control Architecture for Core-Based System Chips. Informal Proceedings of European Test Workshop (ETW), 2003, 5: 333-338.

［274］ T. Waayers. An Improved Test Control Architecture and Test Control Expansion for Core-Based System Chips. Proceedings of International Test Conference (ITC), 2003, 10: 1145-1154.

［275］ C.-W. Wang, J.-R. Huang, Y.-F. Lin, K.-L. Cheng, C.-T. Huang, C.-W. Wu. Test Scheduling of BISTed Memory Cores for SoC. Proceedings of Asian Test Symposium (ATS), 2002, 11: 356-361.

［276］ C.-W. Wang, J.-R. Huang, K.-L. Cheng, H.- S. Hsu, C.-T. Huang, C.-W. Wu. A Test Access Control and Test Integration System for System-on-Chip. Workshop on Testing Embedded Core-Based System-Chips (TECS), 2002, 5: P2. 1-P2. 8.

［277］ N. H. E. Weste, K. Eshraghian. Principles of CMOS VLSI Design. London: Addison- Wesley, 1992.

［278］ L. Whetsel. An IEEE 1149. 1 Based Test Access Architecture for ICs with Embedded Cores. Proceedings of International Test Conference (ITC), 1997, 11: 69-78.

［279］ Y. Xia, M. Chranowska-Jeske, B. Wang, M. Jeske. Using a Distributed Rectangle Bin-Packing Approach for Core-based SoC Test Scheduling with Power Constraints. Proceedings of International Conference on Computer-Aided Design (ICCAD), 2003, 11: 100-105.

［280］ Q. Xu, N. Nicolici. Delay Fault Testing of Core-Based System-on-a-Chip. Proceedings of Design Automation and Test in Europe (DATE), 2003, 3: 744-749.

［281］ Q. Xu, N. Nicolici. On Reducing Wrapper Boundary Register Cells in Modular SOC Testing. Proceedings of International Test conference (ITC), 2003, 9: 622-631.

［282］ Q. Xu, N. Nicolici. Wrapper Design for Testing IP Cores with Multiple Clock Domains. Proceedings of Design Automation and Test in Europe (DATE), 2004, 2: 416-421.

［283］ T. Yoneda, H. Fujiwara. A DFT Method for Core-Based Systems-on-a-Chip based on Consecutive Testability. Proceedings of Asian Test Symposium (ATS), 2001, 11: 193-198.

［284］ T. Yoneda, H. Fujiwara. Design for Consecutive Testability of System-on-a- Chip with Built-In Self Testable Cores. Journal of Electronic Testing: Theory and Applications (JETTA) Special Issue on Plug-and-Play Test Automation for System-on-a-Chip, 2002, 18(4/5): 487-501.

［285］ T. Yoneda, H. Fujiwara. Design for ConsecutiveTransparency of Cores in System-on-a-Chip. Proceedings of VLSI Test Symposium (VTS), 2003, 4: 287-292.

［286］ T. Yoneda, T. Uchiyama, H. Fujiwara. Area and Time Co-Optimization for System-on-a-Chip based on Consecutive Testability. Proceedings of International Test Conference (ITC), 2003, 9: 415-422.

［287］ Y. Zorian. A Distributed BIST Control Scheme for Complex VLSI Devices. Proceedings of VLSI Test

Symposium (VTS), 1993, 4: 4-9.

[288] Y. Zorian. Test Requirements for Embedded Core-Based Systems and IEEE P1500. Proceedings of International Test Conference (ITC), 1997, 11: 191-199.

[289] Y. Zorian, E. J. Marinissen, S. Dey. Testing Embedded-Core Based System Chip. Proceedings of International Test Conference (ITC), 1998, 10: 130-143.

[290] D. Zhao, S. Upadhyaya. Adaptive Test Scheduling in SoCs by Dynamic Partitioning. Proceedings of International Symposium on Defect and Fault Tolerance in VLSI Systems (DFT), 2002, 11: 334-342.

[291] D. Zhao, S. Upadhyaya. Power Constrained Test Scheduling with Dynamically Varied TAM. Proceedings of VLSI Test Symposium (VTS), 2003, 4: 273-278.

[292] W. Zou, S. R. Reddy, I. Pomerance, Y. Huang. SoC Test Scheduling Using Simulated Annealing. Proceedings of VLSI Test Symposium (VTS), 2003, 4: 325-330.